Daniela Gieseler

So geht Ausbildung heute!

2. Auflage 2021

Dr.-Ing. Paul Christiani GmbH & Co. KG

Best.-Nr. 41350
ISBN 978-3-95863-324-7

---

2. Auflage 2021

Inhalt

So geht Ausbildung heute und so holen Sie das meiste aus diesem Buch heraus

Die duale Ausbildung ist ein Erfolgsmodell und enorm wichtig für die Unternehmen in Deutschland, wird doch ein Großteil der Nachwuchskräfte genau darüber gewonnen. Es ist ein Modell, das ich unbedingt befürworte, genauso wie das duale Studium. Seit mehr als 20 Jahren beschäftige ich mich nun mit diesem Thema und habe Unternehmen kennengelernt, die diese Aufgabe wunderbar meistern und solche, die hier noch Entwicklungspotenzial haben.

Dieses Buch richtet sich an Ausbilder in kleinen und mittelständischen Unternehmen, die sich Anregungen für die Praxis wünschen oder einfach wissen möchten, wie Ausbildung in der Praxis wirklich funktioniert und sinnvoll gestaltet werden kann. Wenn ich von Ausbildern schreibe, dürfen sich Ausbildungsbeauftragte, Praxisanleiter, Azubibetreuer, Ausbildungsleiter, Ausbildungsverantwortliche, etc. genauso angesprochen fühlen. Während sich bei kleinen Unternehmen meist eine Person – der Ausbilder – um alles kümmert, ist dies bei größeren Unternehmen aufgeteilt. Mit Ausbildungsbeauftragten/ Azubibetreuern sind die Mitarbeiter in den einzelnen Abteilungen/Bereichen gemeint, die sich vor Ort um den Azubi kümmern, ihn anleiten und ihm natürlich auch Feedback geben müssen. In kleinen Unternehmen gibt es oft keine klare Unterteilung. Daher habe ich mich dafür entschieden, durchgehend den Begriff Ausbilder zu verwenden. Übrigens: Aus Gründen der besseren Lesbarkeit verzichte ich auf das sperrige Ausbilder/Ausbilderin bzw. Auszubildende/Auszubildender, etc. und ersetze dies meist durch die kürzere Form, außer in konkreten Beispielen.

Um ausbilden zu dürfen ist – bis auf wenige Ausnahmen – die Ausbildereignungsprüfung Voraussetzung, aber auch mit dieser Qualifikation fühlen sich viele Ausbilder mit dem Thema in der Praxis überfordert und allein gelassen. Manchmal fehlt auch einfach die Zeit, um sich richtig um die Ausbildung zu kümmern oder das theoretische Wissen ist wenig praxisrelevant oder auch veraltet. Hier möchte ich mit „So geht Ausbildung heute" helfen. In diesem Buch erfahren Sie, wie Ausbildung in der Praxis von Anfang an funktioniert. Wir beginnen mit der Suche nach qualifizierten Auszubildenden und überprüfen dafür Ihr Ausbildungsmarketing, danach geht es um die Auswahl des für Sie passenden Azubis. Was ist Organisatorisches zu regeln bevor der Auszubildende anfängt und wie gestalten Sie den Start positiv? Auch um diese Fragen kümmern wir uns. Im weiteren Verlauf geht es um die Betreuung während der Ausbildung: regelmäßige Gespräche, Feedback, passende Lehrmethoden, Beurteilungen, eigene Projekte und vieles mehr. Doch was ist, wenn es mal Probleme geben sollte? Darauf gehe ich in einem eigenen Kapitel ein und gebe Tipps zur Vorbeugung bzw. zum Umgang mit Problemen. Und zu guter Letzt geht es um den Ausbildungsabschluss: Übernahme ja oder nein, was ist rechtlich zu beachten? Als Bonus finden Sie danach noch einige unserer besten Off-Topic-Tipps.

Zum Buch gibt es auch eine begleitende Webseite, Sie finden sie unter www.AzubiScout.com/Praxisbuch. Den Zugangscode finden Sie im Bonuskapitel dieses Buches. Auf der Webseite finden Sie jede Menge zusätzlicher Praxishilfen: Checklisten, Vorlagen, ergänzende Hintergrundinfos, weiterführende Links, erklärende Videos und vieles mehr.

Nutzen Sie diese Möglichkeit, die Webseite stellt einen großen Mehrwert dar und Sie erhalten all diese Unterlagen als Leser meines Buches vollkommen kostenlos!

Abgerundet werden die Inhalte des Buches durch viele Praxisbeispiele von Unternehmen, Ausbildern und Azubis, einige davon sind anonymisiert. Sie erkennen die Beispiele schnell an einem vorangestellten Symbol, welches Ihnen einen schnellen Überblick ermöglichen soll (Symbolerklärung siehe Folgeseite). Die Praxisbeispiele waren meist Inhalte meiner Beratungen oder meiner Seminare, einige stammen auch aus meiner eigenen Ausbildertätigkeit. Auch die Tipps, die ich Ihnen im Buch gebe, stammen aus der Praxis und haben sich vielfach bewährt: Zu vielen habe ich in meinen Trainings positive Rückmeldungen bekommen oder damit Erfolge in den Betreuungen erzielt und möchte sie Ihnen hier weitergeben. Die Tipps sind ebenfalls mit einem Symbol gekennzeichnet.

Da es sich um ein Praxisbuch handelt, habe ich die theoretischen Hintergründe oft nur kurz angerissen, dazu gibt es aber jeweils weitere Informationen und Erläuterungen auf der Homepage. Außerdem bemühe ich mich im gesamten Buch um eine einfache, alltagstaugliche Sprache, die die Lesbarkeit erleichtern soll. Ich möchte mich damit deutlich von den theoretischen Grundlagenwerken abheben, denn dieses Buch ist aus der Praxis für die Praxis: Lesen Sie, markieren Sie sich Dinge, nutzen Sie die Vorlagen und Checklisten, arbeiten Sie damit. Aber vor allem: Setzen Sie die Tipps um! Ein einziger umgesetzter Tipp ist besser als fünf halbherzig geplante. Und ich wünsche mir, dass dieses Buch nicht nur Wissen liefert, sondern vor allem im praktischen Alltag Hilfe leistet – dafür ist die Umsetzung unerlässlich. Hinten im Buch finden Sie dafür noch eine kleine Umsetzungshilfe, einen Fragebogen, der Ihnen zeigt, an welchem Punkt es sich lohnt, zuerst loszulegen. Ansonsten gilt: Hilfreich ist es natürlich, wenn Sie das Buch von vorne bis hinten „durcharbeiten“, also nicht nur lesen, sondern sich aktiv Notizen machen, was Sie umsetzen möchten, sich Fragen notieren, die Sie klären möchten, wichtige Punkte, die Sie beachten möchten, herausschreiben und die Fragen und Übungen im Buch für sich beantworten. Alternativ können Sie das Buch auch als Nachschlagewerk benutzen: Wenn Sie zu einem konkreten Thema eine Frage haben, schauen Sie am Ende des Buches in die Orientierungshilfe „Ihre Aufgaben als Ausbilder“ und orientieren Sie sich anhand der Übersicht, um direkt zu dem für Sie wichtigen Punkt zu kommen.

Falls sich während des Lesens Fragen ergeben oder falls Sie Anregungen/Feedback für mich haben, melden Sie sich gerne bei mir – hinten im Buch finden Sie meine Kontaktdaten. Ich wünsche Ihnen viele Erkenntnisse beim Lesen des Buches und vor allem viel Erfolg bei der Umsetzung und für Ihre weitere Ausbildung!

Ergänzung zur 2. Auflage: Aufgrund der Corona-Pandemie sind aktuell viele Ausbilder und auch viele Azubis im Homeoffice. Um hier zu unterstützen habe ich in einem Bonus-Kapitel die wichtigsten Infos und Tipps rund um das Homeoffice (Kommunikation, Lehrmethoden, Motivation etc.) zusammengefasst. Bei Fragen dazu helfe ich Ihnen gerne – melden Sie sich einfach bei mir.

Daniela Gieseler
Freudenberg (bei Siegen), 2021

Symbolerklärung

Folgende Symbole am Seitenrand sollen Ihnen zu einem schnellen Überblick verhelfen:

Beispiel/Fall aus der Praxis

Übung/Fragestellung/Anregung

Tipp/Hinweis

Verweis innerhalb des Buches

Verweis auf die Webseite zum Buch: www.AzubiScout.com/Praxisbuch

Aufgabe

1. Ausbildungsmarketing – Wie Sie passende Azubis finden

Während die Ausbildungsbetriebe vor 20 Jahren stapelweise Bewerbungen erhielten und die Qual der Wahl hatten, sieht es mittlerweile ganz anders aus: Selbst gute, bekannte Ausbildungsbetriebe haben Probleme, ihre Stellen zu besetzen. Die Jugendlichen haben die Auswahl, selbst mit „nur" mittelmäßigen Noten werden sie von den Betrieben umworben und können sich von mehreren Unternehmen das Beste aussuchen. Was ist da los? Und was können Sie mit Ihrem Unternehmen tun, um wieder gute Auszubildende zu finden?

1.1 Ausbildungsmarketing – wofür?

Wenn Sie sich entschließen auszubilden – und auch wenn Sie schon seit längerer Zeit ausbilden – steht die Suche nach neuen Auszubildenden immer ganz am Anfang. Wie finden Sie neue Azubis, wie bringen Sie Jugendliche dazu, sich bei Ihnen zu bewerben – und natürlich am besten auch noch genau die richtigen, passenden Jugendlichen? Diese Fragen werden wir im ersten Kapitel beantworten.

Demographischer Wandel

Arbeitnehmermarkt

Mit dem demographischen Wandel ging es los: Der Arbeitgebermarkt kippte zum Arbeitnehmermarkt, mittlerweile suchen nicht mehr die Betriebe die Azubis aus, sondern die Jugendlichen suchen sich die Betriebe aus. Die Zahlen der Schulabgänger sinken, von 940.000 in 2005 auf 840.000 in 2015, innerhalb von zehn Jahren gibt es also 100.000 Schulabgänger weniger und das jedes Jahr. Bis 2025 werden uns – im Vergleich zu 2005 – jedes Jahr sogar 200.000 Schulabgänger fehlen. Eine generelle Lösung für das Problem fehlt noch, fest steht nur, dass es für die Betriebe immer schwieriger wird, Azubis zu finden, von passenden, qualifizierten Azubis ganz zu schweigen.

Um weiterhin gute Azubis zu finden, ist es notwendig, das Ausbildungsmarketing neu anzugehen – oder überhaupt ein Ausbildungsmarketing einzuführen. Dabei geht es darum, die Ausbildung wie im klassischen Produktmarketing zu bewerben. Und genau wie bei der klassischen Werbung für Produkte wie Waschmittel oder Schokoriegel ist es wichtig, vorher ein strategisches Konzept zu entwickeln, um sich nicht kopflos in kleinen Einzelmaßnahmen zu verlieren.

Soll-Ist-Analyse

1.2 Die Soll-Ist-Analyse

Hierfür analysieren wir zunächst die IST-Situation, legen ein gewünschtes SOLL fest und erstellen einen Maßnahmenplan, um dieses SOLL-Ziel zu erreichen.

Der Ablauf lässt sich so beschreiben:

- Ist-Zustand festhalten
- Soll-Zustand formulieren
- Abgleich
- Anforderungsprofil erstellen
- Maßnahmen festlegen
- Umsetzung der Maßnahmen
- Controlling

IST-Zustand

Und wie schon in der Einleitung geschrieben, sollen Sie dieses Buch nicht nur lesen, sondern auch damit arbeiten. Hier kommt die erste „Aufgabe“: Halten Sie den aktuellen IST-Zustand Ihres Ausbildungsmarketings genau fest. Beantworten Sie dafür schriftlich folgende Fragen:

- Wie viele Bewerbungen gehen aktuell ein? (evtl. aufgeteilt nach Ausbildungsberufen)
- Wie viele dieser Bewerbungen sind qualifiziert*?
- Welche Maßnahmen zur Rekrutierung führen Sie aktuell durch?
- Wie wird aktuell um Bewerber geworben (z. B. Stellenanzeigen etc.)
- Welche zusätzlichen Maßnahmen führen Sie durch (Praktika, Azubi-Schnupper-Tage, Schulkooperationen, PR-Arbeit etc.)?
- Erfolg der jeweiligen Maßnahme, Anzeige etc. (wenn möglich beantworten Sie auch, warum dies so war)
- Wie alt sind Ihre Bewerber, woher kommen sie, welche Schulen besuchen sie?
- Wie wird das Unternehmen von den Jugendlichen wahrgenommen? (Keine Schätzung, Befragung!)
- Ist das Unternehmen überhaupt bekannt? Wissen die Jugendlichen, dass ausgebildet wird?

Qualifizierte Bewerbungen

*Eine Anmerkung zum Thema qualifizierte Bewerbungen: Damit ist die Anzahl an Bewerbungen gemeint, die wirklich zu Ihrer Stellenausschreibung und Ihrem gewünschten Profil passt. Letztendlich ist diese Zahl viel aussagekräftiger als die Anzahl der Bewerbungen insgesamt. Denn es nützt Ihnen als Unternehmen wenig, wenn Sie zwar pro Stelle 100 Bewerbungen erhalten, aber keine einzige davon die Mindestanforderungen erfüllt. Mindestanforderungen können zum Beispiel sein: Der Azubi muss volljährig sein (evtl. auf Grund der Arbeitszeiten bei Ihnen notwendig/sinnvoll), der Azubi muss über einen Führerschein verfügen, der Azubi muss mindestens die Fachoberschulreife besitzen, der Azubi muss gute Kenntnisse in Englisch haben, da dies Ihre Unternehmenssprache ist. Daneben gibt es noch viele „nice-to-have“-Kriterien, also Punkte, über die Sie zwar froh wären, wenn der Bewerber sie erfüllt, die aber keine unbedingte Voraussetzung sind, z. B. bei den Noten: Deutsch und Mathe mindestens Note Zwei (wäre schön, ist aber kein Muss, eine Drei oder in begründeten Ausnahmefällen eine Vier tut es auch). Zu den qualifizierten Bewerbungen werden alle Bewerbungen gerechnet, die Ihre Mindestanforderungen erfüllen.

SOLL-Zustand

Nachdem Sie den aktuellen IST-Zustand festgehalten haben, kommen wir direkt zu Ihrem Wunsch-Zustand: dem SOLL. Bitte bleiben Sie dabei realistisch, bedenken Sie zum Beispiel, dass ein Bekanntheitsgrad von 100 % kaum zu verwirklichen ist oder nur mit unverhältnismäßig hohem Aufwand. Auch den SOLL-Zustand sollten Sie unbedingt schriftlich festhalten.

- Wie viele qualifizierte Bewerbungen möchten Sie zukünftig erhalten?
- Wie bekannt soll Ihr Unternehmen in Ihrer Region sein?
- Ist – was das Ausbildungsmarketing betrifft – eine Bekanntheit über die Region hinaus erforderlich?
- Welches Image soll Ihr Unternehmen für den Bereich Ausbildung haben? Denken Sie dabei bitte daran, dass dieses Image in Zusammenhang mit dem Image Ihres gesamten Unternehmens stehen sollte (Stichworte hierzu: Corporate Identity, Unternehmensleitsätze etc.), weitere Erläuterungen zum Thema folgen weiter hinten im Kapitel unter „Employer Branding“.
- Für jeden Ausbildungsberuf/-platz sollte ein konkretes Profil existieren, dieses erarbeiten wir später noch ausführlich.

Hier ein Beispiel für einen definierten Soll-Zustand:

- Wir bilden jedes Jahr zwei Industriekaufleute und drei Mechatroniker aus, zusätzlich jedes 2. Jahr einen IT-Kaufmann. Für jeden einzelnen Ausbildungsplatz liegt ein konkretes Anforderungsprofil vor.
- Wir erhalten pro Stelle mindestens fünf qualifizierte Bewerbungen.
- Wir sind bekannt als Unternehmen, dem die Ausbildung am Herzen liegt. Unsere Ausbilder sind über das übliche Maß hinaus engagiert. Die Jugendlichen wissen, dass man in unserem Unternehmen in der Ausbildung gefördert wird, aber auch etwas leisten muss (Prinzip fordern und fördern wird nach außen getragen).
- Unsere zusätzlichen Leistungen wie Gesundheitsförderung, Weiterbildungsmöglichkeiten, Coaching für Azubis etc. sind bei den Jugendlichen bekannt.

Diesen SOLL-Zustand werden wir später noch um die ausführlichen Anforderungsprofile ergänzen.

1.3 Bedarf ermitteln, Anforderungsprofile erstellen

Anforderungsprofile

Um den Bedarf an Azubis konkret planen zu können, müssen Sie den aktuellen und den zukünftigen Bedarf an Azubis, Fachkräften und evtl. sogar Führungskräften in Ihrem Unternehmen gut kennen. Fragen Sie sich dafür:

- Wie viele Azubis benötigen wir aktuell/in den nächsten Monaten?
- Wie viele Azubis benötigen wir in den nächsten drei Jahren?
- Wie viele Positionen für ausgebildete Mitarbeiter sind in den nächsten zwei bis fünf Jahren zu besetzen?
- Wie sieht es damit in den nächsten zehn Jahren aus?

Sie merken schon: Sie müssen hier ganz eng mit Ihrer Personalentwicklung/Geschäftsleitung zusammenarbeiten, um diese Fragen sinnvoll beantworten zu können.

Bei den letzten beiden Fragen geht es um „fertige“ ausgelernte Mitarbeiter, um Fachkräfte. Denken Sie im längerfristigen Kontext aber durchaus auch an Führungskräfte. In zehn Jahren kann sich ein guter, von der Persönlichkeit geeigneter Azubi mit der entsprechenden Förderung und

Weiterbildung durchaus zur Führungskraft entwickeln. Zum Beispiel, indem er erstmal nach der Ausbildung als Fachkraft in der Abteilung arbeitet, dort sein Fachwissen erweitert und Erfahrungen sammelt. Nach ein paar Jahren kann er eventuell die Leitung eines Projekts übernehmen oder vielleicht ist eine Stelle offen als Teamführung? Durch gezielte Weiterentwicklung und Weiterbildung kann man den jungen Menschen so nach und nach zur Führungskraft aufbauen vorausgesetzt er möchte das und ist von der Persönlichkeit dafür geeignet.

Tipp: Diese Weiterentwicklungs- und Aufstiegsmöglichkeiten sind etwas, mit dem sich auch durchaus im Ausbildungsmarketing werben lässt.

Mit Ihren Azubis können Sie zudem frei gewordene Stellen (durch Fluktuation, Rente, Mutterschutz und Elternzeit, längere Krankheitsausfälle, Umbesetzung oder Beförderung etc.) abdecken.

Weitere Informationen und Details, wie diese Planung im Einzelfall aussehen kann und in die Praxis umgesetzt wird, erfahren Sie im Kapitel zur Übernahme der Azubis (inklusive einiger Beispiele).

Nachdem Sie die Bedarfsplanung abgeschlossen haben, geht es darum, die einzelnen Anforderungsprofile zu erstellen. Falls Sie noch keinen genauen Einsatz für die Zeit nach der Ausbildung im Hinterkopf haben, reicht auch oftmals ein Anforderungsprofil pro Ausbildungsberuf. Wenn Sie jedoch schon genau wissen, dass Sie nach der Ausbildung einen Azubi in der Buchhaltung übernehmen möchten und einen weiteren im Vertrieb, macht es Sinn, zwei unterschiedliche Stellenprofile zu erarbeiten. Dazu hier einige Beispiele:

⇨ Hier ein allgemeines Anforderungsprofil für einen Industriekaufmann in einem mittelständischen Unternehmen:
- Mindestens Fachoberschulreife
- Wohnt in der Region (ca. 20 km Umkreis um das Unternehmen)
- Gute Mathe- und Deutschkenntnisse (Noten bzw. Kurztest vorab)

Evtl. kommen dazu noch die üblichen Soft Skills, die gerne in den Stellenanzeigen genannt werden, wie teamfähig, offen, lernbereit etc. Überlegen Sie sich, wie Sie darauf gezielt eingehen können, ob Ihnen genau diese Fähigkeiten wirklich so wichtig sind (warum und wofür?) und wie Sie diese über die Bewerbung oder im Gespräch feststellen können. Beschränken Sie sich hier auf die für Sie wirklich essenziellen Soft Skills und lassen Sie alles andere weg.

Dass der Bewerber aus der Region kommt (20 km Umkreis in eher ländlichen Regionen, in der Stadt eher geringerer Umkreis), ist manchen Unternehmen sehr wichtig. Dies gilt besonders, wenn es ein Unternehmen ist, das sehr mit der Region verwurzelt ist und vielleicht sogar Produkte aus der Region für die Region herstellt. Es kann aber auch ganz pragmatische Gründe dafür geben. Zum Beispiel, dass der Azubi gut zur Arbeitsstelle kommt – gerade bei minderjährigen Azubis in ländlichen Regionen mit schlechtem öffentlichem Verkehrsnetz ist das oft ein Problem. Ein langer Anfahrtsweg kann auf Dauer frustrierend sein und einen Ausbildungsabbruch begünstigen.

Auf das Thema Noten und deren Aussagekraft sowie den erwähnten Kurztest gehen wir im nächsten Kapitel zur Azubiauswahl noch ausführlicher ein.

⇨ Ein Anforderungsprofil für einen Azubi zum Industriekaufmann, der später in der Buchhaltung eingesetzt werden soll, könnte so aussehen:
- Mindestens Fachoberschulreife
- Gute Mathematikkenntnisse/gutes Zahlenverständnis
- Freude an längerem, konzentriertem Arbeiten
- Geht gerne mit Zahlen/Statistiken um
- Sorgfältiges Arbeiten gewohnt, ordnungsliebend

Wohingegen das Anforderungsprofil für den Azubi des gleichen Ausbildungsberufes, der aber später eher im Vertrieb eingesetzt werden soll, so aussehen könnte:
- Mindestens Fachoberschulreife
- Gute Deutsch- und Englischkenntnisse
- Spaß an gelegentlicher Reisetätigkeit (Kundenbesuche)
- Extrovertiert und kontaktfreudig, geht gerne mit Menschen um
- Gutes Auftreten, gute Umgangsformen

Sie merken schon: Hier werden die Schwerpunkte ganz anders gesetzt. Daher ist es sehr vorteilhaft wenn Sie schon absehen können, für welche Abteilungen oder Stellen Sie über die eigene Ausbildung Nachwuchs fördern möchten. So können Sie die Azubis direkt zielgerichtet hierfür auswählen. Natürlich ist das keine Garantie, ein Jugendlicher verändert sich im Laufe der Zeit und vielleicht stellt der Azubi, den Sie für die Buchhaltung vorgesehen haben während seiner Ausbildung fest, dass ihm die Abteilung Einkauf viel besser gefallen würde.

Trotzdem kann dies eine Hilfestellung sein.

⇒ **Ein Beispiel hierzu:**
Ein Unternehmen hat seine kaufmännischen Azubis immer nach dem gleichen Profil ausgesucht. Es waren durchweg sehr nette, eher zurückhaltende Mädchen und Jungen, die in der Schule sehr gute Leistungen erbracht haben und auch die Arbeit im Betrieb sorgfältig ausführten. Der Betrieb war sehr zufrieden mit seiner Auswahl, schließlich waren die Prüfungsergebnisse immer hervorragend. Die fertigen Azubis wurden, soweit es ging, auch übernommen, im Einkauf, in der Auftragsabwicklung, in der Buchhaltung. Der Vertrieb ging leer aus, es war kein Azubi dabei, der von sich aus gut auf Kunden zugehen konnte, Spaß am „Hinterhertelefonieren" hatte und der den Besuch beim Kunden der Büroarbeit vorzog. Nachdem der Vertrieb im 3. Jahr hintereinander leer ausging und keine geeigneten Auszubildenden für die Übernahme im Vertrieb dabei waren, fing das Unternehmen an umzudenken. Die Profile für die Azubisuche wurden neu erstellt und es wurde gezielt darauf geachtet, auch ein bis zwei extrovertierte Jugendliche einzustellen, die gerne mit Menschen umgehen und auch kein Problem damit haben, aktiv auf Menschen zuzugehen. Damit konnte auch endlich wieder Nachwuchs für den Vertrieb sichergestellt werden.

1.4 Employer Branding

Das Thema Employer Branding ist ein sehr komplexes, es gibt ganze Bücher, die sich nur um dieses Thema drehen. Hier nur eine kurze Erklärung dazu und im weiteren Verlauf eine (sehr stark gekürzte und vereinfachte) Erläuterung, wie Sie Ihre eigene Employer Brand aufbauen. Eine Employer Brand ist eine Arbeitgebermarke und beim Employer Branding geht es darum, das eigene Unternehmen als Marke gut aufzustellen. Sie kennen sicher entsprechende Produktmarken und wissen um die Macht dieser Markennamen. Ein ganz bekanntes Beispiel ist Tempo: Viele Menschen fragen nicht nach einem Papiertaschentuch, sondern nach einem Tempo – sosehr ist der Markenname in Fleisch und Blut übergegangen. Auch Unternehmen können solche starken Marken werden.

Sicherlich kennen auch Sie in Ihrer Region einige Unternehmen, bei denen Sie gerne arbeiten würden. Fragen Sie sich, warum: Bezahlt das Unternehmen überdurchschnittlich?

Bewundern Sie dessen Arbeit/die Produkte? Schätzen Sie den Umgang mit den Mitarbeitern? Oder ist es etwas anderes, vielleicht ein besonderer „Spirit“, der in diesem Unternehmen vorherrscht? Eine besondere Kreativität, ein tolles Miteinander, die Innovationskraft oder was es auch sein mag: Solche Unternehmen, wo mehrere Menschen sagen „Da würde ich gerne arbeiten“, haben etwas, das sie besonders macht. Hier geht es darum, diese Punkte für Sie und Ihr Unternehmen herauszufinden, zu leben und nach außen zu kommunizieren.

Nachdem Sie im vorherigen Abschnitt die für Sie wichtigen Anforderungen an die Bewerber herausgefiltert haben, geht es um den weiteren Teil der Stellenanzeige: Was bieten Sie dem Bewerber? Wenn Sie eine starke Employer Brand haben, ist diese Arbeit für Sie schon fast getan. Starke Marken ziehen Bewerber nach wie vor an, das gilt für gute Produktnamen, die sich zum Teil auf den Arbeitgeber übertragen (jemand sagt eher: „Ich arbeite bei BMW“, statt „Ich arbeite im Autohaus XY“, weil er stolz darauf ist bei BMW zu arbeiten), als auch für Unternehmen, die sich einen guten Ruf als Arbeitgeber erarbeitet haben. Einen solchen Ruf müssen Sie sich oft über Jahre hinweg erarbeiten – mit einer einheitlichen Strategie und Vorgehensweise. Zum Beispiel können Sie dann bekannt sein als ein Arbeitgeber, der seine Mitarbeiter überdurchschnittlich gut bezahlt, als ein Arbeitgeber, der immer ein offenes Ohr für seine Angestellten hat und auch in (privaten) Krisensituationen weiterhilft oder als ein Arbeitgeber, der seine Mitarbeiter besonders gut fördert und ihnen viele Entwicklungsmöglichkeiten bietet. Das sind nur ein paar Möglichkeiten, es gibt noch viele weitere Punkte, auf die Sie Ihren Fokus legen können.

Wie am Anfang des Kapitels erläutert, haben wir mittlerweile einen Arbeitnehmer-Markt, das heißt, nicht nur der Bewerber bewirbt sich bei Ihnen, sondern Sie bewerben sich mit Ihrem Unternehmen auch bei dem Bewerber. Das geht so weit, dass mittlerweile die Frage „Warum sollte ich mich für Sie entscheiden“ zum Teil nicht mehr vom Unternehmen, sondern vom Bewerber gestellt wird. Liefern Sie Ihren Bewerbern die Antwort auf diese Frage – und zwar direkt in der Stellenanzeige!

Fragen Sie sich selbst: Warum habe ich mich für dieses Unternehmen entschieden? Und warum sollte sich ein Jugendlicher (evtl. andere Sichtweise!) für unser Unternehmen entscheiden? Versuchen Sie die Perspektive der Bewerber einzunehmen – was könnten für die Jugendlichen interessante Faktoren sein, die sie dazu bewegen, bei Ihnen eine Ausbildung anzufangen? Sie können auch Ihre aktuellen Azubis fragen, warum sie sich für Ihr Unternehmen entschieden haben.

Tragen Sie alle diese Antworten zusammen, clustern Sie unter Umständen und kristallisieren Sie die wirklich wichtigen heraus. Fragen Sie dazu auch ruhig nochmals Ihre Azubis. Ein Beispiel hierfür: Ihr Unternehmen hat eine Auszeichnung als familienfreundliches Unternehmen gewonnen. Das ist schön und auch sicher erwähnenswert, wenn Sie Arbeitnehmer suchen, für die meisten Jugendlichen wird dieser Faktor deutlich weniger relevant sein. Dass Sie Ihren Azubis die Möglichkeit bieten, schon während der Ausbildung eine Zusatzqualifikation zu erlangen (z. B. Europakaufmann/-frau) oder dass es die Möglichkeit gibt, während der Ausbildung einige Monate im Ausland weiterzulernen (Austausch-Programm für Azubis etc. – dazu gibt es viele Fördermöglichkeiten, informieren Sie sich bei Interesse bei Ihrer Kammer), wird die jungen Leute deutlich mehr interessieren. Vielleicht dürfen die Azubis bei Ihnen an besonderen Projekten teilnehmen, erhalten kostenlosen Sprachunterricht oder andere interessante Kurse, vielleicht tun Sie etwas für deren Gesundheit mit entsprechenden betrieblichen Einrichtungen oder einem Zuschuss zum Fitnessstudio?

Zusatzqualifikation

Fördermöglichkeiten

Falls es in Ihrem Unternehmen entsprechende Unternehmensleitlinien gibt, können Sie diese als Grundlage für Ihre Employer Brand verwenden. Ansonsten greifen Sie erst einmal auf die Punkte, die Sie oben herausgearbeitet haben, zurück. Lassen Sie sich dabei von den Fragen leiten: Wofür ist unser Unternehmen am Markt bekannt? Wofür möchten wir bekannt sein? Welche Punkte wirken auf Bewerber anziehend? Welche Punkte richten sich speziell an Azubis?

Wichtig hierbei ist, dass Sie nicht einfach das Blaue vom Himmel erzählen. Natürlich hört es sich gut an, wenn Sie sich für Ihre Employer Brand Begriffe aufgeschrieben haben wie „sichere Arbeitsplätze“ oder „optimale Work-Life-Balance ist uns wichtig“. Wenn es aber in der Realität so aussieht, dass Sie erst vor einiger Zeit mehrere Mitarbeiter entlassen mussten oder dass bei Ihnen 50- bis 60-Stunden-Wochen an der Tagesordnung sind, machen Sie sich schnell unglaubwürdig.

Daher rate ich oft dazu, andersherum vorzugehen: Überlegen Sie nicht, wofür Sie gerne bekannt sein würden (oftmals sind nach meiner Praxiserfahrung Unternehmensleitbilder etwas, was einmal mit viel Aufwand ausgearbeitet wurde, was aber nur selten gelebt wird). Wenn dies bei Ihnen nicht der Fall ist: Wunderbar, Sie haben es einfach! Erarbeiten Sie auf Grundlage der Leitbilder Ihre Arbeitgebermarke. Wenn Sie Ihr Leitbild – wie so viele Unternehmen – ebenfalls nicht wirklich leben oder es bei Ihnen gar kein Unternehmensleitbild gibt, dann gehen Sie wie folgt vor:

Fragen Sie Ihre Mitarbeiter, was sie an Ihrem Unternehmen schätzen, warum sie sich bei Ihnen beworben haben? Vielleicht sogar warum sie weiterhin dort arbeiten (bei Ihrem Unternehmen bleiben). Und wie sieht es bei Ihren Azubis aus? Stellen Sie auch ihnen diese Fragen. Nun haben Sie einige handfeste Aspekte, von denen Sie auch wissen, dass sie im Unternehmen wirklich gelebt werden/vorhanden sind und können auf dieser Basis eine viel realistischere Arbeitgebermarke erstellen.

Gerade bei kleinen, inhabergeführten Unternehmen ist es oft so, dass Werte, die dem Inhaber wichtig sind, auch das Unternehmen geprägt haben. Hier kann also ein Gespräch mit dem Inhaber sehr aufschlussreich sein.

Wenn Sie Werte herausgefunden haben, die in Ihrem Unternehmen wichtig sind, überlegen Sie, wo diese gelebt werden: An welchen konkreten Dingen lassen sich diese Werte feststellen? Gibt es Erlebnisse aus der Vergangenheit, die diese Werte bestätigen? Erzählen Sie davon: Wenn es passt, bereits in der Anzeige, sonst als Anekdote im Bewerbungsgespräch, aber auch gerne vor Ihren Azubis und den Mitarbeitern. Gemeinsame Geschichten, die die Werte des Unternehmens transportieren (und im besten Fall die Mitarbeiter miteinander verbinden) sind sehr wichtig für das Wir-Gefühl und für die Identifkation mit dem Unternehmen. Wenn die Mitarbeiter in einem Unternehmen angekommen sind, in dem die Werte gelebt werden, die ihnen auch wichtig sind, ist die Wahrscheinlichkeit, dass sie bleiben, sehr hoch (natürlich müssen auch die Rahmenbedingungen passen).

1.5 Die Stellenausschreibung

Stellenausschreibung

Nachdem Sie nun einen genauen Überblick über Ihren zukünftigen Bedarf haben und auch wissen, wie Ihre Employer Brand aussehen soll und welche Vorteile sich daraus für den Bewerber ergeben, geht es darum, die Stellenprofile in Stellenausschreibungen zu verwandeln.

Was Sie wollen, wissen Sie nun: Das Profil für Ihre Azubis steht. Beschränken Sie sich dabei auf die wichtigsten Attribute, auf Ihre absoluten Soll-Kriterien. Wenn Sie genügend Bewerbungen erhalten und es darum geht, zu filtern, können Sie auch weitere Kriterien anfügen. Im nächsten Kapitel, wenn es um die Auswahl der passenden Azubis geht, zeigen wir Ihnen hierzu noch weitere – besser geeignete – Möglichkeiten, um die Bewerbungen zu selektieren.

Also, kurz zusammengefasst: Was steht klassischerweise in einer Stellenanzeige?

- Text zu Ihrem Unternehmen
- Anforderungen an den Bewerber
- Evtl. noch die Aufgabenbereiche
- Kontaktdaten und Hinweis, wie die Bewerbung erfolgen soll

Und wie sollte eine optimale Stellenanzeige aussehen?

- Ein kurzer Text zum Unternehmen (dabei die Employer Brand schon beachten)
- Benefits für den Bewerber (hiermit sollte die Frage beantwortet werden, warum sich ein Jugendlicher bei Ihnen bewerben sollte)
- Kurz die wichtigsten Anforderungen an den Bewerber (lt. Anforderungsprofil, mehr nur, wenn Sie wirklich selektieren müssen)
- Kontaktdaten und auf jeden Fall die Möglichkeit zur Bewerbung per E-Mail bzw. zur Online-Bewerbung angeben

Sie merken schon, es sind nur Kleinigkeiten, die anders sind, aber diese Kleinigkeiten machen viel aus. Denken Sie bitte auch an ein modernes Design Ihrer Anzeigen, das Jugendliche anspricht. Zum Text kann ich Ihnen noch die Empfehlung geben, diesen möglichst kurz und knackig zu halten. Lernen Sie mit wenigen Schlüsselwörtern das Richtige auszusagen. Und bitte betreiben Sie bei dem Text über Ihr Unternehmen keine „Selbstbeweihräucherung", das kommt bei den Jugendlichen gar nicht gut an. Bleiben Sie hier wirklich kurz und sachlich. Konzentrieren Sie sich stattdessen vor allem auf die Benefits.

Verwenden Sie in Ihren Ausschreibungen keine Jugendsprache, dies wird oft als lächerlich, anbiedernd und Ähnliches empfunden und kommt nicht gut an bei der Jugend.

Jetzt kommt der wichtigste Schritt: Überlegen Sie, wo Sie diese Stellenanzeige platzieren können. Natürlich kommt auch weiterhin Ihre Tageszeitung oder der Wochenanzeiger in Frage, bedenken Sie aber, dass Sie dabei die Zielgruppe eher indirekt erreichen: Nur noch 21 % der Jugendlichen lesen Zeitung (Stand 2018), das heißt, sie können allenfalls hoffen, darüber die Eltern und Großeltern zu erreichen, die ihren Nachwuchs dann darauf aufmerksam machen. Außerdem tun diese Anzeigen auch etwas für Ihre Imagebildung: Sie zeigen sich damit als Unternehmen, das sich im Bereich Ausbildung engagiert, seinen Azubis/Mitarbeitern etwas bietet und Sie bleiben präsent in Ihrem Umkreis.

Für die Azubi-Suche ist es jedoch absolut empfehlenswert, (auch) den Online-Weg zu wählen. Dazu gibt es viele Möglichkeiten, Ihre Stellenanzeige zu platzieren:

- Ihre Homepage – optimal ist es, wenn Sie hier insgesamt einen attraktiven Bereich für Ausbildungsplatzsuchende anbieten, mit vielfältigen Informationen (möglichst nicht nur Text, sondern zusätzlich Bilder, Videos etc.) zu den Ausbildungsberufen, Ihrem Unternehmen, den Ausbildern und gerne auch Tipps zum Thema Ausbildung und Bewerbung allgemein. Hilfreich ist es auch, wenn Sie hier Ihre Azubis zu Wort kommen lassen. Das wirkt immer überzeugend und „echt“. Weitere Tipps dazu finden Sie weiter hinten unter „Online-Möglichkeiten“ und auf der Homepage zum Buch.
- Stellenbörsen: Kammern, Agentur für Arbeit, regionale Stellenbörsen und diverse deutschlandweite (oft kostenpflichtige) Stellenbörsen stehen hier zur Auswahl. Nutzen Sie diese Möglichkeiten. Positionieren Sie Ihre Stellenanzeige hier und gestalten Sie auch die vorhandenen Auswahlfelder positiv. Nehmen Sie dafür wieder die Bewerbersicht ein: Fragen Sie sich, wonach er sucht und was ihn in dem jeweiligen Portal ansprechen würde.
- Soziale Medien: Facebook, Instagram, YouTube und Co.: Die Auswahl hier ist riesig. Informieren Sie sich vorab gut und legen Sie sich auf ein oder zwei Kanäle fest, diese

bedienen Sie dann aber regelmäßig. Hier einmal im Jahr eine Stellenanzeige zu posten bringt überhaupt nichts. Um Erfolg zu haben, müssen Sie hier regelmäßigen Content (Inhalt) anbieten. Denken Sie dabei immer daran, wie die jeweilige Plattform genutzt wird und passen Sie Ihre Inhalte daran an. Hier können Ihnen Ihre Azubis sicherlich wertvolle Tipps geben. Vielleicht können Sie sogar mit den Azubis vereinbaren, dass sie die neuen Kanäle ebenfalls regelmäßig mit Inhalten füllen. Weitere Tipps hierzu finden Sie ebenfalls weiter hinten unter „Online-Möglichkeiten" und auf der Homepage zum Buch.

1.6 Weitere Maßnahmen

Online oder Print

Unabhängig von der klassischen Stellenanzeige (ob online oder print) können Sie viele weitere Maßnahmen einleiten, um Ihr Unternehmen bekannter zu machen und für Ihre Ausbildungsstellen zu werben:

Ausbildungsmessen/ Messen

- Teilnahme an Ausbildungsmessen und -ausstellungen: Überlegen Sie sich hier unbedingt etwas Interessantes, das die Jugendlichen auf Ihren Stand zieht. Am besten nicht in Form eines Werbegeschenks, sondern eine interessante Aktion: etwas, das die Azubis ausprobieren/ selbst etwas machen/erleben können. Optimalerweise etwas, das auch mit Ihrem Unternehmen/Ihren Produkten zu tun hat. Beispiele: Wer schafft es mit maximal drei Hammerschlägen, einen großen Nagel komplett im Holz zu versenken? Selbsttest (am besten digital, alternativ Papier): Welcher unserer Ausbildungsberufe passt zu dir? (sehr gut geeignet, wenn Sie viele verschiedene Ausbildungsberufe anbieten), mit dem ferngesteuerten Robotergreifarm einen Schokoriegel angeln und aus dem Kasten herausheben, Kreativitätswettbewerb: „Zeichne das Logo für unser neues Produkt" oder „Wie soll unser neues Produkt heißen" mit Gewinnspiel,...

Tag der offenen Tür

- Tag der offenen Tür bzw. Tag der Ausbildung in Ihrem Unternehmen: Auch hier sollten Sie natürlich viele Maßnahmen anbieten, um die Ausbildungsberufe „erlebbar" zu machen. Die Azubis sollten etwas zu ihren Ausbildungsberufen zeigen oder ausprobieren lassen und – genau wie die Ausbilder – für Fragen zur Verfügung stehen. Organisieren Sie auch Bewirtung, Kurz-Vorträge zu allen wichtigen Themen (sowohl für die Eltern als auch für die Jugendlichen), Rundgänge durch das Unternehmen und überlegen Sie sich auch hier besondere Aktionen, die in Erinnerung bleiben. Hier kann Kreativität wichtiger sein als das große Budget.

Pressemitteilungen

- Regelmäßige Pressemitteilungen, PR-Arbeit allgemein: Sorgen Sie dafür, dass in der lokalen Presse über Sie berichtet wird, damit Sie in der Region bekannt sind – möglichst als Unternehmen für gute Ausbildung. Wichtig ist hier auch eine gewisse Kontinuität. Überlegen Sie sich, was für die Presse interessant sein könnte und denken Sie auch immer an interessantes Bildmaterial. Alle Events und Aktionen, auch die hier in diesem Abschnitt erwähnten, sind zum Beispiel eine Pressemitteilung wert.

Aktionen vor Ort

- Beteiligung an Aktionen bei Ihnen vor Ort, z. B. ein Infostand/Aktionsstand (je nachdem, was besser passt) beim nächsten Stadtfest/Mottotag etc.; aktive Unterstützung und Beteiligung bei diversen Veranstaltungen bei Ihnen vor Ort – das können ein Rockfestival, ein Theaterstück oder was auch immer sein, finden Sie einen passenden Bezug für Ihr Unternehmen und überraschen Sie mit tollen Aktionen.

Sponsoring

- Sponsoring: Der ortsansässige Sportverein freut sich bestimmt über Unterstützung, vielleicht können Sie z. B. die nächsten Trikots sponsern – und dafür Ihr Logo darauf präsentieren. Dies ist vor allem eine gute Maßnahme, wenn Sie bisher vor Ort noch kaum bekannt sind. Auch Schulen kann man finanziell unterstützen: Sei es der gestiftete Computer oder eine Finanzspritze für die Schulabschlussfeier.

Praktika

- Praktika und Ähnliches: Bieten Sie Praktikumsplätze in Ihrem Unternehmen an. Vielleicht können Sie auch an weiteren Aktionen teilnehmen, z. B. der Berufsfelderkundung, dem Girls'Day oder Sie beteiligen sich an MINT-Projekten.

Zusammenarbeit mit Schulen

- Zusammenarbeit mit Schulen: Sie können auch regelmäßig, z. B. für Jahrgangsstufe 9, ein Bewerbertraining anbieten. Dafür kommt einer Ihrer Ausbilder in die Schulen und übt aktiv mit den zukünftigen Azubis. Auch möglich sind hier Bewerbungsmappencheck, Vorstellungsgespräch-Rollenspiele, Knigge-Training und vieles mehr. Sie können auch mit einer Schule eine besonders enge Kooperation anstreben, z. B. indem Sie immer mal wieder Aktionstage gemeinsam für die Schüler durchführen, passend zu Ihrem Unternehmen, Ihren Produkten, schulischen Inhalten und den Interessen der Schüler.

Bei all diesen Aktionen gilt: Seien Sie kreativ! Kopieren Sie nicht, was schon viele andere vor Ihnen gemacht haben, sondern überlegen Sie, was für Aktionen zu Ihrem Unternehmen/Ihren Produkten passen, was für die Zielgruppe interessant ist und dann probieren Sie aus.

Am effektivsten sind die Aktionen, wenn Sie sie miteinander kombinieren, vor allem mit der PR-Arbeit und den Online-Tools: Erzählen Sie in den sozialen Medien und auf Ihrer Website von Ihrem Sponsoring und Ihren Aktionstagen, posten Sie Fotos, vielleicht können Sie von einem besonderen Projekt auch ein Video drehen? Mehr Tipps zu den Online-Möglichkeiten finden Sie auch weiter hinten in diesem Kapitel. Die Möglichkeiten sind vielfältig. Werden Sie aktiv – aber planvoll. Überlegen Sie dabei immer, mit welchen Maßnahmen Sie Ihre gewünschten Ziele (Ihren SOLL-Zustand) am besten erreichen können.

In unserem Exkurs „Jugendliche heute“ weiter hinten im Buch, erfahren Sie etwas darüber, wie die Generationen Y und Z ticken.

⇨ **Praxis-Beispiel:**
Ein Siegerländer Unternehmen (ca. 90 Mitarbeiter) im Bereich Elektrotechnik widmet sich seit einigen Jahren dem Thema Ausbildung. Am Anfang gingen kaum Bewerbungen ein, viele Jugendliche kannten das Unternehmen nicht und wussten nichts über die Ausbildung dort. Nach einer ausführlichen Analyse wurden diverse Maßnahmen ergriffen: Mehr PR in der regionalen Presse zum Unternehmen allgemein (Erhöhung des Bekanntheitsgrades), Überarbeitung der Stellenanzeigen (zielgruppengerechte Ansprache, Herausstellen der Vorteile), Ausschreibung der Ausbildungsplätze nicht nur über Zeitungsanzeigen, sondern auch direkt in den Schulen, Kooperation mit IHK und Agentur für Arbeit, Sponsoring eines bekannten Sportvereins (ebenfalls Erhöhung der Bekanntheit), Ausschreibung der Stellen auf Ausbildungsmessen und vieles mehr. Im nächsten Bewerbungsprozess konnte man erste Erfolge verbuchen: Es gingen 10-mal so viele Bewerbungen ein wie im Vorjahr und es waren viele sehr gut qualifizierte Bewerber dabei, für die das Unternehmen die erste Wahl war. Das Ausbildungsmarketing wird entsprechend fortgeführt, in Schulen werden Bewerbungstrainings angeboten, man beteiligt sich am Girls'Day und bietet vermehrt Praktikumsplätze an. Außerdem wurde ein Prämiensystem eingeführt: „Mitarbeiter werben Mitarbeiter“, ebenfalls mit Erfolg.

Einer Auszubildenden wurde die Möglichkeit geboten, parallel zu ihrer Ausbildung die Weiterqualifizierung zur Europakauffrau abzulegen. Auch diese Fortbildungsmöglichkeiten sind ein Punkt, der die Ausbildung für nachfolgende Azubis attraktiver gestaltet.

1.7 Online-Maßnahmen: Die eigene Homepage und soziale Medien

Homepage

Soziale Medien

Im vorherigen Abschnitt zur Veröffentlichung von Stellenanzeigen bin ich schon kurz auf die eigene Homepage und die sozialen Medien eingegangen. Diese Themen sind mittlerweile so wichtig, dass ich diesen Maßnahmen hier nochmals einen Extra-Bereich widmen möchte. Die hier im Buch aufgeführten Maßnahmen sind Stand 2019/2020. Da sich in diesem Bereich sehr schnell etwas ändert, werden hierzu regelmäßig die neuesten Empfehlungen auf unserer Homepage veröffentlicht.

Die Unternehmenshomepage ist nach wie vor eines der wichtigsten Medien, wo sich Jugendliche über das Unternehmen und die angebotenen Ausbildungsberufe informieren. Wichtig ist, dass der Bereich Ausbildung auf der Website schnell auffindbar ist, optimalerweise mit nur einem einzigen Klick (also ein direkter Punkt in der Menüleiste). Überlegen Sie selbst, inwieweit Sie hier Kompromisse machen können und wollen. Wenn der Punkt im Hauptmenü „Karriere" lautet und direkt darunter das Thema „Ausbildung" zu finden ist, ist dies sicher ebenfalls eine gangbare Überlegung.

⇨ **Ein Negativ-Beispiel:**
Auf einer Unternehmenswebseite gibt es den Menüpunkt „Über das Unternehmen". Darunter findet man keine weiteren Menüpunkte, sondern nur Fließtext, von Bildern unterbrochen. Nach einigem Scrollen kommt unten der Bereich „Offene Stellen" wodurch man auf eine Unterseite kommt, auf der die Stellen für Fachkräfte aufgeführt werden. Wieder nach einigem Scrollen bis zum Ende der Seite findet man einen Link „zu den offenen Ausbildungsstellen", womit man zu den Ausbildungsstellen gelangt: Hier sind die Stellenanzeigen so, wie sie für die Zeitung entworfen wurden, einfach untereinander aufgelistet, ohne weitere Erklärungen, ohne einen Link zum direkten Bewerben und ohne Kontaktmöglichkeit. Raten Sie, wie viele Bewerbungen über diese „Ausbildungswebseite" eingegangen sind …

Natürlich können Sie auch eine eigene Ausbildungswebseite erstellen, notwendig ist das aber nicht, solange Sie auf Ihrer normalen Homepage eine gute Struktur haben und die Ausbildungsseite/der Ausbildungsbereich schnell aufrufbar und gut zu finden ist. Neben den Stellenanzeigen sollten hier auch ausführlichere Infos zu finden sein.

Unbedingt erforderlich sind:

- Beschreibung der einzelnen Ausbildungsberufe mit Bildern
- Kontaktdaten des zuständigen Ausbilders für Rückfragen (mit Telefonnummer und Mailadresse), auch hier optimalerweise mit Foto des Ausbilders/der Ausbilder
- Möglichkeit zur Bewerbung per Mail, alternativ zusätzlich direkte Online-Bewerbung
- Beschreibung des Bewerbungsverfahrens, damit der Jugendliche weiß, was von ihm erwartet wird bzw. was auf ihn zukommt und wie sich der Ablauf gestaltet. Dies hilft auch, Rückfragen zu vermeiden.

Die oben genannten Maßnahmen sind nur das Minimum, was erwartet wird. Daher sollten Sie Ihre Ausbildungs-Webseite mit weiteren Infos attraktiver gestalten, um die Jugendlichen von einer Ausbildung in Ihrem Unternehmen zu überzeugen, Ihr Unternehmen gut darzustellen und für die Ausbildungsberufe zu werben. Aber auch der Begriff „Gamification“ (also ein spielerischer Ansatz) kann hier interessant sein, um sich von anderen Betrieben abzugrenzen/mehr zu bieten. Suchen Sie sich einfach noch ein paar (sinnvoll zusammenpassende) der unten genannten Maßnahmen aus und bauen Sie diese zusätzlich auf Ihrer Webseite ein:

Video

- Video zu jedem Ausbildungsberuf, in dem ein Azubi seinen Arbeitsalltag zeigt und etwas zum Beruf erklärt
- Quiz/Selbsttest: Welcher Ausbildungsberuf passt zu mir?
- Hilfestellung/Infos zur optimalen Bewerbung
- Video in dem die Azubis das Unternehmen kurz vorstellen (z. B. ein kleiner Rundgang mit Infos zu Produkten und zum Unternehmen). Achtung: Wirklich nur kurz und es darf nicht zum Werbefilm werden, Ziel ist es, die Bewerber zu informieren
- Alternativ: virtueller Unternehmensrundgang
- Alternativ oder zusätzlich: Bilder von verschiedenen

Stationen im Betrieb, zu denen die Azubis eine kurze Beschreibung abgeben. Achtung: Die Video-Form ist hier deutlich attraktiver!

Interviews

- Interviews mit den Azubis, warum sie sich für eine Ausbildung in Ihrem Unternehmen entschieden haben bzw. warum für diesen Ausbildungsberuf. Hier können die Benefits Ihrer Ausbildung und Ihres Unternehmens unaufdringlich mit eingebracht werden. Dies kann in Textform (mit Bildern) oder als Video erfolgen.

Azubi-Blog

- Azubi-Blog: Hier können die Azubis selbstständig regelmäßig von ihrem Ausbildungsalltag berichten, aber auch besondere Aktionen und Projekte darstellen. Das ist für die Bewerber sehr interessant, um einen Einblick zu bekommen. Dies kann in Textform erfolgen (ebenfalls wieder mit Bildern) oder als Videoblog (Vlog), alternativ ist auch eine Mischform möglich (mal Text, mal Videos).
- Video oder Bericht mit Bildern zu wichtigen Azubi-Aktionen (z. B. Azubi-Start-Tage, Teamtraining, Projekte, o. Ä.), besonders interessant, falls es keinen Blog gibt.
- Die Ausbilder und Ausbildungsbeauftragten stellen sich mit einem kleinen Steckbrief und Foto kurz vor (alternativ auch Video mit Kurzinterview).
- Einige Azubis können sich mit einem Steckbrief kurz vorstellen (ebenfalls alternativ Video mit Kurzinterview), um der Ausbildung ein Gesicht zu geben.

Social Media

- Verknüpfung mit verschiedenen Social-Media-Kanälen
- Eine Übersicht zu der Frage, warum der Jugendliche eine Ausbildung bei Ihnen machen sollte (liefern Sie ihm gute Gründe, die auch Sie selbst bzw. noch besser: Ihre Auszubildenden überzeugen).

Wichtig bei allem ist, dass die Ausbildungswebseite übersichtlich bleibt. Das ist ein Punkt, der bei Umfragen unter Jugendlichen immer wieder hervorgehoben wurde: Sie möchten die Informationen schnell finden! Und keine Sorge, Sie müssen nicht alle der oben genannten Maßnahmen umsetzen. Suchen Sie sich ein paar Maßnahmen aus, die gut zu Ihrem Unternehmen passen.

⇨ **Ein Beispiel:**
Ein kleiner Elektro-Betrieb mit 30 Mitarbeitern und einem Auszubildenden braucht keinen Selbsttest, welcher Ausbildungsberuf zum Bewerber passt. Der Betrieb könnte sich (neben den unbedingt erforderli-

chen Dingen) für die Vorstellung des Ausbildungsberufs mit einem Video entscheiden (von dem Azubi selbst mit der Handykamera erstellt), dazu ein paar Infos über das Unternehmen, in dem auch die Vorteile der Ausbildung dort aufgezählt werden. Ergänzt durch eine kurze Vorstellung des Ausbilders, in welcher er auch erzählt, warum er sich gerne für die Ausbildung engagiert.

⇨ **Ein weiteres Beispiel:**
Ein IT-Dienstleister mit 120 Mitarbeitern und sechs Auszubildenden (zwei pro Lehrjahr) entscheidet sich dafür, seine beiden Ausbildungsberufe auf Steckbriefen vorzustellen und die Azubis darüber berichten zu lassen, warum sie sich jeweils dafür entschieden haben (und auch für die Ausbildung bei diesem Unternehmen). Außerdem stellen sich die Ausbilder und Ausbildungsbeauftragten kurz vor. Es gibt ein kurzes Video, welches die Azubis in einem gemeinschaftlichen Projekt erstellt haben. Darin wird das Unternehmen gezeigt, ein paar Eindrücke aus dem Ausbildungsalltag sowie zwei der Ausbilder bei der Arbeit. Insgesamt mutet das Video sehr flott und unterhaltsam an (Dauer weniger als 2 Minuten). Trotz der kurzen Zeitspanne werden auch die Vorteile der Ausbildung dort nochmals hervorgehoben. Des Weiteren bereiten die Azubis einen Azubi-Blog vor, der zukünftig eigenverantwortlich von ihnen gepflegt wird.

⇨ **Praxis-Beispiel** OTTO QUAST:
Das Bauunternehmen OTTO QUAST aus Siegen hatte es lange Zeit nicht leicht, Azubis zu finden. Wie bei vielen Betrieben der Branche gestaltete es sich vor allem für die Ausbildungsberufe, die direkt mit der Baustelle zu tun haben, sehr schwierig. Seit ein paar Jahren hat OTTO QUAST aber aktiv an seinem Ausbildungsmarketing gearbeitet – mit großem Erfolg: Mittlerweile liegen genügend Bewerbungen vor und das Unternehmen kann seine Ausbildungsstellen alle besetzen. Hierfür wurde aber auch einiges getan: Neben einer sehr aktiven Schulkooperation und der Teilnahme an Ausbildungsmessen und lokalen Aktionen (z. B. Beteiligung am städtischen Seifenkistenrennen etc.), lag ein großer Fokus auch auf den Online-Maßnahmen. Hier laufen alle Fäden zusammen: Alle Aktionen, die das Unternehmen durchführt werden hier für die Bewerber aufbereitet und gezeigt. Über all dem steht das Motto „Faszination Bauen", man spürt auf der gesamten Webseite und in der Unternehmenskommunikation, dass man hier für das Thema Bau brennt! Die Texte auf der Webseite

zeugen von dieser Begeisterung und viel wichtiger: Man spürt sie auch in allen Maßnahmen und bei den interviewten Auszubildenden. Das Unternehmen stellt seine Ausbildungsberufe vor (auf eine sehr ansprechende Weise über eine Auswahlgrafik, darüber gelangt man zu weiterführenden Texten und Videos der Azubis), man bekommt zehn Gründe für eine Ausbildung bei OTTO QUAST geliefert (ebenfalls ansprechend aufbereitet) und es gibt Tipps und Tricks für die Bewerbung. Außerdem gibt es einen Bereich Azubis in Aktion, eine Art Mini-Blog, in dem über verschiedene Aktionen in der Ausbildung berichtet wird, meist als Text mit Bild-Format, gelegentlich aber auch mit einem Video (z. B. vom Azubitag mit Teamtraining und Floßbau). Schauen Sie sich diese Ausbildungswebseite doch einmal an: www.quast.de/ausbildung.html

Zu den sozialen Medien: Diese können ein sehr nützliches Mittel sein, um Jugendliche auf Ihr Unternehmen und die Ausbildungsaktivitäten aufmerksam zu machen. Allerdings nur, wenn Sie auch bereit sind, sich regelmäßig damit auseinanderzusetzen. Dies gilt für alle Social-Media-Kanäle. Egal ob Instagram, YouTube, Facebook, Twitter oder sonstige Medien: Ein durchdachtes Konzept und Regelmäßigkeit sind das A und O. Falls Sie dies also nicht sicherstellen können oder wollen, sollten Sie von sozialen Medien lieber noch die Finger lassen. Auch ohne die Einbeziehung von sozialen Medien kann ein Ausbildungsmarketing erfolgreich sein. Aber: Mit Einbeziehung der sozialen Medien können sich all Ihre Maßnahmen deutlich schneller verbreiten und weiter gestreut werden, so dass Sie mehr Menschen erreichen. Auch hier gilt: Lassen Sie sich beraten und holen Sie sich im Zweifelsfall Hilfe von Profis.

Falls Sie sich für den Einsatz von Social Media im Ausbildungsmarketing entschieden haben, starten Sie auch hier am besten mit einem gut durchdachten Konzept: Was soll wann und wo von wem veröffentlicht werden? Entscheiden Sie sich am Anfang für einen oder maximal zwei Social-Media-Kanäle (Sie können später weitere dazunehmen, falls dies erforderlich erscheint), legen Sie dafür jeweils einen Verantwortlichen fest und erstellen Sie gemeinsam einen Redaktionsplan. Darin überlegen Sie im Vorfeld, welche Inhalte Sie übermitteln möchten, von welchen Aktionen Sie berichten wollen etc. Dies sollte alles sinnvoll aufeinander abgestimmt sein. Zum Beispiel können die wöchentlichen Artikel aus Ihrem Azubi-Blog auch als Kurzbeitrag für Ihren

Social-Media-Kanal verwendet werden, ergänzt um zwei bis drei weitere Beiträge pro Woche.

Da die Möglichkeiten hier mittlerweile sehr vielfältig sind, gehe ich auf keine speziellen sozialen Medien ein, auf unserer Homepage gibt es aber hier ebenfalls weiterführende Informationen. Nur so viel: Überlegen Sie, auf welchen Kanälen Sie Ihre Zielgruppe gut erreichen, aktuell ist dies für die Jugend der Generation Z vor allem YouTube. Facebook war bei der vorherigen Generation hoch im Kurs, mittlerweile erreichen Sie darüber eher die Eltern der Jugendlichen (und können eventuell über diese Einfluss nehmen). Überlegen Sie auch, ob die dort erforderlichen Formate für Sie passen: Bei YouTube sollten Sie sehr regelmäßig Videos einstellen, sind Sie bereit, mehrmals pro Monat ein Video hierfür zu drehen? Und haben Sie genügend Themen, über die Sie berichten können und die sich für das Video-Format eignen? Ähnliche Fragen müssen Sie sich für Instagram oder ähnliche Kanäle stellen.

Letztendlich gilt: Ein sinnvoller Mix aller Bereiche ist wichtig, vor allem von Online- und Offline-Maßnahmen. Wie sollen die Jugendlichen auf Ihre tolle Ausbildungswebseite gelangen, wenn sie nicht zuvor über Ausbildungsmessen, an Schulen, über Werbeaktionen oder andere Kanäle davon erfahren haben? Diese anderen Maßnahmen können soziale Medien sein, müssen es aber nicht. Alternativ sind hier auch weitere Offline-Maßnahmen möglich oder die Zusammenarbeit mit lokalen Stellenbörsen oder Regionalverbänden für Personalmarketing o. Ä. Oft bieten auch die Kammern oder andere regionale Akteure weitere Möglichkeiten, wie eigene Internet-Plattformen, Azubi-Speed-Dating oder kreative Aktionen wie Ausbildungs-Slam, Ausbilder-gegen-Azubi-Wettbewerb etc.

1.8 Controlling und Kontinuität

Controlling

Ein kleiner Abschnitt noch zu dem, was so gerne vergessen wird: Das Controlling! Ermitteln Sie nach dem Umsetzen der Maßnahmen erneut den IST-Zustand: Wurden Ihre Ziel-vorgaben erreicht? Wenn nein, warum nicht? Analysieren Sie, überprüfen Sie evtl. auch Ihren gewünschten Soll-Zustand nochmals kritisch. Nehmen Sie Änderungen an den letzten Maßnahmen vor bzw. setzen Sie neue Maßnahmen an – und danach ziehen Sie wieder Resümee. Sie können diesen Prozess auch als Schleife oder Kreislauf betrachten, so lange, bis Ihr Wunschziel, der optimale Soll-Zustand für Ihr Ausbildungsmarketing, erreicht wurde.

Manchmal reichen schon kleine Korrekturen in der Kommunikation, die aber große Auswirkungen haben. Falls Sie trotz Korrekturen, guter Ideen und vielen erfolgreich umgesetzten Maßnahmen nicht weiterkommen, holen Sie sich professionelle Hilfe von einem auf Ausbildungsmarketing spezialisierten Dienstleister (Infos dazu gibt es auf der Homepage). Lassen Sie sich beraten bzw. bei der Umsetzung unterstützen. Oft sind es nur Kleinigkeiten, an denen es hapert, und mit der entsprechenden Hilfe können diese Stellschrauben schnell gefunden werden.

Um aber nicht unnötig Geld und Zeit in Maßnahmen des Ausbildungsmarketings zu investieren, die nichts bringen, ist ein entsprechendes Controlling unbedingt erforderlich. Schauen Sie auch darauf, was die Maßnahmen Sie gekostet haben. Bedenken Sie dabei, dass im ersten Jahr evtl. für Erstanschaffungen, Konzeptionierung etc. deutlich höhere Kosten entstehen als in den Folgejahren. Planen Sie Ihr Budget dementsprechend.

Und ganz wichtig: Bleiben Sie dran! Hören Sie nicht mit dem Ausbildungsmarketing auf, weil es gerade gut läuft. Es ist ein fortlaufender Prozess, an dem Sie stetig arbeiten müssen. Sie werden in regelmäßigen Abständen Ihre Maßnahmen immer wieder auf den Prüfstand stellen und regulierend eingreifen müssen. Optimalerweise können Sie dies in einigen Jahren proaktiv tun, das heißt Sie müssen nicht mehr reagieren, weil Sie keine Azubis mehr finden, sondern können im Vorfeld rechtzeitig agieren, um auch für die Zukunft sicherzustellen, dass Ihr Unternehmen immer genügend gute Auszubildende findet.

Zusammenfassung

Mit einem planvollen Vorgehen stellen Sie Ihr Ausbildungsmarketing auf sichere Füße: Ermitteln Sie den aktuellen IST-Zustand Ihres Ausbildungsmarketings und legen Sie fest, wie das angestrebte SOLL aussehen soll. Überlegen Sie Maßnahmen, wie Sie – ausgehend vom aktuellen Zustand – den gewünschten Zustand erreichen können. Diese Maßnahmen bestehen optimalerweise aus Maßnahmen vor Ort (an Schulen, auf Messen, Teilnahme an Aktionen) und aus Online-Maßnahmen, vor allem auf Ihrer Ausbildungswebseite, aber auch in den sozialen Medien. Wichtig ist ein ganzheitliches Konzept, basierend auf Ihren Unternehmenswerten und Ihren Überzeugungen.

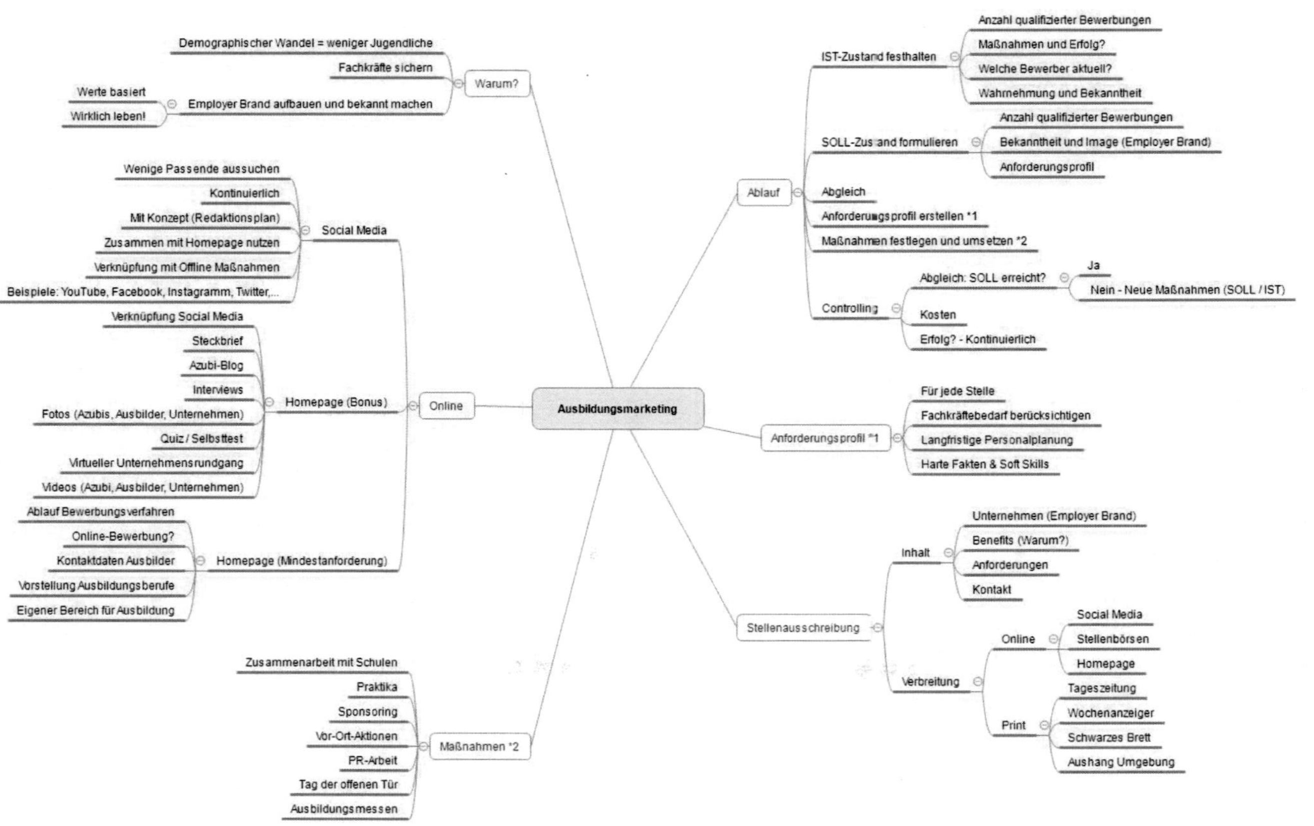
Ausbildungsmarketing
Warum?
Demographischer Wandel = weniger Jugendliche
Fachkräfte sichern
Employer Brand aufbauen und bekannt machen
Werte basiert
Wirklich leben!
Online
Social Media
Wenige Passende aussuchen
Kontinuierlich
Mit Konzept (Redaktionsplan)
Zusammen mit Homepage nutzen
Verknüpfung mit Offline Maßnahmen
Beispiele: YouTube, Facebook, Instagramm, Twitter,...
Homepage (Bonus)
Verknüpfung Social Media
Steckbrief
Azubi-Blog
Interviews
Fotos (Azubis, Ausbilder, Unternehmen)
Quiz / Selbsttest
Virtueller Unternehmensrundgang
Videos (Azubi, Ausbilder, Unternehmen)
Homepage (Mindestanforderung)
Ablauf Bewerbungsverfahren
Online-Bewerbung?
Kontaktdaten Ausbilder
Vorstellung Ausbildungsberufe
Eigener Bereich für Ausbildung
Maßnahmen *2
Zusammenarbeit mit Schulen
Praktika
Sponsoring
Vor-Ort-Aktionen
PR-Arbeit
Tag der offenen Tür
Ausbildungsmessen
Ablauf
IST-Zustand festhalten
Anzahl qualifizierter Bewerbungen
Maßnahmen und Erfolg?
Welche Bewerber aktuell?
Wahrnehmung und Bekanntheit
SOLL-Zustand formulieren
Anzahl qualifizierter Bewerbungen
Bekanntheit und Image (Employer Brand)
Anforderungsprofil
Abgleich
Anforderungsprofil erstellen *1
Maßnahmen festlegen und umsetzen *2
Controlling
Abgleich: SOLL erreicht?
Ja
Nein - Neue Maßnahmen (SOLL / IST)
Kosten
Erfolg? - Kontinuierlich
Anforderungsprofil *1
Für jede Stelle
Fachkräftebedarf berücksichtigen
Langfristige Personalplanung
Harte Fakten & Soft Skills
Stellenausschreibung
Inhalt
Unternehmen (Employer Brand)
Benefits (Warum?)
Anforderungen
Kontakt
Verbreitung
Online
Social Media
Stellenbörsen
Homepage
Print
Tageszeitung
Wochenanzeiger
Schwarzes Brett
Aushang Umgebung

2. Auswahlverfahren: Welcher Bewerber passt zu Ihrem Unternehmen?

Nachdem wir uns im vorherigen Kapitel mit dem Thema Ausbildungsmarketing beschäftigt haben, bekommen Sie nach Umsetzung der Maßnahmen hoffentlich viele Bewerbungen. Aber wie wählen Sie daraus die passenden Kandidaten aus? Achten Sie auf die Schulnoten? Versuchen Sie möglichst viel zwischen den Zeilen zu lesen? Oder geben Sie jedem Kandidaten die Chance für ein kurzes persönliches Gespräch? In diesem Kapitel beleuchten wir, was einen guten Auswahlprozess ausmacht und worauf Sie achten sollten.

2.1 Bewerbungsmappen – Papier oder digital?

Bewerbungen

Wie gehen die meisten Bewerbungen bei Ihnen ein – als klassische Bewerbungsmappe per Post oder digital im Online-Portal beziehungsweise per Mail? Für beide Wege gibt es Für und Wider:

Aus Bewerbersicht wird meist die digitale Bewerbung vorgezogen, da sie schnell und unkompliziert möglich ist und wenig Kosten verursacht. Andererseits gibt es auch nach neueren Umfragen (Stand 2017) einige junge Leute, die die klassische Postmappe vorziehen, da diese mehr Wertschätzung ausdrückt. Für Unternehmen bedeutet dies, man sollte den Jugendlichen nach Möglichkeit beide Wege anbieten. Unternehmen, die aber nach wie vor nur an der klassischen Bewerbungsmappe festhalten, vergeben sich viele Chancen, da viele Bewerbungen gar nicht erst bei ihnen landen.

Mobiles Endgerät

Tipp: In den letzten vier Jahren ist die Zahl der Jugendlichen, die eine Bewerbung per mobilem Endgerät vorziehen, von 10 % in 2015 auf über 50 % in 2019 gestiegen. Bieten Sie also wenn möglich diese Bewerbungsmöglichkeit mit an.

Aus Sicht der Unternehmen gibt es ebenfalls beide Stimmen: Bei der klassischen Bewerbungsmappe kann man gut erkennen, ob jemand ordentlich und sauber arbeitet, lautet das Hauptargument der einen, oftmals insgesamt sehr papieraffinen Gruppe. Die einfache, schnelle und kostengünstige Bearbeitungsmöglichkeit ist eines der

Hauptargumente der digitalen Verfechter: Bei einer E-Mail können Sie direkt mit einem Klick oder sogar vollautomatisch nach Eingang einen Zwischenbescheid verschicken und auch viele andere Dinge einfacher handhaben. Gehen die Bewerbungsunterlagen vielleicht sogar über ein Bewerbungsportal ein, sind die Möglichkeiten noch vielfältiger: Automatische Vorauswahl nach bestimmten Kriterien, Vorabtests, automatische Einladungen zu Gesprächen und vieles mehr sind nur einige Optionen.

Wägen Sie die Vor- und Nachteile gut ab. Gerade wenn Sie (zu) wenig Bewerbungen erhalten, sollten Sie sich aber der Online-Bewerbung nicht verschließen und den Bewerbern diese Möglichkeit anbieten. Optimal ist es, wenn Sie hier flexibel auf die Bewerber eingehen können: Bieten Sie die Möglichkeit, sich sowohl per Bewerbungsmappe als auch digital (per Mail und eventuell auch über ein Portal) bewerben zu können. Gerne können Sie den bevorzugten Weg mit angeben.

2.2 Die Vorauswahl

Gerade wenn Sie sehr viele Bewerbungen erhalten, ist dieser Punkt wichtig für Sie. Angenommen, Sie suchen zehn Auszubildende, erhalten für diese Plätze aber über 1.000 Bewerbungen, haben Sie viel zu tun. Wenn Sie bei den Anforderungsprofilen im vorherigen Kapitel schon gute Vorarbeit geleistet haben, wird es jetzt leichter für Sie: Sie wissen schon ganz genau, welche Muss-Voraussetzungen und welche Kann-Kriterien Ihr gewünschter Bewerber erfüllen soll und können nun filtern. Bei einem professionellen Bewerbermanagementsystem geht dies sogar vollautomatisch: Sie bekommen nur die Bewerber angezeigt, die die Muss- und Kann-Kriterien erfüllen. Liegen davon nicht genügend vor, erhalten Sie zusätzlich die Bewerbungsunterlagen der Kandidaten, die nur die Muss-Kriterien erfüllen, bei den Kann-Kriterien aber Defizite haben.

Bewerbermanagementsystem

Alternativ können Sie die Bewerbungen natürlich auch von Hand vorsortieren, bei einem Bewerbereingang von unter 100 Bewerbungen ist dies sicherlich gut möglich, bei einem Eingang von 1.000 Bewerbungen und mehr stoßen Sie dabei schnell an Ihre Grenzen. Der Vorteil bei der Sortierung von Hand ist, dass Sie vielmehr auf individuelle Kleinigkeiten achten können, die sonst vielleicht untergehen würden. Als Beispiel seien hier genannt:

- Ein interessantes Anschreiben
- Ein auffälliges Bewerbungsformat oder -design (bei Online-Plattformen nicht möglich)
- Beim Sortieren von Hand werden Haptik, Geruchssinn und vieles mehr mit angesprochen. So gibt es zum Beispiel Unternehmen, die Bewerbungsunterlagen, die stark nach Rauch (Rauchern) riechen, von vornherein aussortieren.
- Manchmal wird eine Bewerbung auch einfach als interessant empfunden, ohne dass man begründen könnte warum. Hier spielt das „Bauchgefühl" eine große Rolle: Das Unterbewusstsein nimmt Millionen Eindrücke pro Millisekunde wahr, das Bewusstsein nur einige wenige. So spielen Eindrücke, die wir unbewusst wahrnehmen, eine große Rolle, auch wenn wir sie oft nur als „unbestimmtes Gefühl" wahrnehmen.

Eine weitere Möglichkeit: Lassen Sie Ihre Azubis die Bewerbungsunterlagen vorsortieren. Für die Azubis ein sehr interessantes Projekt, was sie meist mit großer Begeisterung angehen. Außerdem können Sie den Azubis hierdurch wichtige Einblicke in den Personalbereich geben. Weisen Sie sie vorher ausführlich auf den Datenschutz hin, erklären Sie die Auswahlkriterien (möglichst mit dem Warum) und erläutern Sie ihnen, welche Punkte Ihnen sonst noch wichtig sind. In der einfachen Variante liefern Ihnen die Azubis hinterher drei Stapel: Einladen, Reserve, Absage. In der komplexeren Variante können die Azubis für Sie eine Excel-Tabelle erstellen, in der alle für Sie relevanten Daten erfasst werden, z. B.:

- Persönliche Daten wie Name, Wohnort und Alter des Azubis
- Geschlecht, falls dies für die Auswahl wichtig ist (beachten Sie hierbei jedoch die rechtlichen Vorgaben)
- Schulnoten (auf diesen Punkt gehen wir später noch ein)
- Praktika oder Erfahrungen im angestrebten Ausbildungsberuf
- Besonderheiten in der Bewerbung
- Die Azubis können in einer Spalte einen Vorschlag unterbreiten, wie sie den Bewerber einstufen würden, beziehungsweise wie sie weiter mit der Bewerbung vorgehen würden.

Übrigens: Aus meinen Beratungen weiß ich, dass es zur Vorsortierung der Unterlagen durch die Azubis auch kritische Stimmen gibt: Was ist, wenn die Azubis auf diese Art und Weise Unterlagen von Bekannten zu sehen bekommen? Oder: So wissen die Azubis ja schon ALLES über die potenziellen neuen Azubis ... Wägen Sie selbst ab, ob Sie diese Punkte stören. Letztendlich gehört ein Einblick in die Personalabteilung und auch in das Bewerbermanagement zumindest für die kaufmännischen Azubis ohnehin dazu, warum sollte man dann nicht über dieses Projekt den Azubis einen Einblick verschaffen? Und für die Azubis ist es enorm motivierend, bei so einer verantwortungs- und vertrauensvollen Aufgabe mitarbeiten zu dürfen.

Nachdem Sie die Vorauswahl getroffen haben, kommen Sie zum nächsten Schritt: Wenn eine „vernünftige" Anzahl an Bewerbern vorliegt (hier empfehle ich ein Verhältnis von 1 : 3 zur Anzahl der zu besetzenden Stellen), können Sie mit den Gesprächen starten. Falls es weniger Bewerbungen sind könnten Sie nochmals überlegen, einige Kandidaten, die nicht alle Kann-Kriterien erfüllen, trotzdem mit in die engere Auswahl zu nehmen. Falls auch das nicht reicht, empfiehlt es sich dringend, am Ausbildungsmarketing (siehe vorheriges Kapitel) zu arbeiten, um mehr qualifizierte Bewerbungen zu erhalten.

Falls Sie hingegen noch sehr viele Kandidaten haben, die die Soll- und Kann-Kriterien erfüllen, können Sie natürlich weitere Tests/Auswahlverfahren zwischenschalten, bevor Sie mit den Gesprächen beginnen. Bei einigen Unternehmen sind Tests ohnehin im standardisierten Bewerbungsverfahren vorgesehen, um gewisse Kenntnisse im Vorfeld abzufragen.

2.3 Ein Vorabkennenlernen als Auswahlverfahren

Bei einigen Unternehmen wird auf „komplizierte" Auswahlverfahren nahezu komplett verzichtet, sie setzen darauf, ihre Bewerber schon im Vorfeld kennen zu lernen. „Wie das?", werden Sie sich vielleicht fragen. Ganz einfach: Es gibt dazu viele Möglichkeiten, die gleichzeitig auch einen steten Strom an Bewerbungen sichern und die Ihnen helfen, mit Ihrer Zielgruppe, Ihren Bewerbern, schon vorab in Kontakt zu kommen. Hier sind einige davon:

Schulpraktika

- Bieten Sie Schulpraktika an, in den ein bis drei Wochen

haben Sie die wunderbare Gelegenheit, Ihre Bewerber schon sehr ausführlich kennenzulernen. Und wenn es ihnen gefallen hat, werden sie sich hinterher sicher gerne bei Ihnen bewerben

Berufsfelderkundungstage

- Das Gleiche gilt für Berufsfelderkundungstage (nicht in allen Bundesländern): Hier können Sie die Bewerber einen ganzen Tag lang kennenlernen.

Betriebserkundungstage für Schulen

- Bieten Sie Betriebserkundungstage für Schulen an, zeigen Sie dabei den Schülern Ihr Unternehmen, lassen Sie interessierte Schüler dabei auch – soweit möglich – in bestimmte Arbeiten reinschnuppern.
- Nehmen Sie am Girls' Day oder anderen Aktionstagen teil.

Ferienarbeitsplätzen

- Wie wäre es mit Ferienarbeitsplätzen für Schüler?

Ausbildungstag

- Weitere Möglichkeiten: Ein Ausbildungstag, Tag der offenen Tür, Nacht der Ausbildung, Teilnahme an einer Ausbildungsmesse oder einem Speed-Dating, ... Es gibt viele Möglichkeiten. Werden Sie kreativ und überlegen Sie, was zu Ihrem Unternehmen passt.

Seien Sie sich immer darüber bewusst, dass sich das Unternehmen auch beim Azubi bewirbt. Dies ist ganz besonders bei diesem Erstkontakt entscheidend. Der Bewerber sollte sich bei Ihnen wohlfühlen. Achten Sie darauf, dass es jemanden gibt, der sich um den Bewerber/den Praktikanten kümmert, dass Arbeiten/Aktionen zum Reinschnuppern zur Verfügung stehen und dass er die Gelegenheit hat, mit anderen Azubis zu sprechen und sich über die Ausbildung zu informieren (auch über die Bewerbung und die Voraussetzungen dafür). Zeigen Sie sich als Unternehmen von Ihrer besten Seite! Und vergessen Sie auch nicht die Nachbereitung des Termins: Setzen Sie sich mit allen Beteiligten kurz zusammen und halten Sie Ihre Eindrücke gemeinsam fest, so wie Sie es auch nach einem Vorstellungsgespräch tun würden (schriftlich!). Es wäre doch schade, wenn in ein paar Monaten (oder vielleicht in ein bis zwei Jahren) die Bewerbung eingeht und Sie nichts mehr von dem Bewerber und seinem Praktikum wissen!

2.4 Weitere Auswahlverfahren

Hier gibt es vielfältige Möglichkeiten, ich möchte Ihnen die gängigen näher vorstellen:

Telefonisches Kurzinterview

Telefonisches Kurzinterview

Es eignet sich besonders, um einen ersten Eindruck vom Bewerber zu erhalten (wie verhält er sich am Telefon, wie ist sein Auftreten [Redegewandtheit] etc.). Außerdem kann man hier einige, in der Bewerbung eventuell offen gebliebene Fragen, direkt abklären. Überlegen Sie sich vorab die für Sie wichtigen Fragen, in manchen Unternehmen gibt es auch einen kurzen Telefoninterview-Gesprächsleitfaden hierfür.

Natürlich kann das telefonische Kurzinterview kein Bewerbungsgespräch ersetzen, es hilft aber dabei, den ersten Eindruck, den die Bewerbung hinterlassen hat, zu vervollständigen.

Bei einem großen Bewerbungsaufkommen kann man dies auch an externe Dienstleister delegieren. Achten Sie hier auf ein genaues Briefing, damit der Bewerber nicht nur allgemein „abgeklopft" wird, sondern auch auf unternehmensspezifische Dinge Rücksicht genommen wird. Ihr Bewerberprofil sollte auf jeden Fall bei den Anrufenden bekannt sein.

Testverfahren

Testverfahren

Allgemeinwissen, Mathematikkenntnisse, Rechtschreibung, Englisch, Intelligenztests oder psychologische Testprofile: Die Möglichkeiten sind vielfältig. In manchen Unternehmen werden solche Tests gezielt im Bewerbungsverfahren mit eingesetzt, um z. B. die Rechenkenntnisse der Bewerber abzufragen: Kann der Azubi einen einfachen Dreisatz rechnen? Beherrscht er die Grundrechenarten?

Leider geben die Schulnoten hierzu kaum Auskunft und sind kein gutes Auswahlkriterium. Man kann von dem gesamten Notenspiegel eine einfache Ableitung dazu erstellen, ob der Bewerber insgesamt ein guter Schüler ist und vielleicht noch, ob er fleißig ist (wobei das schon schwer zu beurteilen ist, denn manche Schüler sind „stinkefaul" und haben trotzdem passable bis gute Noten, ihnen fliegt das Wissen regelrecht zu, sie verfügen oft über eine gute Auffassungsgabe und/oder haben gelernt, sich durch den Schulalltag „durchzumogeln"). Aber eine Zwei in Mathe muss nicht heißen, dass der Schüler einen Dreisatz ohne Weiteres rechnen kann, es heißt nur, dass er beim aktuellen Thema in der Schule (vielleicht Geometrie, Differentialrechnung,...) gut mitgekommen ist. Leider haben wir schon oft die Erfahrung gemacht, dass selbst Einser-Kandidaten in Mathe keine Prozentrechnung beherrschen („Das haben wir vor fünf Jahren gehabt, ich weiß nicht mehr, wie das geht“) oder in Deutsch keine gute Rechtschreibung haben („Die letzten paar Jahre ging es nur um Gedichtanalysen und Literaturinterpretation, da wurde Rechtschreibung nachrangig bewertet“).

Entscheiden Sie selbst, wie wichtig Ihnen diese Punkte sind: Absolute Voraussetzung – dann sollte es getestet werden. Oder sagen Sie: Das ist zu vernachlässigen/dafür haben wir Hilfsmittel/das kann er auch während der Ausbildung noch lernen? Dann können Sie auf diese Tests verzichten.

Ebenso müssen Sie selbst entscheiden, ob Ihnen ein gutes Allgemeinwissen wichtig ist. Wenn ja, kann natürlich ein solcher Test durchgeführt werden. Ich persönlich halte ein gutes Allgemeinwissen zwar für wünschenswert, sehe es aber bei Weitem nicht als wichtigste Voraussetzung für eine Ausbildung an.

Auch für wie aussagekräftig Sie Intelligenztests halten, ist Ihre Entscheidung. In manchen Ländern ist ein solcher Test mittlerweile Standard. Und auch hier in Deutschland schwören einige Unternehmen darauf. Ebenso viele Kritiker gibt es aber auch für dieses Thema. Das Gleiche gilt für psychologische Tests: In manchen Berufen mag ein solcher Test durchaus Sinn machen, in anderen ist er eher überflüssig. Auf unserer Webseite zum Buch finden Sie weitere Infos zu diesen Testverfahren, entscheiden Sie selbst, ob diese für Ihre Ausbildungsstellen notwendig und sinnvoll sind oder ob Sie sich diese Tests getrost sparen können. Falls Sie sich für den Einsatz entscheiden, sollten Sie jedoch bei diesen Testverfahren unbedingt professionelle Hilfe in Anspruch nehmen, besonders die psychologischen Tests sind von Laien nur unzureichend durchzuführen und auszuwerten – und damit wenig bis gar nicht aussagekräftig.

Praxisübungen/Probearbeiten

Praxisübungen/ Probearbeiten

Bei vielen Berufen haben sich praktische Übungen als ein sehr sinnvolles Mittel herausgestellt, um Bewerber auszuwählen. Je nach Beruf lassen Sie die Jugendlichen ein Werkstück selber anfertigen, eine Postkorbübung durchlaufen oder suchen eine ähnliche, für den zukünftigen Arbeitsalltag typische Aufgabe. Beachten Sie jedoch, dass die Aufgabe für Anfänger ohne Vorkenntnisse geeignet sein muss. Wählen Sie diese Aufgabe sorgfältig aus, eventuell mit anderen Ausbildern im Unternehmen gemeinsam, oder holen Sie sich hierfür professionelle Hilfe. Beobachten Sie die Bewerber während der Aufgabenlösung, achten Sie nicht nur auf das Ergebnis, sondern auch darauf, wie die Jugendlichen mit der Aufgabenstellung umgehen.

Eine weitere Möglichkeit, die Jugendlichen bei der praktischen Arbeit kennenzulernen, ist ein Probearbeitstag. Hier sollten Sie jedoch nicht zu viele gleichzeitig einladen, beschränken Sie sich am besten auf einen Jugendlichen pro Bereich und pro Tag, damit Sie sich wirklich Zeit für Ihren zukünftigen Azubi nehmen können. Da dieses Mittel sehr zeitintensiv ist, sollte der Probearbeitstag eines der letzten Auswahlkriterien sein. Bei vielen Unternehmen wird der Probearbeitstag erst nach dem Vorstellungsgespräch eingesetzt, um die Endauswahl zwischen zwei oder drei Bewerbern zu treffen (oder auch vier bis sechs Bewerbern bei zwei bis drei Ausbildungsstellen).

An diesem Tag haben Sie die Möglichkeit, den Jugendlichen näher kennenzulernen. Auch die Kollegen und Ausbildungsbeauftragten im Unternehmen, die viel mit dem Azubi zu tun haben, können den Bewerber kurz kennenlernen und sich hinterher – wenn dies gewünscht ist – an der Entscheidung beteiligen.

Auch beim Probearbeitstag sollten Sie die Aufgaben wohlüberlegt auswählen, um hinterher einen ersten Eindruck von der Arbeit und Herangehensweise des Bewerbers zu haben. Da Sie es hier meist nur mit einem Bewerber zu tun haben, können Sie aber individueller auf ihn eingehen, als dies bei einem Praxistest mit mehreren Jugendlichen möglich ist.

Der Probearbeitstag eignet sich eher für kleine bis mittelständische Unternehmen, die nur einige wenige Auszubildende auswählen wollen. Gerade hier, bei einer kleinen Belegschaft, ist es aber umso wichtiger, dass sich der Jugendliche gut ins Team einfügt. Daher ist die Vorgehensweise, den Azubi über einen ganzen Tag hinweg kennenzulernen, sehr sinnvoll. Dazu bekommen Sie noch einen ersten Eindruck seiner Arbeitsweise und können so eine deutlich fundiertere Entscheidung treffen als nur auf Grund der Bewerbung und eines kurzen Vorstellungsgesprächs.

Der Praxistest hingegen kann in vereinfachter Form ebenfalls in kleinen Unternehmen eingesetzt werden, richtet sich in der klassischen Form aber eher an mittelständische bis größere Unternehmen, die mehrere Bewerber gleichzeitig auswählen wollen. Die Übungen im Test können aber individuell auf das Unternehmen und den Bereich angepasst werden, sodass diese Testform letztendlich für nahezu jede Unternehmensgröße passt. Aber gerade, wenn mehrere Jugendliche gleichzeitig getestet werden ist es wichtig, die Aufgaben professionell auszuwählen und zu wissen, worauf man bei der Beobachtung achten muss, um hinterher eine sinnvolle Auswertung vornehmen und darauf basierend einen Vergleich ziehen und eine Entscheidung treffen zu können.

2.5 Das Vorstellungsgespräch

Vorstellungsgespräch

Ein Vorstellungsgespräch ist sicherlich der wichtigste Teil in jedem Bewerberauswahlverfahren. Es sollte allenfalls dann entfallen, wenn Sie den Bewerber durch ein ausführliches Praktikum schon sehr gut kennen. Andernfalls ist es essentiell, den Bewerber kennenzulernen, sich mit ihm zu unterhalten, gegenseitig Fragen stellen zu können etc. Das Vorstellungsgespräch ist die bekannteste Form der Bewerberauswahl, trotzdem wird hierbei leider noch oft einiges falsch gemacht. Viele Unternehmen vergessen, dass das Gespräch nicht dazu dienen soll, den Bewerber auszufragen, sondern ein gegenseitiges Kennenlernen darstellt. Besonders in der heutigen Zeit, in der wir mehr einen Arbeitnehmermarkt als einen Arbeitgebermarkt haben und die Bewerber sich die Stelle mehr oder weniger aussuchen können, ist es wichtig, dass Sie den Bewerber im Gespräch auch von Ihrem Unternehmen überzeugen. Ein Ausbilder drückte es mal so aus: „Ein Vorstellungsgespräch dient dazu dem Jugendlichen unser Unternehmen als Ausbildungsplatz zu verkaufen.“ Dies ist keinesfalls negativ gemeint, sondern drückt nur aus, dass Sie die Jugendlichen, wie in einem Verkaufsgespräch von einem Produkt, im Vorstellungsgespräch von Ihrem Unternehmen und der Ausbildung bei Ihnen überzeugen wollen.

Laden Sie den Jugendlichen höflich zum Gespräch ein, telefonisch oder per Mail. Auch per Post ist dies möglich, wirkt aber oft etwas altmodisch – nutzen Sie diesen Weg daher nur, wenn Sie Zusatzinfos, wie zum Beispiel eine Broschüre über Ihr Unternehmen oder Ihre Ausbildung, mitschicken möchten.

Auch die Damen und Herren am Empfang vermitteln einen ersten Eindruck des Unternehmens, sorgen Sie dafür, dass der Bewerber höflich begrüßt wird, bestenfalls weiß der Empfang schon Bescheid, wer heute erwartet wird. So fühlt sich der Bewerber besonders willkommen, da er offenbar bereits erwartet wird, alle Bescheid wissen und alles für ihn vorbereitet ist. Was uns direkt zum nächsten Schritt führt: Bereiten Sie den Besprechungsraum entsprechend vor. Wenn der Bewerber den Raum betritt und Sie erst mühevoll einen Stuhl für ihn freiräumen oder herbeischaffen müssen oder der Tisch vom vorherigen Besucher ist noch nicht abgeräumt, macht dies keinen guten Eindruck. Ist aber alles für den Bewerber vorbereitet, es liegt vielleicht eine Infobroschüre für ihn bereit oder ein Getränk wurde bereitgestellt, trägt das direkt zu einer positiven Gesprächsatmosphäre bei.

⇨ Ein kleines Unternehmen aus dem Sauerland (ca. 120 Mitarbeiter) hatte für jeden Bewerber im Vorstellungsgespräch eine Unternehmensbroschüre bereitgelegt, auf der ein Aufkleber angebracht war mit den Worten „Herzlich willkommen, Frau XYZ!". Wenn die Bewerber dann in den Raum kamen und auf ihrem Platz die Broschüre mit dieser netten Botschaft liegen sahen, war emotional schon viel gewonnen. Der Bewerber hatte direkt ein positives Bild vom Unternehmen und dessen Umgang mit seinen Mitarbeitern. Bei späteren Befragungen (nach der Einstellung) wurde von vielen Mitarbeitern sogar gesagt, dass dies ihre Entscheidung mit beeinflusst hätte: Das Unternehmen wirke so nett und herzlich, sie hätten sich wohlgefühlt. Sie merken also: Mit kleinen Gesten, die von Herzen kommen, können Sie viel erreichen.

Denken Sie daran, dass der Bewerber vermutlich sehr aufgeregt und nervös sein wird. Versuchen Sie, ihm darüber hinwegzuhelfen. Wählen Sie einen netten und lockeren Einstieg, starten Sie mit etwas Small Talk, bevor Sie ins eigentliche Gespräch einsteigen. Achten Sie aber auch danach darauf, dass das Gespräch nicht in ein Ausfragen ausartet. Lassen Sie den Bewerber zu einigen Punkten auch einfach mal erzählen und ermutigen Sie ihn, auch selbst Fragen zu stellen.

Sicherlich kennen Sie auch die absoluten No-go-Fragen für ein Vorstellungsgespräch, die auch gesetzlich nicht zulässig sind bzw. auf die ein Bewerber nicht wahrheitsgemäß antworten muss (z. B. die Frage nach einer

Schwangerschaft, der Familienplanung, Heirat, Religion, politische Einstellung etc.). In vielen Betrieben werden diese Fragen trotzdem gestellt, vielleicht in der Hoffnung, dass der Bewerber die gesetzlichen Regelungen nicht kennt. Vermeiden Sie dies unbedingt – es wirft kein gutes Licht auf Ihr Unternehmen (ganz abgesehen davon, dass die Fragen einfach unzulässig sind!). Auf der Webseite zum Buch finden Sie eine ausführliche Liste mit diesen No-go-Fragen; außerdem haben wir Ihnen eine Liste mit sinnvollen Fragen für ein Vorstellungsgespräch mit Auszubildenden zusammengestellt.

Zum Schluss geben Sie dem Bewerber nochmals Gelegenheit, seine Fragen loszuwerden. Geben Sie dem Bewerber auch noch eine klare Information, wie es weitergehen wird: Wann bekommt er Bescheid, gibt es weitere Auswahlverfahren oder folgt nach dem Gespräch direkt die Endauswahl? Den meisten Bewerbern ist diese Klarheit sehr wichtig.

Im Anschluss an das Gespräch können Sie dem Bewerber auch noch das Unternehmen zeigen – oder auch nur einen kleinen Teil der Produktion, seinen zukünftigen Arbeitsbereich oder interessante Räumlichkeiten in Ihrem Unternehmen. Eventuell können dies auch Azubis übernehmen, so hat der Bewerber die Möglichkeit, sich nochmals „von gleich zu gleich“ auszutauschen, und traut sich vielleicht eher, spezifischere Fragen zu stellen. Außerdem wirken manche Informationen auf die Jugendlichen glaubwürdiger, wenn sie von anderen Azubis kommen, von Menschen aus derselben Situation. Der Ausbilder könnte ja auch nur Werbung für das Unternehmen machen, daher wird hier nicht alles für bare Münze genommen. Daher hat die Bestätigung durch die Azubis nochmals einen ganz anderen Wert. Geben Sie den Bewerbern daher ruhig die Möglichkeit, sich auch mit Ihren Azubis auszutauschen, sich kennenzulernen und kurz ins Gespräch zu kommen. Eine kleine Unternehmensführung bietet dafür einen optimalen und ungezwungenen Rahmen.

Eventuell können Sie auch überlegen, die Unternehmensführung für das zweite Vorstellungsgespräch „aufzusparen“, sodass Sie dem Bewerber auch dann noch etwas Besonderes bieten können. Oder Sie teilen dies auf, nach dem ersten Gespräch wird der Arbeitsplatz gezeigt, nach dem zweiten Gespräch gibt es die komplette Unternehmensführung. Ob ein zweites Gespräch sinnvoll ist, ergibt sich aus Ihrem Gesamtkonzept zur Bewerberauswahl. Im

Anschluss zeige ich Ihnen als Beispiel mögliche Abläufe für einen Auswahlprozess.

2.6 Ergänzende Auswahlmöglichkeiten/ Zusatztipps

Assessment-Center

Als weitere Auswahlmöglichkeit ist noch das Assessment-Center (AC) zu nennen. In größeren Unternehmen gibt es manchmal einfache, interne Assessment-Center. Hier werden Standardtests unter Aufsicht von Psychologen durchgeführt, die Rückschlüsse auf Teamfähigkeit, Durchsetzungsfähigkeit, Kommunikationsverhalten und viele andere Soft Skills der Bewerber geben sollen. Außerdem gibt es noch große Assessment-Center, welche von darauf spezialisierten Firmen angeboten werden. Hier gibt es viele verschiedene Varianten: Eintägig oder mehrtägig, Einzel-AC oder in der Gruppe, Schwerpunkte der Beobachtung, Online oder Präsenz etc. Diese Auswahlmethode ist sehr aufwendig und kostspielig, überlegen Sie daher genau, ob Ihnen die Ergebnisse hieraus weiterhelfen und ob diese Auswahlmethode für Sie eine sinnvolle Ergänzung zu Ihren anderen Methoden darstellt.

In einigen Unternehmen gibt es mittlerweile das Prozedere, mehrere Mitarbeiter, die später mit dem neuen Azubi zu tun haben, am Auswahlprozess zu beteiligen, und sich somit unabhängig voneinander mehrere Eindrücke über den Azubi einzuholen. So kann zum Beispiel beim ersten Vorstellungsgespräch neben dem verantwortlichen Ausbilder noch ein Ausbildungsbeauftragter anwesend sein, danach führt ein Azubi (oder auch zwei) einen kurzen Unternehmensrundgang durch, wobei der Bewerber noch kurz mit zwei bis drei weiteren Ausbildungsbeauftragten ins Gespräch kommt (vielleicht bei einem Kaffee in der Küche oder einer Besichtigung des Arbeitsplatzes). So können Sie schon bei einem Termin mehrere Meinungen einholen. Bedenken Sie jedoch dabei auch, wie unterschiedlich Eindrücke sein können, manche haben den Bewerber dann wirklich nur sehr kurz kennengelernt, andere im Gespräch etwas ausführlicher. Wie wollen Sie die Meinung jedes einzelnen berücksichtigen? Und was machen Sie, wenn sich ein Ausbildungsbeauftragter klar gegen einen Kandidaten ausspricht, Sie (und vielleicht auch die meisten anderen) sich aber für den Bewerber entscheiden? Dies kann später zu Missstimmungen führen. Sie merken also, dieses Prozedere muss wohlüberlegt werden.

- Beispiele hierfür gibt es genügend: In einem mittelständischen Unternehmen aus NRW befragt zum Beispiel der Ausbilder immer den Pförtner, ob sich der Auszubildende beim Empfang höflich benommen hat und wie die Wartezeit verlaufen ist. In einem anderen Unternehmen wird der Bewerber bei der Unternehmensführung allen zukünftigen Ausbildungsbeauftragten vorgestellt, welche danach ihr Urteil zu dem Bewerber abgeben sollen. Und ein Unternehmen geht sogar so weit, dass ein einziges Veto eines Mitarbeiters die Einstellung eines neuen Azubis verhindert. Übrigens macht Google dies ähnlich bei der Mitarbeitereinstellung: Die zukünftigen Kollegen des Bewerbers entscheiden mit, wer genommen werden soll und haben ein Veto-Recht. Es gibt hier viele interessante Varianten, überlegen Sie, welche für Sie geeignet ist und wägen Sie die Vor- und Nachteile sorgsam ab.

Veto-Recht

2.7 Beispiele für den Ablauf des Auswahlprozesses je nach Unternehmensgröße/-branche

Nach dem Bewerbungseingang und einem kurzen Zwischenbescheid könnte der weitere Ablauf so aussehen:

- **Beispiel kleiner Handwerksbetrieb:**
  Sichtung der Unterlagen, Einladen der geeigneten Kandidaten zu einem Vorstellungsgespräch, Vereinbarung eines Probearbeitstags, eventuell Einladung zum zweiten Gespräch, Entscheidung meist aber schon direkt nach Probearbeitstag
- **Beispiel kleines/mittelständisches Unternehmen, kaufmännischer Ausbildungsberuf:**
  Sichtung der Unterlagen, telefonisches Kurzinterview mit geeigneten Kandidaten, Einladung zum Einstellungstest inkl. Posteingangsübung, Vorstellungsgespräch, Endauswahl (evtl. könnte man auch vor dem Einstellungstest ein erstes Gespräch durchführen und nach dem Test zur Endauswahl ein zweites Gespräch)
- **Beispiel (größeres) mittelständisches Unternehmen, dualer Student:**
  Sichtung der Unterlagen, Einladung zum Standard-Einstellungstest, Vorstellungsgespräch, internes eintägiges Assessment-Center, zweites Vorstellungsgespräch, Entscheidung

Jetzt sind Sie dran: Wie könnte Ihr optimaler Auswahlprozess aussehen? Welche Elemente sind Ihnen wichtig, was möchten Sie testen? Reicht ein kurzer Prozess oder muss er etwas aufwendiger gestaltet werden? Nachdem Sie den Ablauf festgelegt haben, testen Sie ihn – und scheuen Sie sich nicht, den Prozess dann im nächsten Jahr nochmals zu überarbeiten, falls Sie merken, dass etwas noch nicht optimal zu Ihnen passt.

Die endgültige Entscheidung, welcher Bewerber genommen werden soll, ist natürlich nicht einfach. Im nächsten Kapitelbereich gibt es einige weitere Hilfestellungen dazu.

2.8 Die Endauswahl und die Zusage

Konnten Sie sich für einen Bewerber (für jede Ausbildungsstelle) entscheiden? Wenn ja: wunderbar – weiter zum nächsten Kapitel. Wenn nein, gehen Sie nochmals in sich. Prüfen Sie alle Fakten, die Sie über die fraglichen Bewerber haben: Wie waren die Unterlagen, wie die Testergebnisse, wer hat Sie im Gespräch eher überzeugt? Machen Sie im Zweifelsfall einen weiteren Gesprächstermin aus, greifen Sie auf den Probearbeitstag zurück oder machen Sie mit den fraglichen Kandidaten eine Betriebsführung. Wer wirkt motivierter, wer hat sich eher mit Ihrem Unternehmen, Ihren Produkten beschäftigt? Wenn auch dies alles nichts hilft, um Sie bei Ihrer Entscheidung voranzubringen: Hören Sie auf Ihr „Bauchgefühl"! Wie vorne im Kapitel beschrieben nimmt das Unterbewusstsein sehr viel mehr Eindrücke auf, als das Gehirn bewusst verarbeiten kann. Und aus der Praxis habe ich schon so oft von Ausbildern gehört: „Hätte ich damals doch auf mein Bauchgefühl gehört ..."

Bauchgefühl

Eine weitere Überlegung: Vielleicht ist es Ihnen auch möglich, dieses Jahr zwei Azubis einzustellen, beziehungsweise einen mehr als vorgesehen? Dafür sparen Sie sich dann eventuell im nächsten Jahr den Aufwand des Auswahlprozederes, weil Sie schon einen Azubi haben, oder müssen sich keine Gedanken machen, wenn im nächsten Jahr weniger geeignete Kandidaten dabei sind als Sie Azubis benötigen.

Wenn der Auswahlprozess abgeschlossen ist und Sie sich für einen Bewerber entschieden haben, kommt der wichtigste Teil: Dem Bewerber mitteilen, dass er die Ausbildungsstelle in Ihrem Unternehmen bekommen kann, wenn er möchte. Dies können Sie natürlich klassisch telefonisch, mit einem Brief, beziehungsweise einer Mail machen, oder Sie laden den Azubi dazu nochmals zu sich ein. Überlassen Sie auch dies nicht dem Zufall, überlegen Sie, welche Zusage-Möglichkeit zu Ihrem Unternehmen passt und worüber sich der Bewerber freuen würde. Denken Sie daran, dass Sie sich genauso als Unternehmen bei den Jugendlichen bewerben und gestalten Sie die Zusage für den Bewerber so angenehm, dass er gerne in Ihrem Unternehmen beginnen möchte.

Vielleicht können Sie die Zusage auch mit einer Führung durch das Unternehmen verbinden. Sie können die Eltern mit einladen oder sich eine individuelle Möglichkeit einfallen lassen, die zu Ihrem Unternehmen passt. Alternativ können Sie auch kombinieren: Zuerst ein netter Anruf mit der Zusage, welche in einem freundlichen, persönlichen Brief nochmals schriftlich bestätigt wird. In dem Brief erfolgt dann auch die Einladung zur Unterschrift des Ausbildungsvertrags, gemeinsam mit den Eltern. Dies kann dann noch ergänzt werden mit einer netten Kaffeerunde, in der die Eltern auch den zukünftigen Ausbilder kennenlernen können. Vielleicht gibt es dazu noch eine Unternehmensführung oder Sie organisieren direkt einen Kennenlerntag gemeinsam mit den anderen neuen Azubis?

Onboarding

Wie Sie das Onboarding (also das „An-Bord-Holen"/Einstellen) für Ihre Azubis angenehm gestalten können und gleichzeitig dafür sorgen, dass sich der Jugendliche nicht doch noch für ein anderes Unternehmen entscheidet, lesen Sie im nächsten Kapitel. Auf unserer Homepage zum Buch finden Sie dazu auch eine übersichtliche Checkliste mit den wichtigsten Punkten.

Zusammenfassung

Kombinieren Sie die verschiedenen Auswahlmethoden so, wie es für Sie sinnvoll ist: Eine Vorauswahl anhand der Bewerbungsunterlagen (eventuell sogar schon automatisch erstellt), ein Vorstellungsgespräch, ein Vorab-Telefonat, diverse Einstellungstests, Praxis-Übungen, Assessment-Center und Probe-Arbeiten. Schauen Sie sich auch gerne nochmals unsere drei Beispiele für unterschiedlich zusammengestellte Auswahlprozesse an. Und ein Tipp zum Schluss: Beziehen Sie Ihre Azubis in den Auswahlprozess mit ein!

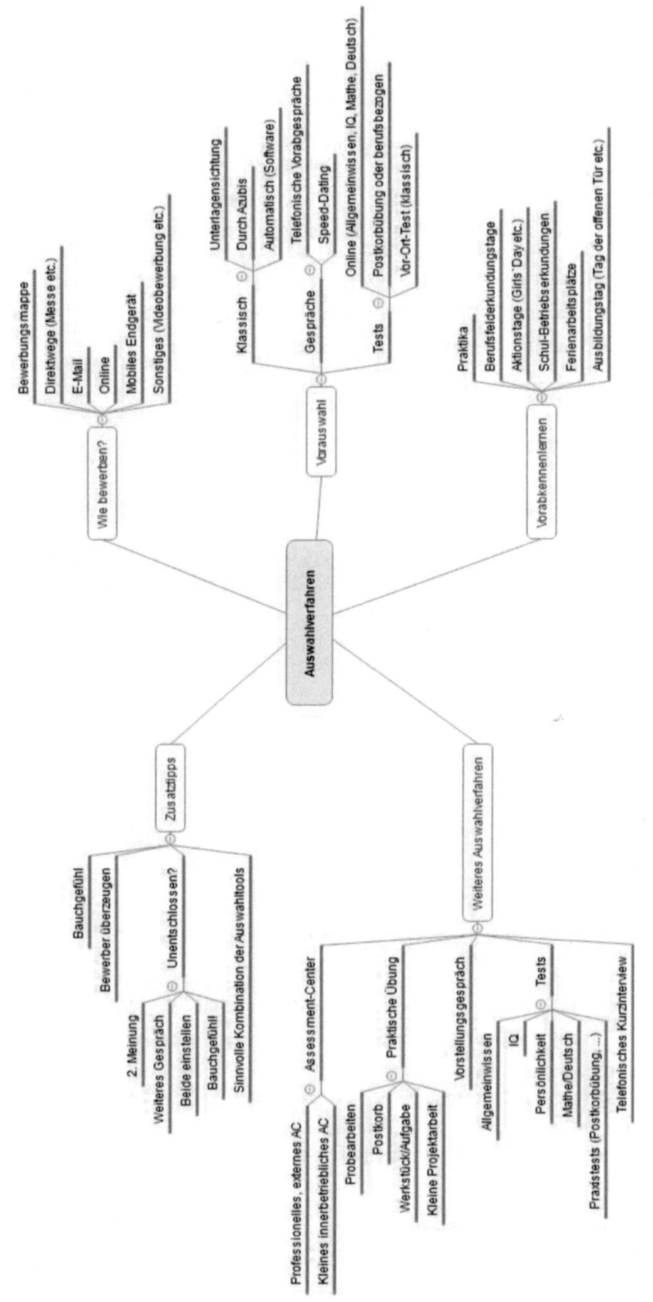
Auswahlverfahren
Wie bewerben?
Bewerbungsmappe
Direktwege (Messe etc.)
E-Mail
Online
Mobiles Endgerät
Sonstiges (Videobewerbung etc.)
Vorauswahl
Klassisch
Unterlagensichtung
Durch Azubis
Automatisch (Software)
Gespräche
Telefonische Vorabgespräche
Speed-Dating
Tests
Online (Allgemeinwissen, IQ, Mathe, Deutsch)
Postkorbübung oder berufsbezogen
Vor-Ort-Test (klassisch)
Vorabkennenlernen
Praktika
Berufsfelderkundungstage
Aktionstage (Girls' Day etc.)
Schul-Betriebserkundungen
Ferienarbeitsplätze
Ausbildungstag (Tag der offenen Tür etc.)
Weiteres Auswahlverfahren
Assessment-Center
Professionelles, externes AC
Kleines innerbetriebliches AC
Probearbeiten
Praktische Übung
Postkorb
Werkstück/Aufgabe
Kleine Projektarbeit
Vorstellungsgespräch
Tests
Allgemeinwissen
IQ
Persönlichkeit
Mathe/Deutsch
Praxistests (Postkorbübung, ...)
Telefonisches Kurzinterview
Zusatztipps
Bauchgefühl
Bewerber überzeugen
Unentschlossen?
2. Meinung
Weiteres Gespräch
Beide einstellen
Bauchgefühl
Sinnvolle Kombination der Auswahltools

3. Vom Vertrag bis zum Ausbildungsbeginn: Mit motivierten Azubis optimal starten!

Sicher haben Sie auch schon von dem Problem gehört oder es vielleicht sogar einmal selbst erlebt: Der Azubi ist gefunden, der Vertrag unterschrieben und doch taucht zum Ausbildungsbeginn besagter Azubi nicht auf – bestenfalls haben Sie vorher dazu noch eine Info erhalten, schlimmstenfalls stehen Sie da und warten, während der Jugendliche seine Ausbildung woanders beginnt. Doch was können Sie tun? In diesem Kapitel erfahren Sie, wie Sie der Wunschausbildungsbetrieb für Ihre Auszubildenden werden und wie Sie für einen motivierenden Ausbildungsstart sorgen.

3.1 Der Wunschausbildungsbetrieb werden

Wunschausbildungsbetrieb

Der wichtigste Schritt: Sorgen Sie dafür, dass Sie der Wunschausbildungsbetrieb des Jugendlichen sind – und nicht nur die Not-Alternative. Bleiben Sie mit dem Jugendlichen regelmäßig in Kontakt, angefangen von der Zusage bis hin zum Ausbildungsbeginn. Das erreichen Sie mit vielen kleinen Maßnahmen.

Zuerst einmal, wie schon im ersten Kapitel „Ausbildungsmarketing“ erläutert, bewerben sich nicht mehr nur die Jugendlichen bei Ihnen, sondern Sie bewerben sich auch bei den Jugendlichen mit Ihrem Betrieb. Sorgen Sie dafür, dass Ihre Bewerbung positiv ausfällt. Das beginnt schon vor der ersten Kontaktaufnahme durch den Jugendlichen, z. B. durch Ihre Webseite, Ihren Messeauftritt, die Präsentation in der Schule des Jugendlichen etc. Weiter geht es mit der Kontaktaufnahme: Wie reagieren Sie auf Anrufe der Bewerber, welche Kontakt- und Bewerbungsmöglichkeiten bieten Sie an, wann erhalten die Jugendlichen eine Rückmeldung zu ihrer Bewerbung (und wenn es nur ein erster Zwischenbescheid ist)? Wie wird im Bewerbungsverfahren mit den Jugendlichen umgegangen? Läuft alles auf Augenhöhe und fair, bewerberorientiert und freundlich ab? Ist der Auswahlprozess für den Bewerber verständlich und wird er immer über den aktuellen Stand und die nächsten Schritte informiert? Halten Sie sich an Ihre Zusagen? Bei all diesen Dingen können Sie positiv auf sich aufmerksam machen oder eben auch negativ auffallen.

Candidate Experience

Ziel sollte es sein, dem Bewerber durchweg eine positive „Candidate Experience" zu bieten, also ein positives Erlebnis mit Ihrem Unternehmen vom ersten Kontakt an bis zur Einstellung. Ein Unternehmen, in dem der ganze Bewerbungsprozess mittelmäßig war, man ewig auf Infos warten musste und auch keinen freundlichen Erstkontakt zum Ausbilder aufbauen konnte, wird leichten Herzens abgesagt, wenn noch eine andere Zusage für einen Ausbildungsplatz kommt. Bitte bedenken Sie das bei all Ihren Aktivitäten rund um den Bewerbungsprozess und verhalten Sie sich entsprechend wertschätzend gegenüber den Auszubildenden.

Dies ist aber nur der erste Schritt schließlich möchten Sie nicht nur „nicht schlecht auffallen", sondern sich möglichst positiv hervortun. Bieten Sie Ihrem Bewerber mehr, als er als das „Normale" erwartet. Wie wäre es mit einem ausführlichen Betriebsrundgang noch im Bewerbungsprozess? Oder der Möglichkeit, ein Gespräch mit Azubis aus Ihrem Unternehmen zu führen, vertraulich natürlich, oder den Azubis vielleicht sogar einmal einen Nachmittag lang über die Schulter zu schauen bei der Arbeit, um dem Jugendlichen einen besseren Einblick zu ermöglichen? Auch ein Pate oder Mentor, der den Azubi bereits während des Bewerbungsprozesses begleitet und an den er sich vertrauensvoll bei Fragen wenden kann, ist eine Option.

⇨ Ein Unternehmen aus Wolfsburg hatte es nicht leicht, Auszubildende zu finden, alle Jugendlichen wollten lieber bei dem deutlich größeren, bekannteren Arbeitgeber in der gleichen Stadt arbeiten. Hier haben wir zuerst ausführlich an der Employer Brand gearbeitet und diese gezielt so ausgerichtet, dass sie die Vorteile des kleinen Unternehmens gekonnt ins Licht rückt. Außerdem wurde an einer hervorragenden Candidate Experience gearbeitet, die ein großes Unternehmen in diesem persönlichen Rahmen nicht bieten kann. Durch das Ausbildungsmarketing wurden gezielt die Jugendlichen angesprochen, die sich in einem kleinen Unternehmen auch potenziell wohler fühlen würden als in einem großen Konzern. Durch die hervorragende Candidate Experience wurden positive Erfahrungen mit dem kleinen Unternehmen gesammelt, es konnte bereits eine persönliche Bindung zum Ausbilder und zum Paten aufgebaut werden. Die Bewerber haben sich gerne für dieses Unternehmen entschieden und dem großen

Konzern nicht nachgetrauert. Einige bestätigten hinterher, dass sie sich auf Grund des netten Kontakts zum Ausbilder für dieses Unternehmen entschieden haben.

Wichtig:

Nehmen Sie in einem solchen Fall auch unbedingt die Eltern mit ins Boot! Auch diese müssen von Ihrem kleinen Unternehmen überzeugt sein und wissen, dass ihr Kind dort gut untergebracht ist. Falls Sie diesen wichtigen Schritt außen vorlassen, kann es zwar sein, dass Sie den Jugendlichen überzeugen, die Ausbildung bei Ihnen zu beginnen, die Eltern aber weiterhin auf der „sicheren" Ausbildung beim bekannteren Konzern bestehen.

Abbruch

Natürlich bedeutet das alles einen höheren Aufwand für Sie, aber es hat auch viele Vorteile: Sie können den Jugendlichen für sich gewinnen und zeitgleich können Sie sich einen besseren Eindruck verschaffen, was Ihnen die Auswahl erleichtert. Der Jugendliche hingegen merkt durch die intensiveren Einblicke schon frühzeitig, ob der Beruf und die Branche wirklich das Richtige für ihn sind, sodass ein Abbruch innerhalb der ersten Wochen nach Ausbildungsbeginn unwahrscheinlicher wird. Und nicht zuletzt: Der Jugendliche erzählt über seine Erfahrungen mit Ihrem Unternehmen während des Bewerbungsprozesses. Und Sie haben in der Hand, wie über Ihr Unternehmen gesprochen wird. Wären Sie gerne das Unternehmen, das sich ewig nicht meldet, ein schlecht vorbereitetes Vorstellungsgespräch führt und wenig Interesse an den Kandidaten zeigt? Oder lieber das Unternehmen mit dem netten Ausbilder, der so gut auf den Azubi eingegangen ist, das sich immer sofort gemeldet hat und von dem mit einem Lächeln im Gesicht berichtet wird? Wenn andere Faktoren bei der Auswahl des Ausbildungsbetriebes ähnlich sind – was meinen Sie für welches Unternehmen sich der Azubi entscheidet?

3.2 Nach der Zusage

Wenn Sie sich für einen Azubi entschieden haben – und er sich auch für Ihr Unternehmen entschieden hat – kommt meist eine lange Zeit des Wartens. Bei Zusage/Vertragsunterschrift im Herbst sind es neun bis zehn Monate, bei einer Zusage im Frühjahr immer noch rund vier bis fünf Monate, die es zu überbrücken gilt. Für den jungen

Menschen eine sehr lange Zeit, vor allem wenn er in der gesamten Zwischenzeit nichts von Ihnen hört. Kann man es da nicht sogar ein wenig nachvollziehen, dass er dem Angebot eines anderen Unternehmens, welches sich gut um ihn bemüht, nachgeben möchte?

Bindung zu Ihrem Unternehmen

Nutzen Sie die Zeit zwischen Zusage und Ausbildungsbeginn, um die Bindung zu Ihrem Unternehmen zu stärken, Ihren Azubi vorab gut zu informieren und vor allem, um Vorfreude auf die Ausbildung in Ihrem Unternehmen zu wecken. Das Wichtigste dabei: Bleiben Sie mit Ihrem Azubi in Kontakt. Hier ein paar einfache Möglichkeiten dafür (eine Übersicht mit Checkliste finden Sie auch auf unserer Homepage zum Buch):

- Schicken Sie Ihrem zukünftigen Azubi eine nette Karte und vielleicht sogar eine kleine Aufmerksamkeit zu Weihnachten, das Gleiche gilt beim Geburtstag. Falls beides nicht im entsprechenden Zeitraum liegt: Auch ein Ostergruß ist eine nette Möglichkeit.

Firmenfeiern

- Laden Sie Ihren Azubi zu Firmenfeiern mit ein: Weihnachtsfeier, Sommerfest, Firmenjubiläum: Was auch gerade ansteht – lassen Sie ihn daran teilhaben! Wichtig ist dabei allerdings, dass Sie Ihrem zukünftigen Azubi eine Kontaktperson zur Seite stellen, damit er sich auf den Feiern nicht verloren fühlt und schnell mit anderen in Kontakt kommen kann. Dies kann der Ausbilder sein, optimalerweise ist es aber der Pate/Mentor des neuen Azubis oder ein anderer Azubi aus einem höheren Lehrjahr, der sich während der Feier um „den Neuen" kümmert, diesen anderen Mitarbeitern und Azubis vorstellt und hilft, erste Kontakte zu knüpfen. Das hilft dem Azubi auch beim ersten Tag, da ihm einige Gesichter schon bekannt vorkommen und er direkt einige Ansprechpartner hat, die keine völlig Fremden für ihn sind. Es kann auch helfen, die Angst oder „Ehrfurcht" vor dem ersten Tag etwas zu mildern, da es schon eine gemeinsame Basis gibt. Diesen Effekt haben auch einige andere der nachstehend aufgeführten Maßnahmen.

Vertragsunterschrift

- Für kleinere Betriebe und bei wenigen Azubis passend: Wie wäre es mit einer Einladung zu einer „feierlichen" Vertragsunterschrift, gemeinsam mit den Eltern, evtl. auch Geschwistern und vielleicht sogar dem besten Freund (oft eine besonders wichtige Bezugsperson). Wie weit Sie hier den Rahmen fassen, ist natürlich von der Anzahl Ihrer Azubis abhängig, evtl. ist auch eine Aufteilung nach

Ausbildungsberufen möglich, um kleinere Gruppen zu erhalten. Oder Sie laden jeden Azubi einzeln mit seinen Bezugspersonen ein und nehmen sich dann Zeit für sie. Schauen Sie, was zu Ihrem Betrieb passt und was bei Ihnen machbar ist. Wie wäre es z. B. mit einem selbstgebackenen Kuchen (diese persönliche Geste kommt besonders gut an und wird ganz anders wahrgenommen, als gekaufte Teilchen), sodass Sie sich mit den Eltern und dem neuen Azubi gemeinsam in informeller Runde bei Kaffee nett plaudernd austauschen und kennenlernen können? Auch eine Betriebsbesichtigung ist für die Eltern und Begleitpersonen sicher interessant. Holen Sie die Eltern mit ins Boot, machen Sie auch diese zu Fans Ihres Unternehmens. Denn wenn es den Eltern gut gefallen hat und sie von der Ausbildung in Ihrem Unternehmen überzeugt sind, legen sie im Zweifelsfall das entscheidende gute Wort für Ihren Betrieb ein, falls sich noch ein anderes Unternehmen mit einer Zusage meldet.

- Bei mittelständischen Unternehmen und einer größeren Anzahl Azubis kann die Vertragsunterschrift auch im kleinen Rahmen nur mit den Eltern/Bezugspersonen einzeln für jeden Azubi geplant werden. Zusätzlich können Sie dann eine größere Veranstaltung einplanen, bei der die Azubis sich vorab untereinander kennenlernen können.

Welcome-Party

  Ein möglicher Ablauf wäre: Welcome-Party (informell), Infos zum Unternehmen, den Produkten, der Ausbildung etc. – am besten durch andere Azubis, vielleicht in Form von kleinen Vorträgen, anschließend eine Betriebsbesichtigung und abschließend bei einem kleinen Imbiss die Möglichkeit zum Kennenlernen, Austauschen, Fragen stellen etc. Hierbei kann auch jeder Azubi bereits seinen Paten/Mentor kennenlernen.

- Ein Brief vom Paten oder Mentor mit kurzer Vorstellung ist eine weitere Möglichkeit, den neuen Azubi willkommen zu heißen. Oben wurden die Paten schon mehrfach erwähnt, optimal ist hierfür ein Azubi aus einem höheren Lehrjahr, der sich intensiv um den neuen Azubi kümmert und diesen unter seine Fittiche nimmt. Die Jugendlichen trauen sich viel eher, dem Paten – also einem Gleichaltrigen in einer ähnlichen Situation – eine Frage zu stellen und sich ihm anzuvertrauen. Außerdem werden die Informationen eines anderen Auszubildenden oft als authentischer eingestuft. Die Paten – oder Mentoren – können sich in dem Brief kurz vorstellen, etwas über sich erzählen und ihre Kontaktdaten hinterlassen. Als hilfreich hat sich

WhatsApp

hier auch die Angabe einer Handynummer erwiesen, mit dem Hinweis, gerne auch über WhatsApp Kontakt aufzunehmen und Fragen zu stellen. Auch ein Foto ist nett, so kann man den Paten auf einer Betriebsfeier oder einer anderen Veranstaltung auch direkt erkennen und zuordnen. Hinweis: Bitte beachten Sie, dass WhatsApp nicht DSGVO-konform ist, Sie sollten es daher nicht für den offiziellen Austausch nutzen. Für einen informellen Austausch zwischen den Jugendlichen ist es aber durchaus ein gangbarer Weg, vor allem da WhatsApp bei den Jugendlichen das beliebteste Tool zum Austausch ist und auf Platz 1 der genutzten Social-Media-Dienste steht (Stand 2019).

- Wenn Sie wissen, wann der Azubi seine Abi-Prüfungen, bzw. Abschlussklausuren überstanden hat, erkundigen Sie sich doch kurz telefonisch bei ihm, wie es ihm ergangen ist. Oder melden Sie sich nach der Zeugnisübergabe bei ihm und gratulieren Sie. Nehmen Sie Teil an diesem wichtigen Abschnitt im Leben Ihrer Azubis.

Azubi-Start-Mappe

- Schicken Sie dem Azubi gerne auch vorab eine Infomappe, die sogenannte Azubi-Start-Mappe. Hierin können Sie alle relevanten Informationen zu Ihrem Unternehmen, den Mitarbeitern, den Produkten und auch zu den Abläufen festhalten, sodass der Azubi schon vorab einen guten Einblick erhält und am ersten Tag nicht mehr so viel auf ihn einprasselt. Eine Checkliste, was alles in die Azubi-Start-Mappe hinein kann sowie ein Muster für eine solche Mappe finden Sie in unserem Downloadbereich auf der Homepage. Wenn der Azubi schon einmal vorab gelesen hat, wie die Kommunikationsrichtlinien in Ihrem Unternehmen sind oder wie er sich bei Ihnen krank melden soll, fällt es ihm am ersten Tag viel leichter, Fragen dazu direkt zu klären und es ist nicht mehr so viel Neues für ihn. Dies hilft mit, den Informations-Overload am ersten Tag zu reduzieren. Natürlich sollten Sie sich aber dennoch die Zeit nehmen, die Start-Mappe am ersten Tag oder zumindest innerhalb der ersten Woche mit dem Azubi gemeinsam durchzugehen.

- Eine weitere schöne Möglichkeit ist das Willkommensschreiben, ein paar Wochen vor Beginn. Ein Muster dazu finden Sie in unserem Downloadbereich. Auch hiermit können Sie nochmals Vorfreude auf die Ausbildung wecken und dem Azubi auch direkt wichtige Infos wie die Startzeit und den Treffpunkt für den ersten Tag mitteilen.

Gerne können Sie auch die oben erwähnte Azubi-Start-Mappe bei diesem Willkommensschreiben mitsenden. Auch Infos über den Ablauf des ersten Tages/der ersten Woche sollten nicht fehlen, denn dies ist eine Frage, die den Azubi brennend interessiert, je nach Typ vielleicht sogar verunsichert. Geben Sie Ihrem Azubi hier Sicherheit und informieren Sie ihn vorher ausführlich.

- Auch ein Anruf kurz vor dem Start ist nochmals eine nette Möglichkeit, dem Azubi Gelegenheit zu geben, Fragen vorab loszuwerden und sicherzustellen, dass die Infos zum Start angekommen sind. Gerne können Sie den Anruf im Willkommensschreiben auch schon ankündigen.

Willkommens-schreiben

Aufgabe:

Überlegen Sie, wie Ihr Unternehmen mit dem Bewerber in Kontakt bleiben kann und stellen Sie einen kleinen Maßnahmenplan zusammen. Wählen Sie aus den oben genannten Maßnahmen einfach die, die am besten zu Ihnen und zu Ihrem Unternehmen passen. Vielleicht haben Sie auch noch eigene Ideen für Aktionen, über die sich Ihr neuer Azubi freut und mit denen Sie in Kontakt bleiben können. Sorgen Sie dafür, dass der Azubi in der langen Zeit zwischen Zusage und Ausbildungsbeginn sehr regelmäßig von Ihnen hört, aber übertreiben Sie es auch nicht. Eine Nachricht alle zwei Wochen nervt vielleicht irgendwann und ist dann zu viel des Guten. Erstellen Sie für Ihr Unternehmen einen individuellen Mix, passend zur Unternehmensgröße, der Branche und zu Ihrer Arbeitgebermarke/Ihren Werten. Diese sollten die Grundlage für alle Ihre Maßnahmen sein und optimalerweise vom Azubi gespürt/wahrgenommen werden können.

3.3 Der erste Tag – Vorbereitung ist alles!

Für den Azubi ist der erste Ausbildungstag etwas ganz Besonderes, der Start in einen neuen Lebensabschnitt, dem für gewöhnlich entgegengefiebert wird und wo große Vorfreude herrscht. Können Sie sich vorstellen, was für einen Dämpfer diese Vorfreude bekommt, wenn der Azubi am ersten Tag in den Betrieb kommt und gefragt wird, wer er ist und was er will? Wenn keiner Bescheid weiß, er vielleicht sogar noch eine Stunde am Empfang auf den Ausbilder warten muss, weil dieser immer erst später anfängt? Nachdem das überstanden ist, stellt sich heraus, dass eigentlich nichts für den neuen Azubi vorbereitet ist, der Ausbilder begrüßt ihn nur kurz, hat aber eigentlich keine Zeit, bringt ihn nur kurz an seinen ersten Arbeits-/ Ausbildungsplatz, wo auch keiner Bescheid weiß. Der Schreibtisch, an den er sich setzen soll, ist übervoll mit Aktenbergen, es fehlt ein Computer, nicht mal ein Stuhl steht da. Und alle sind so beschäftigt, wussten nichts von ihm, dass ihm gesagt wird, er soll sich erst einmal selbst beschäftigen ... Verlassen wir das Horrorszenario an der Stelle. Die Vorfreude des Azubis ist dahin, Demotivation und Unlust vorprogrammiert. Auf unserer Homepage finden Sie hierzu ein Video, in dem sich über ein ähnliches Horrorszenario zum Ausbildungsstart, im Vergleich zu einem optimalen Start, ausgetauscht wird.

Wie also können Sie es besser machen? Durch eine gute Vorbereitung auf den ersten Ausbildungstag bzw. die erste Ausbildungswoche können Sie den meisten der oben genannten Fehlschläge und Enttäuschungen vorbeugen. Hierzu finden Sie im Downloadbereich auch unsere Checkliste „Vorbereitung auf den Ausbildungsstart".

Vorbereitung auf den Ausbildungsstart

Die wichtigsten Punkte sind:

- Sorgen Sie dafür, dass alle über den neuen Azubi Bescheid wissen. Sehr nett ist z. B. ein Aushang am schwarzen Brett oder eine Bekanntmachung über das Intranet, am Besten mit Foto. Achtung: Laut der DSGVO müssen Sie sich dies vorab von Ihrem Azubi genehmigen lassen!
- Seien Sie am ersten Tag vor dem neuen Azubi da. Entweder begrüßen Sie den Neuen/bzw. die neuen Azubis persönlich, oder Sie sagen am Empfang Bescheid, damit dieser den Azubi erst einmal begrüßt und Sie dann sofort informiert.
- Planen Sie den Ablauf des ersten Tages: Was soll dem Azubi gezeigt werden, wer zeigt und erklärt was, wer kümmert sich um alles? In welche Abteilung soll der neue Azubi? Sorgen Sie dafür, dass sich auch dort jemand Zeit für ihn nimmt.
- Der Arbeitsplatz des Azubis sollte vorbereitet sein, egal ob Schreibtischarbeitsplatz oder gewerblich (Werkbank, Maschine etc.). Richten Sie den Platz entsprechend für ihn ein, sorgen Sie dafür, dass benötigte Materialien (Computer, Werkzeug etc.) bereitstehen und einsatzbereit sind.

Willkommensgeschenk

- Sehr schön ist auch ein kleines Willkommensgeschenk: Vielleicht kann der Azubi sein erstes eigenes Werkstück mit nach Hause nehmen? Auch ein Blumenstrauß ist nett, bedenken Sie aber, dass dies dann natürlich auch für alle neuen Mitarbeiter gelten sollte. Ebenfalls eine schöne Idee: Ein Erinnerungsfoto an den ersten Tag, z. B. von allen neuen Azubis, oder bei nur einem Azubi, von ihm selbst mit seinem Paten und seinem Ausbilder. Das Foto bekommt er zum Feierabend als Andenken gerahmt überreicht. Aus Erfahrung weiß ich: Dieses Foto steht oft noch über das Ausbildungsende hinaus auf dem Schreibtisch. Alternativ: Weiter hinten im Buch stelle ich Ihnen noch das „Super-Buch für Azubis" vor, auch dies wäre eine schöne Geschenkidee für den ersten Tag, vielleicht sogar mit Namensprägung. Weitere Infos zum Super-Buch finden Sie auch auf unserer Homepage.

Gespräche

- Das Wichtigste ist aber: Nehmen Sie sich Zeit für Gespräche! Ein kurzes Gespräch zum Willkommenheißen, Zeit für Erklärungen, ein Informationsgespräch, das Durchgehen der Azubi-Start-Mappe etc. (falls es bei Ihnen zeitlich sehr eng ist, kann die Azubi-Start-Mappe evtl. auch mit dem Paten durchgesprochen werden). Führen Sie auf jeden Fall auch kurz vor Feierabend nochmals ein Abschlussgespräch, in dem Sie gemeinsam den ersten Tag reflektieren können. In der Anfangszeit sollten Sie täglich mit jedem einzelnen neuen Azubi sprechen. Falls Sie so viele neue Auszubildende haben, dass Ihnen dies nicht möglich ist, überlegen Sie, für einen Teil dieser Azubis einen anderen hauptverantwortlichen Ausbilder zu benennen. Die Auszubildenden sollten einen Ansprechpartner haben, der sich regelmäßig um sie kümmert (Sie sollten pro Azubi mindestens zwei Stunden Zeit pro Woche aufbringen können. Empfehlungen mancher Kammern gehen sogar von vier Stunden Zeit pro Woche pro Azubi aus – hier sind dann allerdings auch Zeiten für die Azubi-Suche, Organisatorisches, Lehreinheiten etc. mit eingeplant).
- Vielleicht planen Sie auch für mehrere Azubis eine komplette Azubi-Start-Woche, mit einer gemeinsamen Einführungsveranstaltung, Seminaren, Teambuilding etc. Für viele unserer Kunden übernehmen wir hier die Durchführung. Solche Events bieten natürlich auch einen optimalen Start für die Azubis. Für kleinere Betriebe, die nur einen oder zwei Azubis haben, gibt es auch offene Startveranstaltungen, bei denen die Azubis ebenfalls alle wichtigen Kenntnisse für den Ausbildungsstart in Seminaren und Workshops vermittelt bekommen. Oft sind auch Elemente zur Persönlichkeitsentwicklung enthalten

(Standard meist: Azubi-Knigge, Rhetorik, Fit am Telefon, Selbstmanagement und persönliche Organisation, vom Schüler zum Azubi etc.). Mögliche Inhalte, Ablaufpläne, weitere Infos zum Teambuilding etc. finden Sie ebenfalls auf der Webseite.

Zwei Beispiele zum Ablauf des Starts:

⇨ **Beispiel 1:**
Ein kleines Unternehmen, das jährlich zwei bis drei Azubis einstellt, begrüßt diese am ersten Tag wie oben beschrieben. Nach einem Unternehmensrundgang mit Vorstellungsrunde gibt es eine gemeinsame Frühstückspause mit den Paten, in der man sich austauschen kann. Danach gibt es ein Infogespräch mit dem Ausbilder, bei dem die Azubi-Start-Mappe nochmals durchgesprochen wird. Nach einer gemeinsamen Mittagspause dürfen die Azubis am Nachmittag noch ein paar Stunden in ihre erste Abteilung hineinschnuppern, bevor es zum Feierabend noch mit jedem Azubi einzeln ein Abschlussgespräch gibt, bei dem der Tag mit dem Ausbilder reflektiert wird. Am zweiten Tag wird ebenfalls in der Abteilung gearbeitet, am späteren Vormittag und am frühen Nachmittag erfolgen noch die allgemeinen unternehmensinternen Schulungen (Sicherheit, Datenschutz, Corporate Identity etc.) für je zwei Stunden. Vor Feierabend erfolgen wieder die Abschlussgespräche. Tag drei bis fünf werden Azubi-Start-Tage durchgeführt, mit den oben genannten Inhalten, speziell auf das Unternehmen angepasst und vermittelt von einem externen Trainer. Nach dem fünften Tag findet wieder ein Abschlussgespräch statt, in dem man dieses Mal auch die gesamte Woche nochmals Revue passieren lässt und einen Ausblick auf die zweite Woche gibt: Normales Mitarbeiten, Berufsschulstart und eine interne Schulung zur hausinternen Software. Falls die erste Ausbildungswoche keine volle Woche ist, werden die Maßnahmen sinnvoll aufgeteilt. Und in den Jahrgängen, in denen das Unternehmen nur zwei Azubis einstellt, werden statt der ausführlichen internen dreitägigen Azubi-Start-Schulung nur ein externes Angebot mit 1½ Seminartagen besucht. Dafür nehmen die Azubis im nächsten Jahr nochmals an der internen Schulung teil.

⇨ **Beispiel 2:**
Ein größeres Unternehmen mit jährlich sechs bis zehn Azubis plant den ersten Tag als Einführungstag mit

einer Willkommens- und Infoveranstaltung mit Vorträgen zu verschiedenen internen Themen, inkl. eines Betriebsrundgangs, Vorstellung der JAV, Arbeitssicherheitsunterweisung und vielem mehr. Am zweiten Tag treffen sich alle Azubis morgens nochmals gemeinsam, die Infos vom Vortag werden in einem kurzen Follow-up wiederholt und durch die Azubis aktiv mit aufbereitet. Danach geht es in die Abteilungen. Im Laufe der ersten Woche gibt es immer wieder verschiedene Seminare und verschiedene Veranstaltungen für die Auszubildenden. Während der übrigen Zeit arbeiten sie mit. In der zeiten Woche gibt es ein Teambuilding-Event, gemeinsam mit den Azubis aus den höheren Lehrjahren. Dies wird individuell für dieses Unternehmen gezielt von Erlebnispädagogen gestaltet, sodass auch die Werte des Unternehmens mit einbezogen werden können. Nach drei bis vier Wochen findet dann eine dreitägige Schulung statt (Modul 1 der gesamten Azubi-Schulung), in der es um Kundenkontakt, Telefonieren, Lerntechniken, Selbstorganisation, den Übergang von der Schule zur Ausbildung und vieles mehr geht. Ein wichtiger Punkt ist auch, sich über sich selbst und seine eigenen Stärken, Entwicklungsbereiche, Wünsche und Werte klar zu werden. Über das Jahr verteilt gibt es viele weitere Schulungen zu interner Software, der Unternehmenskultur und vielem mehr. Diese finden dann gemeinsam für Azubis und die neuen Mitarbeiter statt. Speziell für die Azubis gibt es dann im zweiten Lehrjahr Modul 2 der Azubi-Schulung: Rhetorik, Konfliktmanagement, Kreativitätstechniken sowie Auffrischung und Erweiterung der Inhalte des 1. Moduls. Und im dritten Lehrjahr folgt Modul 3: hier geht es um den Übergang zum Mitarbeiter, aber auch wieder um die Auffrischung und Vertiefung der vorherigen Module. Ein Schwerpunkt ist dabei auch nochmals die Beschäftigung mit der eigenen Persönlichkeit: Was motiviert mich, was will ich erreichen, wo möchte ich hin? Diese Seminartage des Modul 3 finden auch vor den Übernahmegesprächen statt, sodass die Azubis hier nochmals eine gute Hilfestellung für ihren weiteren Ausbildungs- und Lebensweg erhalten.

Tipp:

Manche Unternehmen machen aus der Einführungsveranstaltung oder den Start-Seminaren auch Eventtage mit Übernachtung und komplettem Abendprogramm. Auch dies kann für Ihre Azubis eine besondere Erfahrung sein. Natürlich ist dies kostenmäßig nochmals ein anderer Aufwand, dafür lernen sich die Azubis hier besonders intensiv kennen, wenn sie mehrere Tage von früh bis spät gemeinsam verbringen. Auch zum Abschluss des Ausbildungsjahres kann dies eine schöne Maßnahme sein, um den Kontakt untereinander zu intensivieren. Weitere Möglichkeiten sind der Auftakt und die Planung für ein besonderes Projekt oder auch die Feier dessen erfolgreicher Beendigung. Auch eine einmalige Veranstaltung alle drei Jahre für alle Azubis ist möglich. Seien Sie kreativ und planen Sie gerne gemeinsam mit Ihren Azubis ein Event, bei dem weder der Nutzen noch der Spaß zu kurz kommen.

Reflektieren Sie auch für sich selbst den ersten Tag und die erste Woche: Hat alles geklappt wie geplant? Sollten Sie beim nächsten Mal vielleicht etwas anders machen? Halten Sie Ihre Erkenntnisse schriftlich fest, dann haben Sie eine gute Planungsgrundlage für das nächste Jahr.

Extra-Tipp: Beziehen Sie doch Ihre aktuellen Azubis in die Planung der Startphase für die neuen Azubis mit ein. Wie wäre es z. B. mit einem Azubi-Projekt unter dem Motto: Wie sollte der optimale erste Tag/die optimale erste Woche aussehen? Ob Sie den Azubis dabei bestimmte Vorgaben, wie Pflichtelemente, Budget etc. machen, oder sie erstmal komplett frei arbeiten lassen, bleibt natürlich Ihnen überlassen. Ein Beispiel, wie eine solche Planung mit den Azubis gemeinsam funktionieren kann, finden Sie in Kapitel 7 unter Moderationstechniken.

3.4 Die weiteren Tage/die erste Woche

Begleiten Sie Ihren neuen Azubi auch in den nächsten Tagen noch sehr eng. Führen Sie regelmäßig (am Anfang täglich) Gespräche, ein kurzes Gespräch reicht durchaus. Themen hierbei können sein: Lassen Sie sich von den Erfahrungen des Azubis berichten, was darf er in der Abteilung schon alles übernehmen? Hat er schon Kontakte zu Kollegen geknüpft und Anschluss gefunden? Kennt er die Möglichkeiten für die Mittagspause? Interessieren ihn seine Aufgaben und kommt er mit den Mitarbeitern gut zurecht? Evtl. geben Sie ihm auch eine Rückmeldung, ob sein Kleidungsstil passt bzw. im gewerblichen Bereich den Sicherheitsrichtlinien entspricht. Wenn die Berufsschule startet, kommen natürlich diese Themen hinzu: Welche Fächer gefallen ihm? Kommt er mit den Inhalten gut zurecht? Wie sind die Lehrer, wie die Mitschüler? Auch eine wichtige

Frage nach den ersten paar Tagen/Wochen: Hat er sich gut an den neuen Rhythmus des Arbeitslebens gewöhnt? Dies ist etwas, das vielen Azubis am Anfang Schwierigkeiten bereitet – Arbeiten ist doch etwas anderes als Schule. Die Tage sind länger, es wird mehr gefordert und man muss sich trotz der langen Arbeitstage noch Zeiten für Hausaufgaben und das Lernen einplanen. Zeigen Sie Ihrem Azubi, dass Ihnen diese Herausforderung durchaus bewusst ist. Vielleicht können Sie ihn auch mit Tipps unterstützen oder sein Pate kann ihm Hinweise geben und ihn unterstützen, eine für ihn passende Organisation zu finden.

Feedback

Denken Sie dabei auch an ein regelmäßiges Feedback. Die komplette Situation ist für den Azubi neu und herausfordernd. Er fragt sich, ob er alles richtig macht. Und zwar geht es nicht nur um seine Arbeit, sondern auch um sein Verhalten gegenüber den Kollegen, um seine Arbeitsweise und vieles mehr. Warten Sie nicht Wochen bis zum ersten Beurteilungsgespräch, sondern geben Sie ihm dazu direkt am Anfang Feedback, z. B. nach Ablauf der ersten Woche.

Wichtig dabei: Loben Sie auch! In vielen Betrieben gilt das Motto „Nicht geschimpft ist genug gelobt!". Das halte ich für grundverkehrt. Bestärken Sie Ihren Azubi in seinem positiven Verhalten, indem Sie ihn dafür loben. Nur so weiß Ihr Auszubildender, womit Sie zufrieden sind und kann dieses Verhalten auch beibehalten bzw. weiter verstärken. Außerdem ist Lob auch nicht zu verachten für die Motivation des Azubis, damit beschäftigen wir uns noch in einem späteren Kapitel.

Wussten Sie übrigens, dass durch Lob viel besser gelernt werden kann als durch Tadel, Fehler, Kritik etc.? Studien haben dies bestätigt: Da Lob mit positiven Emotionen verknüpft ist, ist der Lernerfolg besonders nachhaltig.

3.5 Weiteres Vorgehen und Probezeit

Nachdem der Start gut gelungen ist, kehrt langsam der Alltag in die Ausbildung ein. Denken Sie daran, weiterhin regemäßig mit Ihrem Azubi zu sprechen. Meine Empfehlung für den restlichen Ausbildungsverlauf: ein regelmäßiges Gespräch einmal die Woche. Zu den Gründen, warum dies wichtig ist, und zu den Inhalten und positiven Effekten eines solchen Gespräches kommen wir später noch.

Auch wichtig ist eine regelmäßige Reflexion – für den Azubi

und für Sie selbst. Hat sich der erste Eindruck bestätigt? Wie macht sich der Azubi nach ein paar Wochen? Kommt er mit den Kollegen aus und integriert er sich ins Team? Wie ist sein Verhalten? Ist in diesen Wochen ein Fortschritt in seinem Lernen zu erkennen? Wie erledigt er seine Arbeit? Wenn Sie diese Punkte für sich geklärt haben, geben Sie auch dem Azubi dazu Feedback. Loben Sie, was gut läuft, und geben Sie ihm Anhaltspunkte, was er noch verbessern kann (und evtl. auch wie). Weitere Informationen, Tipps und Hinweise zum Thema Bewertungen finden Sie in Kapitel 6.

Probezeit

Vor Ende der Probezeit sollten Sie auf jeden Fall eine solche Reflexion oder sogar eine Bewertung durchführen, um für sich Klarheit zu haben, ob es nach der Probezeit mit dem Azubi weitergeht. Denken Sie daran: Die Probezeit ist die einzige Zeit, um sich von Ihrem Azubi noch zu trennen, falls es nicht passt. Danach ist ein Azubi praktisch unkündbar und es muss schon viel passieren, um das Ausbildungsverhältnis danach noch lösen zu können. Deswegen vertun Sie diesen Zeitraum nicht leichtfertig. Fragen Sie sich, ob für Sie und Ihr Unternehmen alles passt. Sprechen Sie auch mit den Ausbildungsbeauftragten in der Abteilung, die vielleicht noch mehr mit dem Azubi zu tun hatten. Danach können Sie gemeinsam eine fundierte Entscheidung treffen. Bei Zweifeln ist es sinnvoll, mit dem Azubi nochmals zu sprechen, zu schauen wie er darauf reagiert und ihm die Chance auf Verbesserung seines Verhaltens zu geben. Beobachten Sie dies dann für die restliche Probezeit genau.

Zusammenfassung

Halten Sie Kontakt mit Ihrem Auszubildenden in der Zeit zwischen Vertragsunterschrift und Ausbildungsbeginn. Planen Sie den Ausbildungsstart gut, sorgen Sie dafür, dass alle Mitarbeiter informiert sind und alles für den neuen Auszubildenden vorbereitet ist. Überlegen Sie, welche Schulungen Ihre Azubis direkt in der ersten Zeit benötigen und welche für einen späteren Zeitraum sinnvoll sind und planen Sie dementsprechend. Reservieren Sie besonders in den ersten Tagen ausreichend Zeit für Ihren neuen Schützling. Mit einem positiven Start legen Sie einen wichtigen Grundstein für die spätere Ausbildung. Erhalten Sie die Anfangsmotivation Ihrer Auszubildenden und sorgen Sie in den ersten Tagen und Wochen für eine regelmäßige Reflexion des Erlebten und Gelernten.

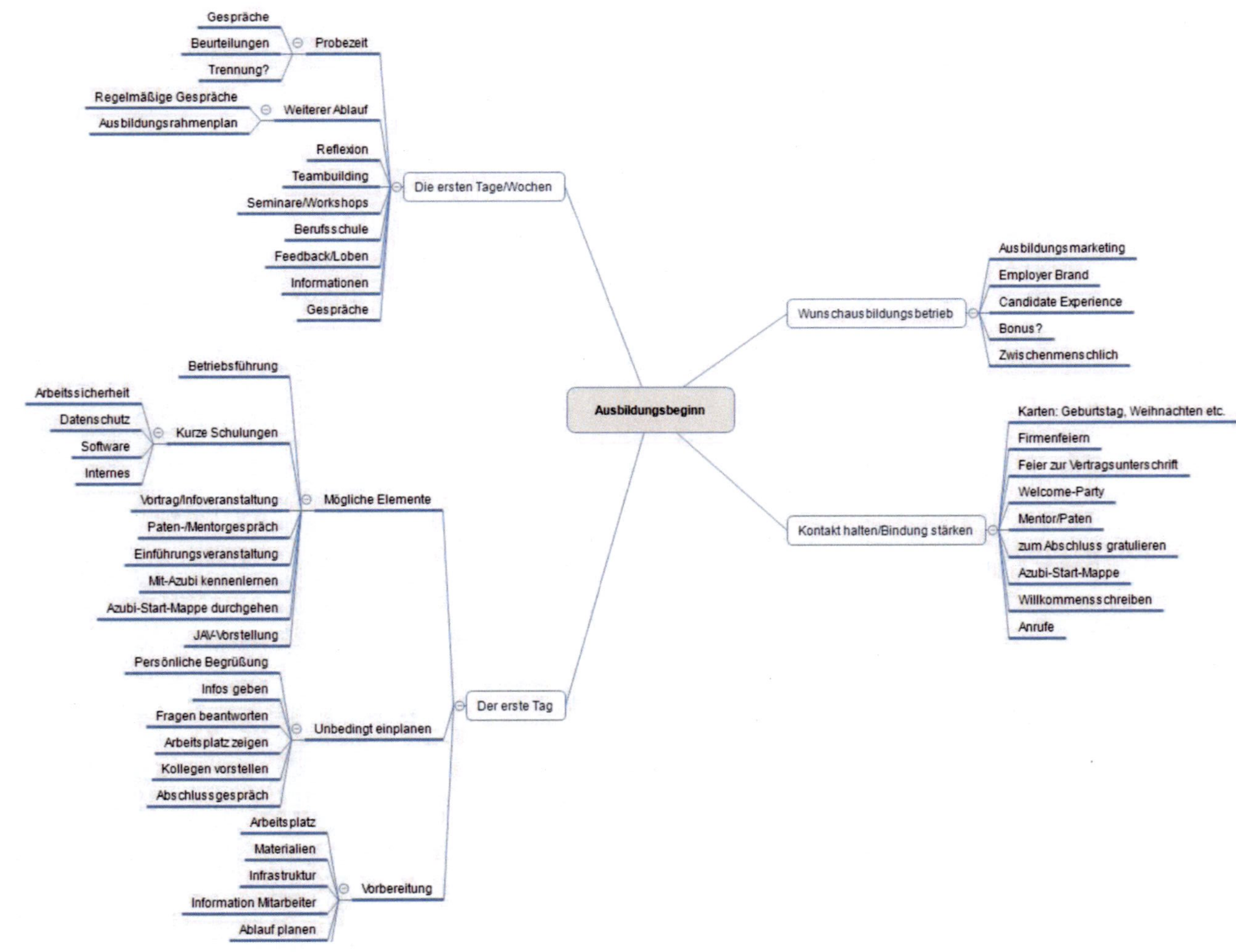
Ausbildungsbeginn
Die ersten Tage/Wochen
Probezeit
Gespräche
Beurteilungen
Trennung?
Weiterer Ablauf
Regelmäßige Gespräche
Ausbildungsrahmenplan
Reflexion
Teambuilding
Seminare/Workshops
Berufsschule
Feedback/Loben
Informationen
Gespräche
Wunschausbildungsbetrieb
Ausbildungsmarketing
Employer Brand
Candidate Experience
Bonus?
Zwischenmenschlich
Kontakt halten/Bindung stärken
Karten: Geburtstag, Weihnachten etc.
Firmenfeiern
Feier zur Vertragsunterschrift
Welcome-Party
Mentor/Paten
zum Abschluss gratulieren
Azubi-Start-Mappe
Willkommensschreiben
Anrufe
Der erste Tag
Mögliche Elemente
Betriebsführung
Kurze Schulungen
Arbeitssicherheit
Datenschutz
Software
Internes
Vortrag/Infoveranstaltung
Paten-/Mentorgespräch
Einführungsveranstaltung
Mit-Azubi kennenlernen
Azubi-Start-Mappe durchgehen
JAV-Vorstellung
Unbedingt einplanen
Persönliche Begrüßung
Infos geben
Fragen beantworten
Arbeitsplatz zeigen
Kollegen vorstellen
Abschlussgespräch
Vorbereitung
Arbeitsplatz
Materialien
Infrastruktur
Information Mitarbeiter
Ablauf planen

Exkurs: Warum überhaupt ausbilden?

In einer Zeit, in der es immer schwieriger wird, Auszubildende zu finden und viele Ausbilder der Meinung sind, dass die heutige Jugend immer verwöhnter/vielwilliger/dümmer wird (im Exkurs *Jugendliche heute* schauen wir uns diese Gerüchte und Vorurteile einmal näher an), stellen sich viele Unternehmen die Frage: Lohnt es sich überhaupt noch, auszubilden? Dieser Frage wollen wir hier kurz nachgehen...

Fachkräftemangel

Fachkräftemangel

Müsste die Frage nicht viel eher lauten: Kann man es sich leisten, nicht auszubilden? Betriebe, die beklagen, dass Azubis schwer zu finden sind, haben für gewöhnlich genauso zu beklagen, dass Fachkräfte schwer zu finden sind. Und nicht nur die Jugendlichen sind anspruchsvoller geworden, auch die ausgelernten Arbeitnehmer haben höhere Ansprüche und Forderungen und vertreten ihre Ansichten mit mehr Selbstbewusstsein: Willkommen im Arbeitnehmermarkt!

Wer also nicht ausbilden möchte, muss sich den Nachwuchs über ausgelernte Arbeitnehmer sichern, und das ist nicht einfacher. In den meisten Betrieben ist dies sogar deutlich komplizierter. Hinzu kommt, dass Sie einen Auszubildenden direkt nach der Ausbildung (und oft auch schon währenddessen, spätestens im letzten Drittel der Ausbildung) als Fachkraft mit einsetzen können. Ein neuer Arbeitnehmer muss erst angelernt werden und die Betriebsstrukturen, Abläufe und Gepflogenheiten kennenlernen, was auch ein paar Wochen, je nach Bereich sogar ein paar Monate in Anspruch nimmt. Sie haben durch die Ausbildung also einen Mitarbeiter, der das Unternehmen bereits seit drei Jahren sehr gut kennt, schon Kontakte geknüpft hat und sich bestenfalls durch die gute Ausbildung auch intensiv mit dem Unternehmen verbunden fühlt.

Fachkräftebedarf

Des Weiteren sind Sie flexibler: Durch die eigene Ausbildung sichern Sie sich Ihren Nachwuchs. Sie sind nicht auf Fachkräfte von außen angewiesen, sondern können Ihren Fachkräftebedarf bestenfalls selbst decken. Noch dazu kommen die Azubis bei eigener Ausbildung aus Ihrer Branche, was ebenfalls wieder größere Vorteile bringt, als wenn Sie einen Elektriker oder einen Industriekaufmann aus einer ganz anderen Branche einarbeiten müssen: Hier kommt in den ersten Monaten (je nach Branche sogar in den ersten paar Jahren) viel Lernen dazu, bis das notwendige branchenspezifische Fachwissen erworben wurde.

Einarbeitungszeit

Dies ist allerdings sehr unterschiedlich, so kenne ich Unternehmen, die von sich behaupten, dass ihre neuen Mitarbeiter nach einem Monat Einarbeitungszeit genauso umfassend mitarbeiten können wie die alteingesessenen. Ein anderes Unternehmen spricht von zwei Jahren, bis ein Mitarbeiter „normal" mitarbeiten kann und von bis zu sieben Jahren, bis wirklich alles notwendige Fach- und Branchenwissen vermittelt und erarbeitet wurde. Bei den meisten Unternehmen wird die Realität irgendwo dazwischen liegen: Einfaches Mitarbeiten nach ein paar Wochen, „normales Mitarbeiten" nach zwei bis vier Monaten und komplett selbstständiges Arbeiten nach etwas über einem Jahr (Erfahrungswerte nach Umfragen unter meinen Kunden und eigenen Beobachtungen sowie externe Quellen – siehe Quellenverzeichnis).

Außerdem sind Azubis meist sehr viel flexibler einsetzbar als externe Mitarbeiter, da sie im Rahmen ihrer Ausbildung alle/die meisten Abteilungen des Unternehmens kennengelernt haben. Falls also in einer Abteilung mal „Not am Mann" ist, könnte ein (ehemaliger) Auszubildender vermutlich flexibel aushelfen, der externe Mitarbeiter eher nicht. Außerdem haben die Azubis, durch die Kenntnisse aus anderen Abteilungen, ein viel besseres Verständnis für alle Abläufe im Unternehmen und können die Notwendigkeit von manchen Vorgehensweisen besser verstehen, indem sie sie mit den Augen der Nachbarabteilung sehen.

Ein weiterer Vorteil: Die Azubis sind im Sinne Ihres Firmenimages Ihrer Wertvorstellungen bereits vorgeprägt und haben diese durch die Ausbildung verinnerlicht. Mitarbeiter, die von außen dazu kommen, haben in anderen Unternehmen verschiedene Wertesysteme, Kommunikationsregeln und Organisationsformen kennengelernt. Diese in das bei Ihnen im Unternehmen vorherrschende System zu integrieren, kann unter Umständen schwierig sein. Allerdings sollte man auch bedenken: Dieser Nachteil kann auch zum Vorteil werden. Manchmal ist dieser frische Blick von außen, den der neue Bewerber mitbringt, genau das, was das Unternehmen braucht. Denn manchmal kommt dann genau von so einem Mitarbeiter der Tipp oder der Verbesserungsvorschlag, den man braucht, um das Unternehmen voran zu bringen bzw. um ein länger vor sich hin schwelendes Problem zu lösen oder Strukturen im Unternehmen zu verbessern.

Auch wenn es, wie eben aufgeführt, auch Vorteile für die Einstellung von externen Mitarbeitern gibt, so überwiegen doch nach meiner Ansicht die Vorteile der eigenen Ausbildung erheblich.

Fach- und Führungskräfte durch Ausbildung: Interne Weiterentwicklung

Damit einhergehend sollte es ein Programm geben, um Mitarbeiter im Unternehmen gezielt anhand ihrer Stärken und Interessen weiterzuentwickeln. Welcher aktuelle Mitarbeiter eignet sich zum Vorarbeiter oder zum Teamleiter? Wer könnte Meister, wer Abteilungsleiter werden? Wer könnte sich sachbezogen weiterbilden, um Fachabteilungen, Projektmanagement etc. zu unterstützen? Hierbei sollte auch der Unterschied zwischen Sachverantwortung und Personenverantwortung beachtet werden. Manche Mitarbeiter eignen sich sehr gut für die Sachverantwortung (z. B. Projektleitung, aufgabenbezogene Verantwortung), andere sind geborene Teamleader und Führungspersönlichkeiten (Personenverantwortung). Nicht immer liegt beides bei einem Mitarbeiter vor, unterscheiden Sie hier sorgfältig, passen Sie evtl. Ihre Strukturen an und wählen Sie die richtigen Mitarbeiter für die richtigen Aufgaben/Stellen.

Auf der nächsten Stufe folgt dann die Überlegung: Welche Führungskraft (Team- oder Abteilungsleiter etc.) eignet sich als Manager, Gruppenleiter etc.? Lassen Sie Ihren Mitarbeitern die Weiterbildungen und Praxiserfahrungen zukommen, die sie für die Ausübung ihrer optimalen Position benötigen.

Wichtig ist dafür, immer im Gespräch mit den Mitarbeitern zu bleiben. Klären Sie ab, was der Mitarbeiter sich für seine berufliche (und private) Zukunft wünscht, wo liegen seine Interessen und Stärken? Versuchen Sie Mitarbeiter immer nach ihren persönlichen Stärken einzusetzen – dies bringt einen enormen Effektivitätszuwachs. Und für alle, die dies für schwer umsetzbar halten, hier ein Praxisbeispiel dazu:

⇨ Ein mittelständisches Unternehmen (ca. 100 Mitarbeiter) aus der Elektrobranche versucht genau diesen Ansatz zu verwirklichen. So waren in einem Jahrgang z. B. drei Auszubildende gleichzeitig fertig. Alle drei waren gute Mitarbeiter, sie passten ins Team, hatten gute bis sehr gute Prüfungsergebnisse und waren in sämtlichen relevanten Abteilungen eingearbeitet. Bei einer Auszubildenden hatte sich schon während der Ausbildung eine große Zahlenaffinität herausgestellt, sie sollte in der Buchhaltung übernommen werden. Hier war zwar nur eine Teilzeitstelle frei, es wurde aber vereinbart, dass sie die restliche Zeit im Einkauf aushelfen sollte, wo auch immer viel Arbeit übrigblieb. Die zweite Auszubildende wollte in den Vertrieb, da hier eine Stelle frei war, war dies auch komplett unproblematisch. (Die Vertriebsstelle wurde ab dem zweiten Lehrjahr für sie freigehalten, da sich hier früh eine Neigung zeigte. Während ihrer Ausbildung arbeitete sie auch schon verstärkt in dieser Abteilung mit und führte auch ihr prüfungsrelevantes Abschlussprojekt für den Vertrieb durch). Bei der dritten Auszubildenden gestaltete es sich schwieriger. Sie wollte gerne in die Auftragsabwicklung, hier war allerdings aktuell keine Stelle frei. Um die Auszubildende trotzdem halten zu können, wurde ihr zugesagt, dass man sie sobald dies möglich wäre in ihre Wunschabteilung versetzen würde. Zur Überbrückung wollte man sie als Springerkraft behalten, um ihr eine Übernahme anbieten zu können und sie nicht zu verlieren. Die Auszubildende ließ sich darauf ein, arbeitete ein halbes Jahr als Springerin und wurde dann als Ersatz für eine schwangere Mitarbeiterin mit Beschäftigungsverbot in die Wunschabteilung versetzt. So konnten alle drei Auszubildenden gehalten werden und ihrer Vorlieben und Stärken gemäß eingesetzt werden, trotzdem wurde auf Engpässe und Bedürfnisse des Unternehmens geachtet.

Um bei diesem Beispiel zu bleiben und zu zeigen wie es dort weiterging: Eine Mitarbeiterin im Einkauf hatte durch die neue Unterstützung die Zeit für eine lang ersehnte Weiterbildung in den Abendstunden und stieg nach zwei Jahren zur Einkaufsleitung auf. Die Auszubildende aus der Auftragsabwicklung befindet sich gerade ebenfalls in einer nebenberuflichen Weiterbildung, um zukünftig weiterführende Aufgaben übernehmen zu können.

Fazit: Mit qualifizierten Azubis und einem individuellen Weiterentwicklungskonzept für Ihre Mitarbeiter können Sie durch Ausbildung und entsprechende gezielte Qualifizierungsmaßnahmen nicht nur Ihren Fachkräfte – sondern auch Ihren Führungskräftebedarf decken.

4. Motivierte Azubis: Fordern und fördern

Ein eigenes Kapitel für Motivation – warum ist das so wichtig? Ganz einfach: Mit Motivation erledigen sich viele Probleme von allein bzw. treten gar nicht erst auf. So kommt ein motivierter Azubi für gewöhnlich nicht zu spät, weil er „Bock hat" zu arbeiten. Er strengt sich im Unternehmen an und ist bestrebt, Neues zu lernen. Für gewöhnlich legt sich ein motivierter Azubi richtig ins Zeug und ist auch mal bereit, etwas über das übliche Maß hinaus zu leisten. Können Sie sich vorstellen, dass ein wirklich motivierter Azubi die Berufsschule schwänzt oder sich nicht anstrengt, um für Tests oder Klausuren zu lernen? Wenn er wirklich motiviert ist, wird er – selbst wenn die Arbeit im Betrieb eher seins ist – in der Berufsschule anwesend sein und für Tests etc. lernen.

4.1 Die Motivation: Intrinsisch oder extrinsisch

Motivation ist etwas, was jeder von uns bei bestimmten Dingen kennt: die Vorfreude auf etwas, die Ungeduld, wann es endlich losgeht, bestenfalls der Flow-Zustand während der Arbeit/Tätigkeit. Man möchte loslegen mit der neuen Aufgabe, in diesem Fall mit der Ausbildung. So startet der Großteil der Azubis in die Ausbildung.

Im vorherigen Kapitel habe ich Ihnen bereits aufgezeigt, wie wichtig ein motivierter Start ist, denn der Azubi bringt für den ersten Tag eine große Vorfreude und Motivation mit, die es einfach „nur" zu erhalten gilt. Und das ist viel einfacher, als später zu versuchen, einen einmal demotivierten Azubi wieder in die gegenteilige Richtung zu bewegen.

Dazu direkt am Anfang die schlechte Nachricht: Motivation von außen aufzubauen ist sehr schwierig bis fast unmöglich. Darum ist es umso wichtiger, die Motivation, die der Azubi mitbringt, zu erhalten.

Ein wenig Theorie zum Thema Motivation: Man unterscheidet zwischen intrinsischer (von innen kommend) und extrinsischer (von außen kommend) Motivation. Die intrinsische Motivation ist die deutlich nachhaltigere. Das ist die Vorfreude, das Loslegen-Wollen, das der Azubi mitbringt. Er ist aus sich selbst heraus motiviert, freut sich auf die

Ausbildung und seine neuen Aufgaben. Im Gegensatz dazu muss die extrinsische Motivation über Anreize geschaffen werden, die von außen kommen, z. B. über Bonussystem, Vergütungen etc. Man sagt, dass die extrinsische Motivation deutlich weniger nachhaltig ist, weil bei allem (z. B. einer höheren Vergütung) mit der Zeit ein Gewöhnungseffekt auftritt, der diese „Motivationsmaßnahme" als alltäglich wahrnehmen lässt und somit verpufft der Effekt.

Umso wichtiger ist es darum, mit der intrinsischen Motivation zu arbeiten. Und auch wenn diese von innen herauskommt, können Sie einiges tun, um diese zu erhalten und weiter zu fördern. Die erste und wichtigste Maßnahme: Loben Sie Ihren Azubi. Nicht „über den grünen Klee", aber immer dann, wenn es Dinge zu loben gibt. Je nach Azubi können das zunächst durchaus auch Kleinigkeiten sein, womit Sie ihm helfen, mehr Selbstbewusstsein zu entwickeln und ihm zeigen, dass er auf dem richtigen Weg ist. Nehmen Sie sich aber auch regelmäßig Zeit, die größeren Entwicklungen bei Ihrem Azubi wahrzunehmen. Meist kommen die Azubis als pubertierende Jugendliche zu Ihnen, und entwickeln sich in den drei Jahren zu jungen Erwachsenen. Dabei ist der Effekt, den die Arbeit im Betrieb, und auch Ihre Einwirkung als Ausbilder auf den Azubi hat, nicht zu unterschätzen. Für gewöhnlich sind Jugendliche nach den drei Jahren Ausbildung reifer/„erwachsener" als ihre Altersgenossen, die sich zu drei weiteren Schuljahren entschlossen haben. Das Berufsleben hat hier eine große Auswirkung. Würdigen Sie auch diese Veränderungen im Verhalten des Jugendlichen, spiegeln Sie ihm diese zurück, denn auf diesen Entwicklungsprozess kann er stolz sein. Es zeigt ihm, dass er nicht nur viel in der Berufsschule und im Betrieb gelernt hat, sondern auch viel für seine Persönlichkeit.

4.2 Das Azubi-Tagebuch

Azubi-Tagebuch

Oft höre ich von Ausbildern etwas wie „bei Azubi XY gibt es aber absolut nichts zu loben". Falls es Ihnen bei einem Auszubildenden genauso geht, habe ich hier noch einen Tipp für Sie: Führen Sie ein „Azubi-Tagebuch". Machen Sie es sich zur Gewohnheit, jeden Tag (ja, wirklich jeden Tag!) zu einer festen Zeit, z.B. kurz vor Feierabend, darüber nachzudenken, was der Azubi gut gemacht hat und tragen Sie dies in Ihr Notizbuch ein. Das dürfen, besonders am Anfang, auch einfach nur Kleinigkeiten sein, Dinge, die Sie vielleicht sogar für selbstverständlich halten. Wenn Sie einen Azubi haben, an dem Sie absolut nichts Positives/nichts zu loben finden, reicht es am Anfang, wenn Sie Dinge notieren wie: Pünktlich zur Arbeit erschienen, geht nett mit den anderen Azubis/Kollegen um, räumt sein Arbeitsmaterial wieder ordentlich auf, hört aufmerksam zu etc. Ich bin mir sicher, eine oder zwei solcher Kleinigkeiten werden Sie jeden Tag finden. Machen Sie diese einfache Übung ein paar Wochen und Sie werden merken, dass sich Ihr Blick für das Positive an besagtem Azubi verschärft. Spiegeln Sie ihm im nächsten Gespräch auch gerne zurück, was Ihnen Positives an ihm aufgefallen ist. Das Lob wird die positiven Verhaltensweisen weiter verstärken.

Praxistipp:

Dieses Azubi-Tagebuch können Sie auch wunderbar digital mit einem Notizprogramm führen, z. B. mit OneNote, welches auf den meisten Rechnern mit Microsoft Office ohnehin schon vorhanden ist. Weitere Hinweise dazu finden Sie weiter hinten im Buch und im Kapitel mit Tipps und Tricks.

Außerdem kann dies dazu beitragen, Ihre Beziehung zueinander auf eine andere Basis zu stellen. Wenn Sie bisher der Meinung waren, „das ist der Azubi, der ohnehin alles falsch macht", haben Sie ihm das vermutlich auch gesagt. Zumindest aber hat er es in Ihrem Verhalten ihm gegenüber bemerkt. Wenn sich nun nach und nach Ihre Einstellung zu dem Auszubildenden ändert, Sie es schaffen, auch das Positive an ihm wahrzunehmen, wird der Azubi diese neue Einstellung ebenfalls wahrnehmen. Und alleine dadurch, dass er merkt, dass Sie an ihn glauben, ihn loben und motivieren, kann sich viel ändern. Dies alles sind sehr sensible Prozesse und besonders wenn Sie viel mit Ihren Azubis zu tun haben, hängt ein Teil der Leistung des Azubis auch von Ihrer Azubi-Ausbilder-Beziehung ab.

Aufgabe:

Probieren Sie das Azubi-Tagebuch für mindestens einen Monat aus, bilden Sie sich selbst eine Meinung. Hilft es Ihnen, den Azubi besser wahrzunehmen? Fällt Ihnen die Beurteilung damit leichter? Und ist es vielleicht auch eine Hilfe für die regelmäßigen Gespräche oder das „kleine Feedback zwischendurch"?

4.3 Ihre Einstellung zum Azubi

Hierzu ein bisschen Theorie als Erklärung: Ihre Einstellung zu dem Azubi ist in jedem einzelnen Gespräch, bei jedem Kontakt für den Azubi spürbar. Das liegt daran, dass wir Menschen zum großen Teil nonverbal kommunizieren. Sicher haben Sie auch schon einmal davon gehört, dass viel wichtiger ist WIE wir etwas sagen, als WAS wir sagen. Körpersprache, Gestik, Mimik, Stimme und vieles mehr beeinflussen das, was wir sagen, erheblich, und so wird nicht nur der Inhalt des Gesprächs wahrgenommen, sondern auch alles „drumherum“, sämtliche nonverbalen Signale, die unbewusst unsere Einstellung zum Azubi widerspiegeln. Der Azubi nimmt diese Signale wahr, den Inhalt des Gesprächs bewusst, alles andere unbewusst. Darüber bildet sich dann das Gefühl „Der Ausbilder mag mich nicht“ oder „Der Ausbilder traut mir nichts zu“ oder „Mein Ausbilder glaubt ohnehin, dass ich das nicht kann“.

Tipp:

Sicher kennen Sie die Aussage über die selbsterfüllende Prophezeiung, die sich in dem Zitat von Henry Ford widerspiegelt: „Ob du glaubst, du kannst es, oder ob du glaubst, du kannst es nicht: Du wirst auf jeden Fall recht behalten.“ Glauben Sie daher an Ihre Auszubildenden und unterstützen Sie sie, so gut es geht.

Aus den oben genannten Gründen ist es wichtig, dass Sie mit Ihren Auszubildenden eine gute, vertrauensvolle und positive Basis finden. Das soll nicht so weit gehen, dass Sie sich mit Ihren Azubis anfreunden, das Verhältnis sollte möglichst auf einer professionellen Ebene bleiben. Oft ist dies besonders in sehr kleinen Betrieben schwierig. Wenn es z. B. mit fünf Mitarbeitern sehr familiär zugeht, ist das Verhältnis zu allen, auch zum Azubi, automatisch etwas enger. Bei den meisten mittelständischen Unternehmen ist diese professionelle Distanz, gepaart mit einem vertrauensvollen Miteinander, aber ohne Probleme möglich.

4.4 Fordern und fördern

Bei der Motivation geht es auch darum, den Auszubildenden möglichst auf dem passenden Leistungsniveau abzuholen: Schwache Azubis werden gefördert, um in der Berufsschule gut mitkommen zu können, die Prüfungen zu bestehen und gegebenenfalls auch, um ihre Aufgaben im

Betrieb erfüllen zu können. Nach unserer Erfahrung besteht aber für gewöhnlich eher Nachhilfebedarf im theoretischen Bereich, also in der Berufsschule. Meist funktioniert das praktische Arbeiten besser, wobei natürlich auch hier eine entsprechende Förderung hilfreich sein kann. Vielleicht braucht ein Azubi auch nur in einem besonderen Bereich/ in einem einzelnen Berufsschulfach besondere Förderung, kann aber in den anderen Bereichen gut mithalten. Dann kümmern Sie sich zuerst genau darum. Bei schwachen Azubis, bei denen andernfalls der Abschluss gefährdet ist, ist es gut, sich erst einmal darauf zu konzentrieren, diese Lücken zu schließen, sodass der Abschluss erreicht werden kann.

Sonst gilt aber das Prinzip: Lieber die Stärken der Auszubildenden weiter fördern, als sich zu sehr auf die Schwächen zu konzentrieren. Wie gesagt: Schwächen sollten zumindest insoweit ausgeglichen werden, wie sie den Abschluss gefährden oder falls sie wirklich untragbar sind. Andernfalls konzentrieren Sie sich lieber auf die Stärken Ihrer Azubis! Jeder Mensch hat Dinge, in denen er besonders gut ist. Wenn Sie es schaffen, herauszufinden, welche Dinge dies bei Ihren Auszubildenden sind, und die Azubis gezielt entsprechend ihrer Stärken einsetzen, wird dies der Motivation sehr zuträglich sein, da die Azubis regelmäßig Erfolgserlebnisse haben und merken, dass sie etwas richtig gut können. Dieses Prinzip gilt übrigens auch für Mitarbeiter: Setzen Sie diese immer entsprechend ihrer Stärken ein – so erzielen Sie den größten Erfolg für das Unternehmen und haben glückliche, zufriedene und motivierte Mitarbeiter (siehe hierzu auch das Praxisbeispiel im Exkurs „Warum ausbilden?").

Auszubildende, die entsprechend ihrer Stärken Aufgaben übernehmen dürfen, strengen sich für gewöhnlich auch automatisch an, diese Aufgaben gut zu machen. Sie übernehmen diese Aufgaben gerne und sind motiviert, hier noch mehr zu lernen, also ihr Wissen auch in der Tiefe zu erweitern. Natürlich geht es in der Ausbildung zunächst darum, Wissen in der Breite zu vielen Themengebieten zu vermitteln. Dies darf nicht vernachlässigt werden – vielleicht entdeckt der Azubi dabei ja auch weitere Interessensfelder und Stärken? Fordern Sie Ihren Azubi hier heraus, weitere Dinge zu entdecken, seine Stärken auszuweiten und sein Interesse auf andere Themengebiete auszuweiten. Auch Projekte können dazu eine Herausforderung für Ihre Auszubildenden sein (mehr dazu im 8. Kapitel Projekte).

Berücksichtigen Sie – wenn möglich – auch bei der Auswahl Ihrer Lehrmethoden die Vorlieben Ihrer Azubis und deren Stärken und Schwächen. Fördern Sie sie mit einer aktiven Methode, bei der sie vieles selbst erarbeiten dürfen, oder unterstützen Sie sie, indem Sie zuerst einmal mit einer ausbilderzentrierten Methode für Vorkenntnisse sorgen, um im Anschluss gemeinsam mit dem Azubi weitere Einzelheiten zu erarbeiten.

Sie dürfen von Ihren Azubis aber auch durchaus Dinge einfordern: Mitarbeit im Unternehmen (natürlich entsprechend der Ausbildungsverordnung) und Einbringung je nach Kenntnisstand und Fähigkeiten. Manche Azubis können bereits ab dem zweitem Lehrjahr nahezu vollwertig Mitarbeiter während des Urlaubs vertreten. Andere tun sich damit selbst zum Ende der Ausbildung noch schwer. Für den einen Auszubildenden ist dies eine interessante Herausforderung und eine Chance, Verantwortung zu übernehmen, zu zeigen, was er kann. Einen anderen Azubi schreckt diese Verantwortung ab, sie ängstigt, schüchtert ein und demotiviert, sodass sogar Aufgaben, die der Auszubildende normalerweise bewältigen kann, plötzlich misslingen. Wichtig ist es, diese Hintergründe zu erkennen, um hier gezielt unterstützen zu können.

4.5 Maßnahmen zur Motivation

Hier einige Maßnahmen, die helfen können, Ihren Azubi zu motivieren:

- Ein gutes Verhältnis zum Ausbilder
- Ein gutes Miteinander im Team (so macht das Arbeiten deutlich mehr Spaß)
- Offene Kommunikation
- Aufgaben, die den Azubi weder überfordern noch unterfordern
- Aufgaben, die der Azubi gerne übernimmt, die ihm Spaß machen
- Aufgaben, die den Stärken des Azubis entsprechen (oft identisch mit den Aufgaben, die gerne ausgeführt werden)
- Selbstständiges Arbeiten, ohne zu überfordern/allein zu lassen (je nach Azubi-Typ)
- Loben, positives Feedback, gute Bewertungen

- Fortschritte, die erlebbar werden/gut aufgezeigt werden können
- Projekte, solange sie den Fertigkeiten und dem Kenntnisstand des Azubis entsprechen
- Vergünstigungen, Bonus-Systeme, Belohnungen etc.

Entscheidend sind bei der Umsetzung oft die Details und es geht um sehr individuelle Dinge, die Sie nicht pauschal auf jeden Auszubildenden übertragen können. Denn motivierende Aufgaben sind für den einen Azubi Aufgaben, die genau seinem Kenntnisstand entsprechen, wo er sich auskennt, wo nichts (beängstigendes) Neues dazukommt. Bei anderen Azubis ist das hingegen ein alter Zopf, sie möchten Aufgaben bekommen, die neu gelerntes vertiefen oder vielleicht sogar noch einen kleinen Schritt über dem aktuellen Kenntnisstand liegen, sodass sie die Aufgabe als Herausforderung sehen und sich damit weiterentwickeln können.

Einige Azubis sind sehr unsicher und brauchen mehr Bestätigung, mehr Feedback und auch mehr Lob als andere. Ohne diese Rückmeldung merkt man ihnen die Unsicherheit sehr an und die Angst, Fehler zu machen führt dann auch zum Teil wirklich zu Fehlern. Daher ist es wichtig, jeden Auszubildenden individuell zu führen und nicht pauschal alle gleich zu behandeln (wobei natürlich gleiche Grundregeln für alle gelten sollten).

Praxistipp:

Pflegeanleitung für Azubis

Pflegeanleitung für Azubis

Wie wäre es mit einer Pflegeanleitung für Ihre Azubis? Stellen Sie sich das so vor: Jeder Azubi darf zwei bis drei Dinge, die ihm besonders wichtig sind, aufschreiben. Der Ausbilder versucht, diese zu berücksichtigen. Eine Kollegin hatte dazu einmal den schönen Vergleich zu einer Pflegeanleitung, wie sie bei Pflanzen mitgeliefert wird: Schattiger Standort, mäßig gießen. Bei Ihrem Azubi könnte dies dann zum Beispiel lauten: „Rücksichtsvoll kritisieren, viel loben" oder auch: „Selbstständig arbeiten lassen, für voll nehmen".

Zusammenfassung

Motivation, die einmal verloren gegangen ist, wiederherzustellen bzw. nicht motivierte Azubis zu motivieren, ist sehr, sehr schwer zum Teil sogar unmöglich. Daher nutzen Sie den Enthusiasmus des Ausbildungsbeginns,

die Vorfreude auf den neuen Lebensabschnitt und erhalten Sie diese Motivation! Geben Sie den Azubis Aufgaben, die sie fordern und mit denen Sie sie fördern. Beachten Sie unsere Auflistung von verschiedenen Maßnahmen zur Motivation und probieren Sie gerne die Pflegeanleitung aus. Das Wichtigste aber ist: Fokussieren Sie sich nicht darauf, Ihre Azubis zu motivieren, sondern darauf, sie nicht zu demotivieren.

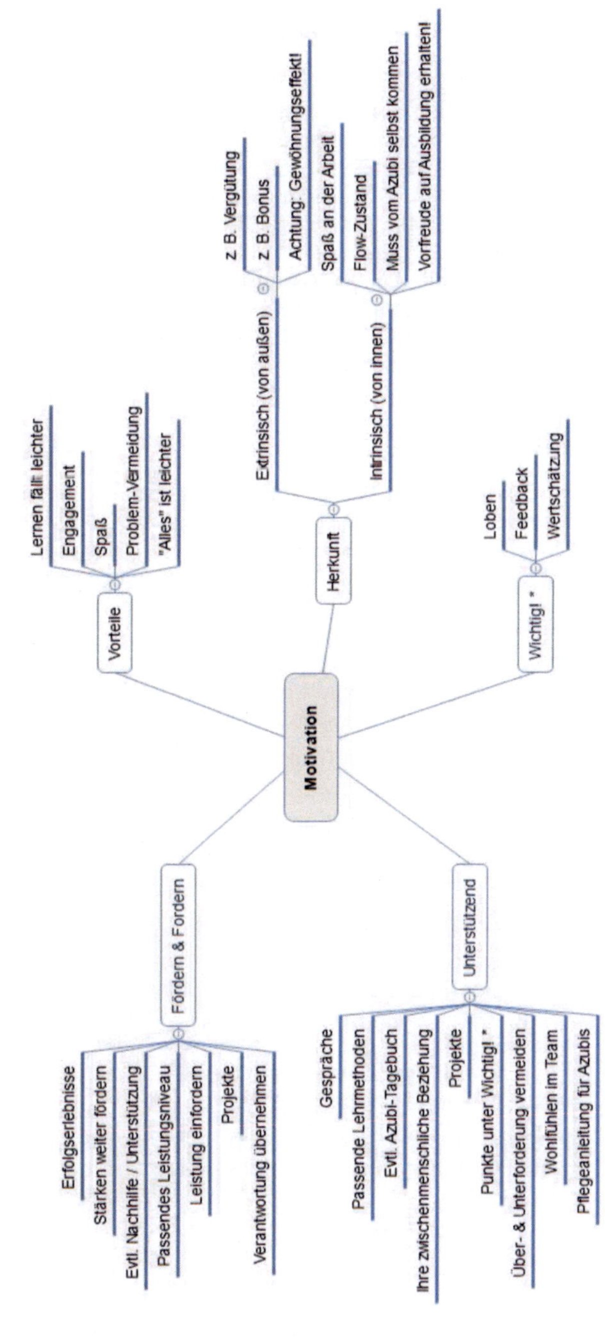
Motivation
Vorteile
Lernen fällt leichter
Engagement
Spaß
Problem-Vermeidung
"Alles" ist leichter
Herkunft
Extrinsisch (von außen)
z. B. Vergütung
z. B. Bonus
Achtung: Gewöhnungseffekt!
Intrinsisch (von innen)
Spaß an der Arbeit
Flow-Zustand
Muss vom Azubi selbst kommen
Vorfreude auf Ausbildung erhalten!
Wichtig! *
Loben
Feedback
Wertschätzung
Fördern & Fordern
Erfolgserlebnisse
Stärken weiter fördern
Evtl. Nachhilfe / Unterstützung
Passendes Leistungsniveau
Leistung einfordern
Projekte
Verantwortung übernehmen
Unterstützend
Gespräche
Passende Lehrmethoden
Evtl. Azubi-Tagebuch
Ihre zwischenmenschliche Beziehung
Projekte
Punkte unter Wichtig! *
Über- & Unterforderung vermeiden
Wohlfühlen im Team
Pflegeanleitung für Azubis

5. Regelmäßige Gespräche und Feedback zur Weiterentwicklung

Gespräche bilden eine wichtige Grundlage in der Ausbildung: Sie dienen dem regelmäßigen Austausch zwischen Ausbilder und Azubi. Der Auszubildende bekommt Feedback zu seinen Tätigkeiten und auch beginnende Konflikte können hier geklärt werden. Außerdem sind sie auch wichtig für das soziale Miteinander. Vom Kennenlernen bis zum regelmäßigen informellen Austausch – Gespräche gehören zum Arbeits- und Ausbildungsalltag dazu. Welche wichtigen, ausbildungsrelevanten Gespräche es gibt und worauf Sie dabei achten sollten, erfahren Sie in diesem Kapitel.

5.1 Regelmäßige Gespräche

Regelmäßige Gespräche

Beginnen wir direkt mit der Schock-Aussage für viele Ausbilder: Wie oft sollten Sie die regelmäßigen Gespräche mit Ihren Auszubildenden führen? Meine klare Empfehlung: Mindestens einmal pro Woche! Und um das Ganze direkt wieder zu relativieren: Keine Sorge, das müssen keine 2-stündigen Gespräche sein, meist reichen 10–20 Minuten. Aber warum sind regelmäßige Gespräche so wichtig? Den einzigen Nachteil nenne ich direkt vorweg: Es kostet Sie Zeit. Die Vorteile aber sind mannigfaltig:

- Ein guter Kontakt zum Azubi
- Durch den regelmäßigen Kontakt und die regelmäßigen Gespräche entwickelt sich für gewöhnlich auch ein engeres, vertrauensvolleres Verhältnis zum Ausbilder, als das ohne diese regelmäßigen Gespräche der Fall wäre
- Sie sind immer Up-to-date, was Ihre Azubis angeht
- Es herrscht ein regelmäßiger Austausch zu Berufsschulthemen. Sie wissen, welche Dinge dort aktuell durchgenommen werden und können so für eine bessere Verknüpfung der theoretischen mit den praktischen Inhalten sorgen. Das hilft, dieses Wissen zu festigen und trägt zum Verstehen bei.

- Noten in Klausuren oder erst recht im Zeugnis sind keine große Überraschung mehr für Sie – lesen Sie hierzu auch den Exkurs zum Thema Berufsschule mit einigen Tipps, wie Sie diese Themen in die regelmäßigen Gespräche mit einbinden können.

- Sie wissen, mit welchen Themen Ihr Azubi sich gerade betrieblich befasst (falls er aktuell nicht in Ihrer Abteilung ist), ob es mit bestimmten Ausbildungsbeauftragten oder Kollegen Konflikte gibt, welche Tätigkeiten ihm liegen und wo er vielleicht noch Hilfe benötigt. Diese Infos sind auch später hilfreich, wenn es darum geht, wo der Azubi nach der Ausbildung eingesetzt werden kann.
- Sie haben eine gute Grundlage für Beurteilungen. Diese stützen sich dann nicht nur auf „Momentaufnahmen“, sondern spiegeln sehr konstant einen größeren Zeitraum wider, sodass man auch Entwicklungen viel besser beobachten kann.
- Sie erfahren frühzeitig von Problemen, oft auch von „kleinen Schwierigkeiten“ und können mit dem Azubi gemeinsam dafür sorgen, dass es gar nicht erst große Probleme werden (egal ob betrieblich, in der Berufsschule oder privater Natur)
- Die Zeit, die Sie sich hier für Ihren Azubi nehmen, drückt auch Wertschätzung ihm gegenüber aus – ein Punkt, der der Generation Z sehr wichtig ist

Rechtfertigen all diese Vorteile nicht den Zeitaufwand? Vor allem, wenn Sie bedenken, dass Sie damit eventuellen Problemen – die sehr viel Zeit kosten können – vorbeugen, wird schnell klar, dass sich die eingesetzte Zeit lohnt: für motiviertere Azubis, weniger Ausbildungsabbrüche und konstante Berufsschulleistungen!

5.2 Der Gesprächsablauf

Wie bereits beschrieben sprechen Sie zu Ausbildungsbeginn täglich mit Ihrem neuen Azubi. Nach ein paar Tagen können Sie dies dann auf alle zwei bis drei Tage reduzieren und später auf wöchentlich. Die Gespräche können ganz informell ablaufen. Meist ergeben sich Gesprächsthemen schon aus den vorherigen Gesprächen. Sie können verschiedene Punkte daraus wieder aufgreifen und nachfragen, wie sich diese entwickelt haben, was es Neues gibt etc. Hier ein paar Punkte, die sich sehr gut für die regelmäßigen Gespräche eignen:

- Small Talk (zum Einstieg, evtl. auch zum Abschluss, dort aber nicht immer sinnvoll)
- Betriebliche Aufgaben, an denen er aktuell arbeitet (was davon mag er, was liegt ihm, wo hat er noch

Schwierigkeiten, was würde er gerne noch gezeigt/erklärt bekommen?)

- Berufsschule: Welche Themen werden aktuell besprochen, wann stehen die nächsten Klausuren an, kommt er mit den Hausaufgaben zurecht, wie kommt er mit den Lehrern und Mitschülern klar?

- Klausuren und Tests sollten Sie sich in diesen Terminen ebenfalls zeigen lassen und bei Bedarf gemeinsam durchgehen. Loben Sie bzw. bieten Sie Hilfe an (siehe auch Exkurs „Berufsschule").
- Ermutigen Sie Ihren Azubi, auch eigene Themen in diese Gespräche mitzubringen, fragen Sie ruhig danach.

- Das Berichtsheft kann bei diesen Terminen gemeinsam gesichtet und durchgesprochen werden. Der Auszubildende sollte es dann immer bis zum Vortag des Gesprächs bei Ihnen einreichen oder zum Gespräch mitbringen. Der große Vorteil: So sammeln sich nicht Dutzende von Berichten, die zum Jahresende (oder noch schlimmer kurz vor der Prüfung) alle unterschrieben werden müssen. Auch elektronisch geführte Berichtshefte können hier besprochen werden bzw. Rückfragen dazu geklärt werden.
- Nutzen Sie diese Gespräche auch für ein kurzes Feedback: Was hat aus Ihrer Sicht gut geklappt, wo hat sich Ihr Azubi verbessert? An welchen Punkten sollte er noch arbeiten? Evtl. auch mit ihm gemeinsam festlegen, wie er sich weiterentwickeln/verbessern kann.

Natürlich gibt es noch viele weitere Punkte, die in diesen Gesprächen mit aufgenommen werden können. Sie können unter der Woche z. B. alle Punkte, die Sie mit dem Azubi besprechen möchten, in einer Mappe sammeln (digital oder in Papierform). Dann haben Sie beim regelmäßigen wöchentlichen Gespräch alles parat. Auch neue interne Regelungen oder Ähnliches können hier besprochen werden.

Tipp: Hier bietet sich wieder das zuvor bereits empfohlene Tool OneNote an. Dort können Sie ganz einfach für jeden Azubi einen eigenen Bereich im digitalen Notizbuch anlegen und alle Themen sammeln, auch alle Gesprächsprotokolle, Notenübersichten und Ähnliches können mit dazu – sehr komfortabel! Erfahren Sie mehr dazu unter Tipps und Tricks.

Am Anfang, beim ersten regelmäßigen Gespräch, sollten Sie dem Azubi auch den Ablauf und Ihre Wünsche hierzu kurz mitteilen. So weiß er, dass er zum Beispiel immer das Berichtsheft und die aktuellen Klausuren und Tests mitbringen soll. Wichtig ist auch, dass der Termin wirklich regelmäßig ist, also zum Beispiel jeden Freitagmorgen um 9 Uhr als Jour fixe. So hat der Auszubildende Gewissheit darüber und kann seine Unterlagen immer pünktlich bereithalten und sich auch eigene Themen überlegen. Sie werden merken: Mit guter Kommunikation und ein wenig Konsequenz am Anfang klappt das bald sehr gut und von ganz alleine.

Jour fixe

Eine Checkliste für das regelmäßige Gespräch finden Sie auf der Homepage zum Buch, dort habe ich Ihnen nochmals alle inhaltlichen Punkte und den Ablauf zusammengestellt.

Was ist aber, wenn mal keine Themen anstehen? Können Sie dann das Gespräch auch ausfallen lassen? Zuerst einmal: Anhand der Vielfalt oben sehen Sie schon, dass eigentlich immer Themen für Gespräche anstehen, und wenn es nur um das Berichtsheft geht. Dann treffen Sie sich kurz, wechseln zwei bis drei Sätze Small-Talk, schauen gemeinsam das Berichtsheft durch, leisten hierfür die Unterschriften und verabschieden sich wieder. Meist kommen aber dabei doch immer noch ein paar andere Themen mit zur Sprache – also: Gut, dass Sie sich kurz zusammengesetzt haben!

Berichtsheft

Die Regelmäßigkeit hat aber noch einen anderen wichtigen Grund: Wenn Ihr Auszubildender mal ein Problem haben sollte (nichts Großes, womit man den Ausbilder extra stören will), erzählt er beim regelmäßigen Gespräch in vertrauter Atmosphäre doch deutlich eher davon, wenn sie ohnehin schon zusammensitzen und er seine Gesprächszeit hat. Ob er dafür aber auch extra zu Ihnen gekommen wäre, wenn es den regelmäßigen Termin nicht gäbe?

Etwas anderes sind Ausnahmen wie Urlaub oder Krankheit. Natürlich muss der Azubi nicht extra in seinem Urlaub für ein solches Gespräch in den Betrieb kommen. Führen Sie einfach ein Wochengespräch vor dem Urlaub und eines danach in Ihrem normalen, regelmäßigen Rhythmus.

Tipp: Bei mehreren Auszubildenden kann auch ein regelmäßiges Azubi-Meeting sinnvoll sein, bei dem Sie sich zum Beispiel einmal im Monat alle gemeinsam treffen und austauschen. Dies soll allerdings die regelmäßigen Gespräche mit jedem Azubi einzeln keinesfalls ersetzen, sondern allenfalls ergänzen. Falls Sie Anregungen für Themen brauchen, schauen Sie dafür gerne einmal in unseren Ausbilder-Blog oder auf die begleitende Homepage.

Azubi-Meeting

5.3 Feedback: Für eine positive Entwicklung der Ausbildung

Feedback

Wie schon erwähnt ist Feedback sehr wichtig für die Jugendlichen – ganz besonders zu Beginn der Ausbildung, wenn sie ihre eigene Leistung und ihr Verhalten noch überhaupt nicht einschätzen können. Aber auch im späteren Verlauf wünschen sich die Azubis regelmäßige Rückmeldungen.

Feedback- oder Beurteilungsgespräch?

Hier sollte unterschieden werden zwischen einem kurzen Feedback und einem ausführlichen Beurteilungsgespräch (hierzu erfahren Sie mehr im nächsten Kapitel „Beurteilungen"). Bei einem kurzen Feedback geben Sie dem Auszubildenden zeitnah eine Rückmeldung, z. B. in oder direkt nach der Situation, auf die sich das Feedback bezieht. Alternativ hierzu geben Sie im wöchentlichen Gespräch ein kurzes Feedback. Besonders wenn es sich auf keine konkrete Situation, sondern eher auf die Entwicklung bezieht, ist dieses Gespräch dafür sehr gut geeignet.

Das Feedback erfolgt informell, ohne Beurteilungsbogen, wie er für das Beurteilungsgespräch eingesetzt wird. Und während im Beurteilungsgespräch eher das „große Ganze" gesehen wird, also die Arbeitsweise und Entwicklung über einen längeren Zeitraum, wird im Feedback nur kurz zu einer aktuellen Situation Rückmeldung gegeben (z. B. der erste Ausbildungstag, eine konkrete Aufgabenstellung, ein Kundengespräch, ein Werkstück etc.).

Die Sandwich-Methode

Sandwich-Methode

Bei der Sandwich-Methode geht es darum, ein negatives Feedback im Gespräch „gut verpackt" rüberzubringen. Dafür wird eine negative Aussage zwischen zwei positiven Aussagen „verpackt". Die negative Kritik können Sie sich dabei vorstellen, wie den Belag zwischen zwei Brötchenhälften, die Brötchenhälften stellen die positiven Aussagen dar. Somit entstand der Name: Sandwich-Methode.

Das heißt, Sie bitten den Azubi zu sich zum Gespräch, welches Sie mit einer positiven Aussage beginnen. Danach leiten Sie über zu Ihrem Kritikpunkt, verbunden mit dem Entwicklungsvorschlag, der sich daraus für den Azubi ergibt. Abschließen können Sie das Gespräch wieder mit etwas Positivem. In der Theorie wird dies meist so erklärt, dass man dem Azubi zuerst ein Kompliment macht bzw.

ihm etwas nennt, was er schon gut kann und ihn dafür lobt. Danach kommt der negative Punkt, bei dem er sich noch verbessern muss. Dieser wird ebenfalls mit ihm durchgesprochen. Sie erklären, was genau Ihnen aufgefallen ist und wie sich dieses Verhalten/dieser Punkt Ihrer Ansicht nach in Zukunft ändern sollte. Lassen Sie auch Ihren Azubi hierbei zu Wort kommen und vereinbaren Sie wenn möglich gemeinsam mit ihm, welche Änderungen möglich sind. Zum Schluss beenden Sie das Gespräch mit einem weiteren positiven Punkt, also zum Beispiel einem weiteren Lob zu einem Punkt, den der Azubi schon sehr gut macht.

So viel zur Theorie. Falls Ihnen die Sandwich-Methode so gefällt, übernehmen Sie sie gerne. Meine Empfehlung wäre jedoch, einen Kritik-Punkt, bei dem der Azubi sich noch verbessern soll, nicht zu sehr zu „verwässern". Das heißt, in einem allgemeinen Beurteilungsgespräch können Sie sehr gerne wie oben beschrieben einen negativen Punkt unter mehreren positiven aufführen und das Gespräch somit positiv beginnen und beenden. Geht es Ihnen bei einem kurzen Feedback jedoch hauptsächlich um einen Punkt, den der Azubi verbessern soll, würde ich Ihnen Folgendes empfehlen: Beginnen Sie das Gespräch positiv, z. B. mit einer netten Begrüßung oder/und ein paar Sätzen Small Talk (Sie merken, ich empfehle nicht das Lob, wenn der Fokus auf dem einen „Entwicklungspunkt" liegen soll). Danach gehen Sie über zu Ihrem Kritikpunkt und überlegen gemeinsam mit dem Azubi, wie Sie dies in Zukunft ändern/besser gestalten können oder äußern Ihren Wunsch hierzu (situationsbedingt). Beenden Sie das Gespräch mit dem positiven Ausdruck, dass es mit den besprochenen Änderungen bestimmt in Zukunft besser klappen wird oder drücken Sie aus, dass Sie sich freuen, dass Sie beide eine so gute Lösung gefunden haben/dass der Azubi das Problem verstanden hat und daran arbeiten will etc. Damit beenden Sie das Gespräch ebenfalls positiv, wenn auch nicht mit einem Lob, so doch mit einem positiven Ausblick in die Zukunft.

Ganz und gar abraten möchte ich Ihnen von der Sandwich-Methode, wenn es um ein ernsthaftes Kritikgespräch/Ermahnungsgespräch geht. Hier soll der Auszubildende merken, dass er Grenzen überschritten hat bzw. dass sich etwas ändern muss. Dies können Sie auch über den Rahmen des Gesprächs durchaus beeinflussen. Das heißt, wenn Sie den Azubi ermahnen oder evtl. sogar abmahnen müssen, z. B. wegen häufigen Zuspätkommens, steigen

Sie nicht positiv ins Gespräch ein, sondern reden Sie direkt Tacheles. Gerne können Sie jedoch, wenn der Azubi sich entsprechend einsichtig zeigt, das Gespräch wieder mit einem positiven Ausblick enden lassen. In einem solchen Fall zuerst zu loben, wäre jedoch nach meiner Ansicht fehl am Platz. Entscheiden Sie hier aber individuell, je nach Ernst der Lage. Es ist ein Unterschied, ob ein Azubi ein Mal zu spät kommt (nach den Gründen fragen) oder dies trotz Gesprächen hierüber schon mehrfach vorgekommen ist (Ermahnungsgespräch). Hier ist Fingerspitzengefühl gefragt: Sie kennen Ihren Azubi, handeln Sie situationsbezogen und hören Sie im Zweifelsfall auf Ihren Bauch, was hier gerade angebracht ist.

5.4 Kritikgespräche/Gespräche auf Grund eines Problems

Dies sind sicherlich einige der schwierigsten Gespräche, die ein Ausbilder führen muss. Trotzdem gehört es dazu. Bleiben wir bei dem Beispiel von oben:

Kritikgespräch

Praxisbeispiel: Ausgangssituation und ein nicht ganz optimales Kritikgespräch

⇨ Tom N. kam ständig zu spät. In einem ersten Gespräch (während des wöchentlichen regelmäßigen Gesprächs) hatte der Ausbilder bereits herausgefunden, dass seine Eltern sich scheiden ließen und seine Mutter jetzt mit ihm und seiner Schwester ausgezogen war. Dadurch hattte er einen weiteren Weg und eine ungünstigere Anbindung mit den öffentlichen Verkehrsmitteln, was bedeutete, dass er deutlich früher los musste. Der Ausbilder zeigte damals Verständnis für die Situation, arbeitete aber auch an Lösungen mit dem Azubi, wie er es schafft, pünktlich zu erscheinen (früher ins Bett gehen, damit das morgendliche Aufstehen besser klappt und er ausgeschlafen ist, frühzeitig los, damit er die Bahn nicht verpasst etc.). Da es in der nächsten Woche nicht besser wurde und er wieder ständig zu spät kam, hatte der Ausbilder das Thema zwei Wochen später im regelmäßigen Gespräch nochmals angesprochen. Die Gründe waren die gleichen, hinzu kam, dass Tom mittlerweile schlecht schlief: Er berichtete, dass Tom lange wach lag und schlecht einschlafen konnte, sich viele Gedanken machte (hauptsächlich über seine Eltern, die Trennung, die Streitthemen etc.). Auch hier besprach der Ausbilder

mit ihm Techniken, damit umzugehen und gab ihm die „Nummer gegen Kummer“ mit, damit er sich dort einmal aussprechen konnte. Außerdem riet er ihm ebenfalls, das Gespräch mit den Eltern zu suchen. In der darauffolgenden Woche erhielt der Ausbilder jedoch einen Anruf von der Berufsschule: Tom sei die vergangenen 4 Wochen jedes Mal zu spät zum Unterricht erschienen, oft erst zur 2. Stunde. Heute sei er sogar erst nach der Pause zur 3. Stunde aufgetaucht. Daraufhin bestellte der Ausbilder Tom direkt am nächsten Morgen zum Kritikgespräch, wo er ihm große Vorhaltungen machte, dass er in der Berufsschule jetzt schon so viele Unterrichtsstunden versäumt hatte – obwohl er doch ohnehin nur ein mäßiger bis schwacher Schüler war, wie sich das auf seine Noten auswirken würde … Außerdem zeigte er sich sehr enttäuscht darüber, dass Tom ihm dies nicht bei einem der letzten Gespräche mitgeteilt hatte, sondern er von dem Zuspätkommen in der Berufsschule von dem Lehrer erfahren musste. Er wolle, dass diese Zuspätkommerei und Schulschwänzerei jetzt auf der Stelle aufhöre, er habe doch wahrlich die letzten Wochen genug Verständnis und Nachsicht mit ihm gehabt.
Tom hörte sich das alles an, sagte nicht viel dazu, nickte am Ende aber halbherzig, als der Ausbilder meinte, dass sich sein Verhalten ändern müsste und verließ das Zimmer. Kurze Zeit später bekam der Ausbilder mit, dass Tom seine Jacke anzog und sich seinen Rucksack schnappte. Auf sein Verhalten angesprochen meinte Tom nur, dass er keinen Bock mehr auf diese Diktatur habe und gehen würde. Mehr war aus ihm nicht herauszubekommen, er verließ das Gebäude und tauchte auch am nächsten Tag nicht auf. Wie hätte das Kritikgespräch besser laufen können? Das zeige ich Ihnen nachfolgend. Und am Ende löse ich auch auf, wie es mit Tom weiterging …

So wie im Praxisbeispiel beschrieben, sollte ein Kritikgespräch natürlich nicht ablaufen. Klassischerweise unterteilt man das Kritikgespräch in fünf Phasen:

1. Vorbereitung
2. Eröffnung
3. Klärung
4. Lösung
5. Abschluss

Der Ablauf gestaltet sich dann etwa folgendermaßen:

Es steht und fällt alles mit einer guten Vorbereitung. Überlegen Sie dafür sachlich, was genau vorgefallen ist und halten Sie es schriftlich fest. Genauso sollten Sie überlegen, was Ihr gewünschtes Ziel des Gesprächs ist (evtl. sogar SMART formuliert – siehe Kapitel Beurteilungen). Bleiben Sie aber flexibel genug, um dieses Ziel je nach Verlauf des Gesprächs anpassen zu können. Falls Sie merken, dass Sie selber emotional betroffen sind, versuchen Sie ruhig zu bleiben und Ihre Gedanken zu ordnen. Hinterfragen Sie für sich, warum dies so ist. Eventuell bitten Sie in diesem Fall auch einen Kollegen um Mithilfe beziehungsweise, wenn es bei dem kritischen Punkt um eine Situation mit Ihnen geht, lassen Sie den Kollegen oder Ihren Vorgesetzten das Gespräch führen, da Sie in diesem Fall als Beteiligter voraussichtlich nicht die notwendige neutrale Haltung und emotionale Ruhe/Sachlichkeit für ein solches Gespräch aufbringen können.

!Tipp

Ganz wichtig: Kritisieren Sie immer nur die „Sache“ (Situation, Entscheidung, den Fehler, ...), aber nicht die Person selbst.

Ich-Botschaft

Bereiten Sie alles für das Gespräch vor, wie schon zuvor beschrieben (ruhiger Raum ohne Störungen etc.). Starten Sie das Kritikgespräch nicht mit Small Talk oder Ähnlichem, kommen Sie lieber direkt zum Thema. Formulieren Sie sachlich Ihre Beobachtung/Feststellung (am besten in einer Ich-Botschaft: „Ich habe wahrgenommen, dass...“, „Mir ist aufgefallen, dass... etc.) bzw. nennen Sie das Thema, um das es geht und bleiben Sie dabei neutral: Werten Sie das Verhalten nicht! Bitten Sie danach den Auszubildenden um Stellungnahme, geben Sie ihm Gelegenheit, den Aspekt aus seiner Sicht zu schildern. Vielleicht gab es ja einen guten Grund für sein Verhalten. Oder Sie können zumindest nachvollziehen, warum er so gehandelt hat. Behalten Sie dabei immer im Hinterkopf, dass jeder Mensch nach seiner bestmöglichen Option handelt. Das heißt, der Azubi hat in dem Falle das getan, was er für die beste Möglichkeit gehalten hat, vielleicht auch für die einzige Möglichkeit. Vielleicht war er nicht in der Lage, andere Möglichkeiten zu finden oder hat andere Möglichkeiten als weniger gut bewertet – diese Bewertung erfolgt bei jedem Menschen individuell, basierend auf seinen bisherigen Erfahrungen, aber auch seinen Werten und vielen anderen Einflussfaktoren. Falls Sie zu der Thematik Ich-Botschaft oder auch

Bestmögliche Option

Handlung nach der besten Option gerne mehr theoretisches Hintergrundwissen hätten (ich halte mich hier – im Praxisbuch – damit bewusst kurz), schauen Sie gerne auf der Webseite zum Buch nach.

Lösungsvorschläge

Nachdem Sie nun den Hintergrund kennen (und den Sachverhalt hoffentlich klären konnten), können Sie gemeinsam nach einer Lösung suchen. Fragen Sie sich dabei: Passt das Ziel noch, das Ihnen bei der Vorbereitung vor Augen stand, oder hat sich dieses durch die Darstellung des Azubis als überholt herausgestellt? Beziehen Sie den Auszubildenden bei der Lösungsfindung mit ein, z. B. mit der Frage: „Was können wir tun, um XY in Zukunft zu vermeiden?" oder wenn möglich noch besser positiv formuliert, z. B. „Was können wir tun, damit Sie zukünftig pünktlich am Arbeitsplatz und in der Berufsschule sind?" Hören Sie sich die Ideen und Lösungsvorschläge des Azubis an und finden Sie gemeinsam eine Lösung, die für Sie beide tragbar ist. Es ist wichtig, dass der Auszubildende auch an der Lösung des Problems mitarbeiten WILL.

Zum Abschluss können Sie die Ergebnisse nochmals kurz zusammenfassen. Eventuell können Sie auch Ihren Azubi das Gespräch aus seiner Sicht zusammenfassen lassen, dann merken Sie auch, ob alles verstanden wurde. Bedenken Sie aber auch, dass dies den Azubi überfordern kann, besonders wenn er in diesem Gespräch unter Stress steht und emotional aufgewühlt ist. Bieten Sie ihm bei Bedarf Unterstützung an und vereinbaren Sie eventuell einen Folgetermin, wo Sie die Ergebnisse nochmals reflektieren. Dies kann aber auch im regelmäßigen Gespräch erfolgen. Drücken Sie Ihre Freude über die gute, einvernehmliche Lösung aus! Es empfiehlt sich auch, dieses Gespräch kurz zu protokollieren. Zum einen, um eine Dokumentation für die Personalakte zu haben, zum anderen, um dem Azubi eine Kopie zukommen zu lassen, damit er nochmals alles nachlesen kann, falls er im Gespräch doch zu aufgeregt war, um sich im Nachgang noch an alles zu erinnern (das habe ich leider schon oft erlebt, diese Situation kann Azubis so unter Stress setzen, dass sie danach – wie in Prüfungssituationen – einen regelrechten Blackout haben, und das nicht böswillig). Eine kurze, schriftliche Zusammenfassung kann da sehr hilfreich sein.

⇨ Praxisbeispiel (Fortsetzung…)
Sie erinnern sich an Tom, der nach dem Kritikgespräch mit seinem Ausbilder das Firmengebäude verließ und auch am nächsten Tag nicht wieder

auftauchte? So ging es weiter: Der Ausbilder setzte sich mit der zuständigen Kammer in Verbindung und schilderte den Fall. Diese bot an, zu vermitteln. Der Ausbilder versuchte daraufhin, Tom zu einem Gesprächstermin zu bitten. Leider lehnte er ab. Die Kammer meinte, wenn er nicht gesprächsbereit sei, könne sie leider auch nicht helfen. Daraufhin meldete sich der Ausbilder ein paar Tage später bei uns. Er wollte die Ausbildung nicht so beenden, ihm tat es leid, wie alles gelaufen war, und er wollte gerne noch ein Gespräch mit Tom führen. Selbst wenn er die Ausbildung nicht fortführen sollte, wollte er die Thematik zumindest klären. Unsere Mitarbeiterin ließ sich die Situation schildern und rief dann mit dem Ausbilder gemeinsam nochmals bei Tom an. Sie konnten ihn zu einem Gespräch direkt am gleichen Nachmittag überreden.
In diesem Gespräch ließen sie erst einmal Tom berichten, was ihn aktuell bewege, wie es ihm gehe, was er meine, wie es mit der Ausbildung weitergehen soll etc. Unsere Mitarbeiterin war dabei als Moderatorin des Gesprächs dabei, um zu unterstützen und im Zweifelsfall als Mediator – also als Vermittler – weiterzuhelfen. Stark verkürzt und zusammengefasst stellte sich in dem langen Gespräch heraus, dass Tom der Ausbildung gegenüber gar nicht abgeneigt war und die Ausbildung gerne absolvierte (zumindest den praktischen Part, die Berufsschule sah er eher als das notwendige Übel an). Allerdings war er sehr enttäuscht über das Verhalten des Ausbilders im Kritikgespräch. Er hatte immer das Gefühl gehabt, dass der Ausbilder auf seiner Seite stehe und dann habe er ihn so heruntergeputzt. Er war sehr enttäuscht darüber und auch wütend und habe sich gedacht, dass er ja auch einfach gehen könne, wenn sie ihn hier ohnehin nicht wollten (bzw. sein Ausbilder ihn hier nicht mehr wollte). Das war der Eindruck, der bei ihm im Gespräch entstanden war. Nachdem nun endlich ein Gespräch möglich war, ließ sich die Situation schnell klären. Auch der Ausbilder war bereit, zuzugeben, dass er überreagiert habe und gestand, dass er sich die letzten Tage viele Gedanken über die Situation und sein Verhalten dabei gemacht habe. Letztendlich habe er so reagiert, weil er enttäuscht war. Tom und er hatten doch immer so ein gutes Verhältnis zueinander gehabt und er hätte sich immer viel Mühe gegeben, ihm zu helfen. Auch hier bei diesem Fall habe er sich viel Zeit für ihn genommen und viele Tipps mit ihm erarbeitet, um ihm zu helfen. Dementsprechend habe es ihn sehr getroffen,

dass Tom ihm offenbar nicht vertraute und nichts von der Verspätung in der Berufsschule erzählt hatte. Mit entsprechender Moderation und den richtigen Fragen waren hier schnell die Wogen geglättet. Tom erkannte, wie sehr seinem Ausbilder die Situation zu schaffen gemacht hatte, und wie wichtig Tom ihm demnach sein musste. Nachdem alles Persönliche geklärt war (die Gefühlsebene), konnten wir nun auf der Sachebene an Lösungen arbeiten, wie mit dem Problem umzugehen wäre. Tom hat 1½ Jahre später seine Ausbildung erfolgreich abgeschlossen und wurde danach sogar vom Unternehmen übernommen. Er wollte im Anschluss gerne selbst im Bereich Ausbildung tätig werden und seinen Ausbilder bei der Azubi-Betreuung unterstützen.

5.5 Gespräche in der Ausbildung

Zur Ausbildung gehören immer viele Gespräche. Ich möchte Ihnen diese jedoch situationsbezogen in den jeweiligen Kapiteln zeigen, daher hier eine Auflistung der Gespräche mit dem Azubi und wo Sie diese hier im Buch finden:

- Einführungsgespräch zu Beginn der Ausbildung (3. Kapitel: Ausbildungsbeginn)
- Regelmäßige Gespräche (in diesem Kapitel)
- Feedbackgespräche (in diesem Kapitel)
- Beurteilungsgespräche (6. Kapitel: Beurteilungen)
- Gespräche zum Abteilungswechsel (6. Kapitel: Beurteilungen)
- Kritikgespräche/Gespräche auf Grund eines Problems (in diesem Kapitel sowie einige Praxis- und Anwendungsbeispiele im Kapitel Probleme)
- Gespräche zum Ausbildungsabschluss/Übernahmegespräche (10. Kapitel Übernahme/Ausbildungsende)

5.6 Gesprächsleitfaden für Gespräche mit Auszubildenden

Gesprächsleitfaden

(Diese Übersicht finden Sie auch im Downloadbereich zum Ausdrucken.)

1. (im Vorfeld) **Vorbereitung**

Vorbereitung

Laden Sie den Auszubildenden frühzeitig zum Gespräch ein,

informieren Sie ihn dabei auch über das Thema. Bereiten Sie den Raum vor, sorgen Sie dafür, dass Sie während des Gesprächs nicht gestört werden. Halten Sie besonders bei längeren Gesprächen etwas zu trinken bereit. Bereiten Sie sich inhaltlich auf das Gespräch vor: Was möchten Sie mit dem Azubi besprechen? Eventuell kann es auch helfen, einen ungefähren Gesprächsablauf festzulegen und sich über das Gesprächsziel Gedanken zu machen (seien Sie aber bereit, je nach Gesprächsverlauf flexibel zu reagieren).

2. Begrüßung

Small Talk

Begrüßen Sie den Auszubildenden zum Gespräch, nehmen Sie sich Zeit für ein paar Minuten Small Talk. Erfragen Sie ruhig auch, wie es ihm geht und wie es ihm in seiner derzeitigen Abteilung gefällt. Einzige Ausnahme: Bei einem Kritikgespräch, einer Abmahnung oder ähnlich unangenehmen Dingen sollten Sie nach der Begrüßung direkt zur Sache kommen. Erläutern Sie dem Auszubildenden den Grund für das Gespräch und leiten Sie dann direkt zum Thema über.

3. Hauptteil (je nach Gesprächsart)

Bei einem **Beurteilungsgespräch** vergleichen Sie nun die Selbsteinschätzung des Auszubildenden mit der Bewertung des Abteilungsleiters bzw. mit Ihrer eigenen. Besprechen Sie die Bewertung mit dem Azubi, gehen Sie dabei vor allem auf Abweichungen zwischen seiner Selbsteinschätzung und der Fremdeinschätzung ein. Klären Sie, woher diese Abweichungen kommen – warum sieht der Auszubildende sich so? Wenn Probleme bestehen: Was können Sie tun, um diese zu beheben? Bitten Sie unter Umständen auch den Abteilungsleiter dazu, um bestimmte Fragen direkt zu klären. Nehmen Sie bei Bedarf eine Stellungnahme des Auszubildenden mit auf.

Nach einem **Abteilungswechsel** werden Sie zuerst den normalen Beurteilungsbogen durchgehen, fragen Sie danach aber auch mithilfe der „Sachlichen und zeitlichen Gliederung" für den jeweiligen Ausbildungsberuf ab, ob der Auszubildende wirklich alle Inhalte in der betreffenden Abteilung vermittelt bekommen hat. Klären Sie Defizite. Fragen Sie den Auszubildenden nach seiner Meinung über diese Abteilung. Hat ihm die Arbeit dort Spaß gemacht? Fiel sie ihm leicht oder schwer? Wie war sein sonstiger Eindruck?

Zusätzlich zu diesen Gesprächen sollten regelmäßig auch **allgemeine Gespräche** stattfinden. Fragen Sie Ihren Auszubildenden, wie er im Betrieb und in der Berufsschule zurechtkommt, lassen Sie sich seine Klausuren zeigen (loben bei guten Ergebnissen, Gründe für schlechte Ergebnisse klären und bei Bedarf Gegenmaßnahmen ergreifen). Wie gefällt es dem Azubi in der jeweiligen Abteilung? Liegen ihm diese Aufgaben? Dies ist wichtig für den späteren Einsatz nach der Ausbildung. Außerdem können Sie bei diesen allgemeinen, regelmäßigen Gesprächen die Ausbildungsnachweise mit ihm durchgehen.

Bei allen sonstigen Gesprächen (**Lob oder Kritik, besondere Vorfälle**, ...) gilt: Besprechen Sie immer sachlich, worum es geht. Sagen Sie bei einem Lob auch, warum Sie in diesem Falle besonders zufrieden sind. Was hat der Auszubildende gut gemacht? Gehen Sie bei Kritik genauso vor: Was hat Ihnen missfallen, was sollte der Auszubildende zukünftig ändern? Nur wenn er versteht, worin sein Fehler lag, hat er die Möglichkeit, diesen das nächste Mal zu vermeiden, beziehungsweise kann sein Verhalten anpassen. Ganz wichtig: Geben Sie dem Auszubildenden immer die Möglichkeit, die Sache aus seiner Sicht zu schildern.

Gesprächs-abschluss

4. Abschluss des Gesprächs und Nachbereitung

Gesprächs-nachbereitung

Fassen Sie nach einem längeren Gespräch die wichtigsten Punkte nochmals kurz zusammen (zwei bis drei Sätze), eventuell auch gemeinsam mit Ihrem Auszubildenden oder er übernimmt dies. Halten Sie das Ergebnis am besten schriftlich fest (Besprechungsprotokoll) und lassen Sie dem Azubi eine Kopie zukommen, das Original legen Sie dann in Ihre Akte. Verabschieden Sie den Auszubildenden höflich und dem Anlass entsprechend. Halten Sie die getroffenen Vereinbarungen in den regelmäßigen Gesprächen nach. Loben Sie für Fortschritte!

Tipp:

Dieser Gesprächsleitfaden enthält eine gute Übersicht der wichtigsten Punkte für Gespräche mit Auszubildenden. Drucken Sie diese gerne aus (Homepage) und halten Sie sie zur Vor- und Nachbereitung Ihrer ersten Azubi-Gespräche bereit. So wird nichts vergessen und Sie erhalten zusätzliche Sicherheit.

Zusammenfassung

Besonders wichtig in der Ausbildung sind die regelmäßigen Gespräche: Setzen Sie sich einmal pro Woche zusammen, schauen Sie über das Berichtsheft und besprechen Sie, was aktuell in der Schule und im Betrieb ansteht. Auch allgemeine Themen können hier zur Sprache kommen, Feedback kann gegeben und Vereinbarungen nachgehalten werden. Schwieriger wird es bei Kritikgesprächen: Denken Sie immer daran, sich auch die Sicht des Auszubildenden anzuhören und finden Sie gemeinsam eine gute Lösung – die Sie dann auch umsetzen und nachhalten. Der Gesprächsleitfaden am Ende des Kapitels gibt eine gute Übersicht und ist eine kleine Umsetzungshilfe für den Anfang.

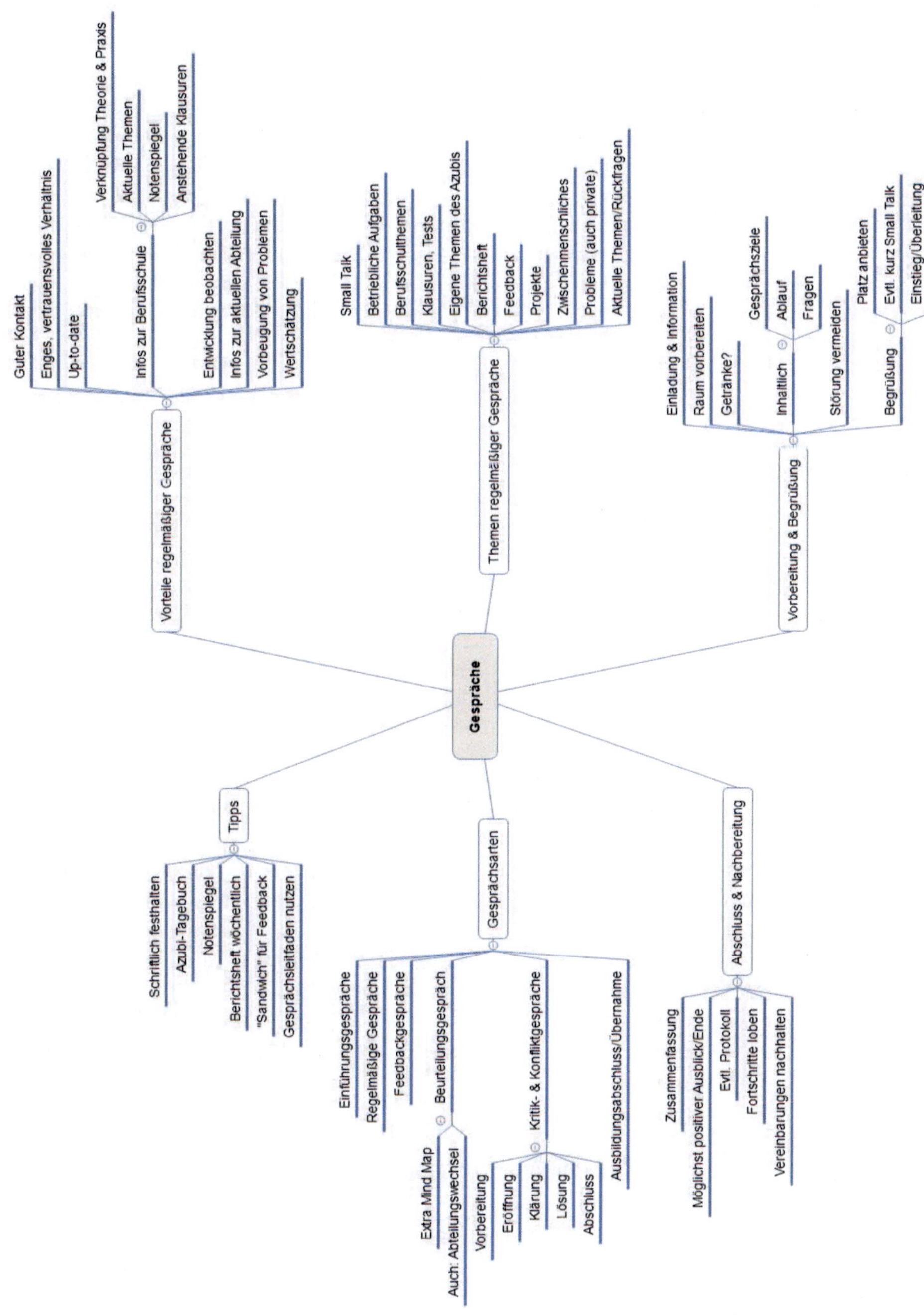
Gespräche
Vorteile regelmäßiger Gespräche
Guter Kontakt
Enges, vertrauensvolles Verhältnis
Up-to-date
Infos zur Berufsschule
Verknüpfung Theorie & Praxis
Aktuelle Themen
Notenspiegel
Anstehende Klausuren
Entwicklung beobachten
Infos zur aktuellen Abteilung
Vorbeugung von Problemen
Wertschätzung
Themen regelmäßiger Gespräche
Small Talk
Betriebliche Aufgaben
Berufsschulthemen
Klausuren, Tests
Eigene Themen des Azubis
Berichtsheft
Feedback
Projekte
Zwischenmenschliches
Probleme (auch private)
Aktuelle Themen/Rückfragen
Vorbereitung & Begrüßung
Einladung & Information
Raum vorbereiten
Getränke?
Inhaltlich
Gesprächsziele
Ablauf
Fragen
Störung vermeiden
Begrüßung
Platz anbieten
Evtl. kurz Small Talk
Einstieg/Überleitung
Tipps
Schriftlich festhalten
Azubi-Tagebuch
Notenspiegel
Berichtsheft wöchentlich
"Sandwich" für Feedback
Gesprächsleitfaden nutzen
Gesprächsarten
Einführungsgespräche
Regelmäßige Gespräche
Feedbackgespräche
Beurteilungsgespräch
Extra Mind Map
Auch: Abteilungswechsel
Kritik- & Konfliktgespräche
Vorbereitung
Eröffnung
Klärung
Lösung
Abschluss
Ausbildungsabschluss/Übernahme
Abschluss & Nachbereitung
Zusammenfassung
Möglichst positiver Ausblick/Ende
Evtl. Protokoll
Fortschritte loben
Vereinbarungen nachhalten

6. Beurteilungen: Entwicklung der Azubis beobachten und fördern

In diesem Kapitel geht es um die „großen“ Beurteilungen, also nicht um das kurze Feedback zu einer konkreten Sache, sondern um eine ausführliche Beurteilung über die Entwicklung in einem längeren Zeitraum oder in einer bestimmten Abteilung, normalerweise mithilfe eines Beurteilungsbogens. Außerdem geht es um die typischen Beurteilungsfehler und wie Sie diese vermeiden können sowie um den Abteilungswechsel der Auszubildenden.

6.1 Beurteilungen und der Beurteilungsbogen

Zeugnis

Wie schon in den vorherigen Kapiteln aufgezeigt, ist es für die Jugendlichen, besonders am Anfang, sehr schwierig, ihre Leistung einzuschätzen. Sie kennen bisher nur die Schule, das heißt, das System in der Berufsschule mit Klausuren, Tests, Noten und Zeugnissen ist ihnen bestens vertraut. Im betrieblichen Alltag jedoch bleiben die Fragen: Erledige ich meine Aufgaben gut? Ist der Ausbilder mit mir zufrieden? Gibt es etwas, das ich noch verbessern könnte? Um den Jugendlichen diese Unsicherheiten zu nehmen, geben Sie zum einen regelmäßig und zeitnah Feedback, wie im vorherigen Kapitel beschrieben. Zum anderen sollten aber auch nach fest definierten Zeitabständen ausführlichere Bewertungen durchgeführt werden, am besten mithilfe eines Beurteilungsbogens.

Feedback

Personalakte

Beurteilungen

Ausbildungszeugnis

Zur Unterscheidung: Beim Feedback geht es nur um eine kurze Rückmeldung, z. B. zu einer bestimmten Aufgabe oder dem Verhalten des Azubis, und es sollte immer möglichst zeitnah erfolgen. Gewöhnlich wird es eher formlos durchgeführt (ohne Beurteilungsbogen oder Ähnliches), und wird auch normalerweise nicht dokumentiert. Die Beurteilungen hingegen sind offizieller, werden in der Personalakte dokumentiert und bieten somit hinterher auch eine gute Grundlage für das Ausbildungszeugnis (dazu mehr im letzten Kapitel Ausbildungsende und Übernahme)

Beurteilungsbogen

Zu empfehlen ist aber eine Kombination von beidem: Regelmäßiges Feedback, möglichst zeitnah zu Vorgängen oder Entwicklungen und zusätzlich das große Beurteilungsgespräch mit Dokumentation (Beurteilungsbogen). Ohne die Feedbackgespräche erfährt der Azubi eventuell erst nach sechs Monaten in einer Abteilung (während des Beurteilungsgesprächs), was er eigentlich schon vor fünf Monaten hätte anders machen sollen. Also reflektieren Sie das Verhalten und die Arbeit des Azubis regelmäßig und geben Sie ihm Feedback. Andersherum, ohne die dokumentierten Beurteilungsgespräche, fällt es Ihnen hinterher deutlich schwerer, ein Zeugnis zu schreiben, die Entwicklung des Azubis nachzuvollziehen oder die Leistungen des Azubis einer Abteilung zuzuordnen. Auch der Auszubildende weiß nichts über seine Entwicklung. Dabei kann ein Aufzeigen der positiven Entwicklung im Laufe der Ausbildung enorm zur Motivation beitragen, die positive Entwicklung verstärken und den Auszubildenden überhaupt erst in die richtige Richtung lenken. Daher nutzen Sie am besten beides: Feedback und Beurteilungsgespräch.

Beurteilungsgespräche

In den Beurteilungsgesprächen sollte ein allgemeiner Überblick gegeben werden, zum Beispiel zu den folgenden Punkten:

- Ordnung/Sauberkeit
- Pünktlichkeit
- Verhalten gegenüber Kollegen, Vorgesetzten und Kunden (falls hier ebenfalls Kontakt besteht)
- Selbstständigkeit (bei der Erfüllung der Aufgaben)
- Kritikfähigkeit/Kommunikation
- Selbstorganisation
- Arbeitsgüte
- Arbeitsgeschwindigkeit
- Lernfähigkeit/Auffassungsgabe
- Motivation (Arbeitswille, Fleiß etc.)
- Persönliches Verhalten (Einhalten von Vereinbarungen, Ehrlichkeit etc.)

Natürlich können Sie diese Liste noch sehr lange fortsetzen. Dies sind nur einige Punkte, die aber die wichtigsten Überbegriffe gut abdecken. Gerne können Sie sich aus diesen Punkten einen eigenen Beurteilungsbogen zusammenstellen oder Sie greifen auf einen unserer Musterbogen im Downloadbereich zurück.

Ein Beurteilungsbogen bietet den großen Vorteil, dass das Gespräch damit gut vorbereitet werden kann und strukturiert abläuft. Sie achten bei allen Azubis auf die gleichen

Punkte, machen sich im Vorfeld Gedanken, was auch hilft, Beurteilungsfehler zu vermeiden und die Gespräche für alle fair zu gestalten. Natürlich können Sie trotzdem auf jedem Bogen noch individuelle Anmerkungen unterbringen. Schauen Sie sich gerne die unterschiedlichen Bogen im Downloadbereich an. Sie finden komplett strukturierte, auf denen nur angekreuzt wird und unten nur etwas Platz für Anmerkungen ist und genauso sehr ausführliche, bei denen (fast) nur auf ausformulierten Text gesetzt wird sowie verschiedene Zwischenschritte.

Der Vorteil beim strukturierten Bogen: Er ist sehr leicht vergleichbar, sowohl für Auszubildende untereinander als auch für die Entwicklung eines einzelnen Azubis im Laufe der Zeit bzw. in verschiedenen Abteilungen. Dies ist bei Freitext deutlich schwieriger oder sogar gar nicht möglich. Außerdem sind Ausbildungsbeauftragte und Abteilungsleiter meist eher bereit, einen kurzen Ankreuzbogen auszufüllen, als einen langen Freitext zu formulieren. Umgekehrt ist ein Bogen mit möglichst viel freiem Text viel individueller und wird dem Azubi evtl. eher gerecht als die vordefinierten Felder. Entscheiden Sie selbst, was für Sie am besten passt. Meist erweist sich eine Kombination aus strukturierten Ankreuzfeldern und einigen Freitextbereichen als sinnvoll.

Tipp:

Ausbildungs-rahmenplan

Übernahme

Des Weiteren können Sie in Ihrem Beurteilungsbogen noch viele weitere Punkte abfragen, z. B. ob alle wesentlichen Aufgaben und Ziele der Abteilung vermittelt werden konnten, bzw. ob der Ausbildungsrahmenplan abgedeckt werden konnte. Auch die Frage, ob sich der Bewertende (Sie als Ausbilder, der Ausbildungsbeauftragte, der Abteilungsleiter) eine Übernahme in dieser Abteilung vorstellen könnte, kann hier gut untergebracht werden und liefert hinterher einen guten Anhaltspunkt. Dies sollte im Gespräch allerdings unbedingt auch mit den Vorstellungen und Wünschen des Azubis abgeglichen werden.

Bewertungs-grundlagen

Erwartungen

Wichtig ist auch, dass der Auszubildende weiß, was die Bewertungsgrundlagen sind, was von ihm erwartet wird, und dass er die Punkte kennt, die in Ihrem Unternehmen besonders wichtig sind. Sprechen Sie daher im Vorfeld mit ihm über Ihre Erwartungen und über die internen Gepflogenheiten. Nehmen Sie sich dafür besonders am Anfang etwas Zeit und erklären Sie Ihrem Azubi das komplette Beurteilungsprozedere – es ist schließlich neu für ihn.

Beurteilungstagebuch

Falls Sie sich schwer tun mit der Beurteilung und bei manchen Punkten nicht wissen, was Sie schreiben sollen, könnte Ihnen ein Beurteilungstagebuch helfen. Dies ist auch sinnvoll, um die Entwicklung über einen längeren Zeitraum nachzuverfolgen, sodass die Beurteilung wirklich den kompletten Beurteilungszeitraum erfasst und nicht nur eine Momentaufnahme der letzten Tage darstellt. Schreiben Sie dazu einfach in regelmäßigen Zeiträumen auf, was Ihnen an Ihrem Azubi aufgefallen ist: Welche positiven Entwicklungen gibt es? Wo hat er eine Aufgabe gut (und schnell?) erfüllt? Wo hapert es noch? Wo sollte er sich noch verbessern? Notieren Sie am besten direkt jeweils in der konkreten Situation, wenn Ihnen etwas auffällt, das geht Ihnen mit der Zeit in Fleisch und Blut über und wird zu einer Angewohnheit. Gerade am Anfang kann es aber auch hilfreich sein, sich einen regelmäßigen Zeitpunkt für den Eintrag ins Tagebuch zu setzen. Das können pro Tag zwei Minuten sein oder einmal pro Woche (z. B. zur Vorbereitung auf Ihr regelmäßiges Gespräch) fünf bis zehn Minuten. Auch in den Gesprächen wird Ihnen das Buch für Ihr Feedback gute Dienste leisten. Und natürlich können Sie auch den Eindruck aus den Gesprächen (Wie ist er mit Kritik umgegangen? Hat er von sich aus Fragen gestellt? Zeigt er Interesse? etc.) im Beobachtungsbuch festhalten. Informieren Sie den Azubi ruhig über Ihr Buch, nicht dass bei ihm der Eindruck des Ausbilders mit seinem geheimnisvollen Buch entsteht. Gehen Sie offen damit um. Hinweise, wie Sie das Beobachtungstagebuch auch sehr gut digital führen können, finden Sie im Kapitel Tipps und Tricks.

⇨ **Beispiel:**
Der Auszubildende hat ein komplexes Werkstück allein fertiggestellt oder ein sehr gutes Kundentelefonat geführt: Loben Sie ihn direkt im Anschluss und vermerken Sie dies auch in Ihrem Beobachtungstagebuch. Sie können dies dann im Beurteilungsbogen als positives Beispiel mit vermerken. Andersherum: Wenn der Azubi die Pause wieder zehn Minuten überzogen hat, sollten Sie darüber ebenfalls sofort mit ihm sprechen. Aber auch hier ist ein Vermerk im Beobachtungstagebuch sinnvoll, um sich später daran zu erinnern. Bei den meisten Menschen ist es allerdings so, dass sie sich an die negativen Sachen viel besser erinnern. Die meisten Ausbilder haben also die verlängerte Pause später eher im Kopf als die gute Arbeit. Daher ist es besonders bei den positiven Punkten sehr wichtig, sich diese zu notieren. Aber auch kleine

Entwicklungsschritte können so viel besser nachvollzogen werden.

Selbsteinschätzung

Selbstreflexion

Geben Sie eine Kopie des Beurteilungsbogens an den Auszubildenden weiter, wenn Sie ihn zum Beurteilungsgespräch einladen (ein paar Tage vor dem Gespräch), und bitten Sie ihn, sich selbst einzuschätzen, und den ausgefüllten Bogen zum Gespräch mitzubringen. Dies fällt vielen Jugendlichen besonders am Anfang schwer, ist aber eine wertvolle Eigenschaft (Selbstreflexion), die Sie auf diese Weise auch bei Ihrem Azubi trainieren können. Im Gespräch haben Sie mit der Selbsteinschätzung des Azubis eine gute Grundlage, um einige Punkte nochmals diskutieren zu können. Vor allem können Sie die Punkte, bei denen es eine große Abweichung gibt, ausführlich erläutern; dies hilft auch, Missverständnissen vorzubeugen. Auch können Sie abfragen, ob es noch Punkte gibt, die in der aktuellen Abteilung/im aktuellen Lernfeld vermittelt werden sollten oder ob es Seminar-/Weiterbildungswünsche beim Azubi gibt.

Beurteilung des Ausbilders

Eine weitere mögliche Ergänzung im Bogen wäre eine Beurteilung des Ausbilders/Ausbildungsbeauftragten durch den Auszubildenden. Vor dieser Möglichkeit schrecken viele zurück. Entweder weil sie Angst haben, bloßgestellt zu werden, weil sie meinen, dass einem Azubi diese Beurteilung nicht zusteht oder aus diversen anderen Gründen (besonders wenn ein Ausbildungsbeauftragter die Ausbildung in der Abteilung verantwortet, steckt auch manchmal Angst vor einem Gesichtsverlust vor dem Vorgesetzten als Sorge dahinter). Auch wenn es also ein paar Gründe dagegen gibt, überwiegen meiner Ansicht nach die Vorteile: Der Ausbilder erhält ein klares Feedback zu seiner Arbeit. Dies kann Lob oder auch Kritik sein, wodurch er entweder bestätigt wird oder aber weiß, bei welchen Punkten er sich noch verbessern kann. Dies hilft enorm, die Ausbildung im Unternehmen zu verbessern, da die Qualität der Ausbildung immer zum großen Teil von den Menschen abhängt, die diese betreuen und verantworten. Außerdem zeigt der Ausbilder damit eine große Offenheit für Feedback und Kritik, also genau das Verhalten, das er sich auch von seinem Azubi wünscht.

Feedback für die Abteilung

Als Letztes können Sie in den Beurteilungsbogen noch ein Feedback für die Abteilung mit einbauen. Je nachdem, wie umfangreich Sie dies gestalten möchten, bietet sich hierzu auch ein Extra-Bogen an. Darin können auch allgemeine Feedbackpunkte abgefragt werden, ob die Aufgaben und

Ziele der Abteilung klar sind (auch in Verbindung mit den theoretischen Inhalten aus der Berufsschule) und ob alle Ausbildungsinhalte laut Ausbildungsrahmenplan vermittelt wurden. Des Weiteren kann der Azubi angeben, ob er sich nach seiner Übernahme eine Arbeit in dieser Abteilung vorstellen könnte (evtl. noch, welche Arbeit) und ob er mit der Ausbildung im Unternehmen/dem Unternehmen an sich zufrieden ist oder ob es Wünsche gibt, die offen bleiben. Der wichtigste Punkt ist jedoch, ob es einen Verbesserungsvorschlag für die Abteilung gibt, z. B. im Bereich der Arbeitsorganisation, der Digitalisierung, Teamzusammenarbeit, der Abläufe etc. Fragen Sie z. B. so: „Sind Ihnen in der Abteilung Abläufe aufgefallen, die wir verbessern/vereinfachen können?" oder „Was lief nach Ihrer Meinung nicht optimal in der Abteilung? Und wie können wir dies verbessern?"

Oftmals haben Auszubildende hier einen besseren Überblick, da sie alle Abteilungen des Unternehmens durchlaufen. Außerdem haben sie sich noch nicht die „Betriebsblindheit" angeeignet, die sich bei den meisten Mitarbeitern (aber natürlich auch Vorgesetzten) mit der Zeit meist unweigerlich einstellt. Für die Azubis bedeutet es auch eine Wertschätzung, wenn ihre Meinung gefragt ist und sie Verbesserungsvorschläge mit anbringen dürfen – ganz besonders, wenn sie merken, dass sie damit auch etwas bewirken können, dass sich auf Grund ihrer Vorschläge wirklich etwas zum Besseren wendet.

Praxisbeispiel:
Ein Unternehmen, das diese Verbesserungsvorschläge von seinem Auszubildenden ebenfalls abfragte, bekam die Rückmeldung, dass ein Durchschlagbogen aus der Abteilung Vertrieb zum Großteil unnötig war. Der Bogen wurde mit 5-fachem Durchschlag jeweils vor Ort ausgefüllt, das Original kam in den Verkaufsvorgang, ein Durchschlag in die allgemeine Vertriebsablage, ein Durchschlag ging zur Buchhaltung, einer zum Controlling und einer in die Disposition/Auftragsabwicklung. Aus seiner vorherigen Tätigkeit in den anderen Abteilungen wusste der Azubi, dass Buchhaltung und Controlling den Durchschlag überhaupt nicht benötigen und dieser dort weggeschmissen wurde. Bei rund 15–20 Verkaufsvorgängen am Tag war das somit 30- bis 40-mal unnötige Arbeit. Das sind immerhin rund 70 Minuten pro Tag, 24,5 Stunden im Monat. Auf Grund des Verbesserungsvorschlags wurden diese beiden Bogen direkt weggelassen. Es wurde aber auch der

komplette Prozess nochmals hinterfragt: Ein paar Monate später wurde umgestellt auf einen einfachen Bogen, komplett ohne Durchschläge, da auch die anderen Vorgänge effizienter gestaltet werden konnten.

Abschlussbericht

Abschlusspräsentation

Zuletzt noch eine Möglichkeit, die ebenfalls in manchen Unternehmen noch zusätzlich eingesetzt wird: Die Azubis schreiben einen Abschlussbericht über die Aufgaben und Ziele der Abteilung. Dabei kann man sehr gut herauslesen, ob die wesentlichen Punkte verstanden wurden. Außerdem schult dies das schriftliche Ausdrucksvermögen der Auszubildenden. Eine weitere Möglichkeit: Die Azubis halten zu jeder Abteilung eine kurze Abschlusspräsentation und bekommen abschließend Fragen dazu gestellt. In diesen Fragen kann man auch Punkte aus dem oben genannten Abteilungsbewertungsbogen mit aufnehmen. Der Azubi sollte sich dann aber im Vorfeld in Ruhe darauf vorbereiten können, sonst laufen die Fragen meist ins Leere. Dies hat den Vorteil, dass man die Punkte auch sehr gut nochmals durchsprechen kann (wobei man dies natürlich bei dem Bogen im abschließenden Beurteilungsgespräch ebenfalls kann).

Der wichtigste Vorteil ist aber, dass dies eine wunderbare Übung und Vorbereitung für die Zwischen- oder Abschlussprüfung ist, bei der mittlerweile bei vielen Berufen ebenfalls präsentiert werden muss. Und Auszubildende, die hier schon Erfahrung haben, verfügen über einen entscheidenden Vorteil und haben viel weniger mit Nervosität zu kämpfen als andere, die zum allerersten Mal vor einer Gruppe präsentieren. Nutzen Sie diese Präsentationen auch ruhig, um Ihren Azubis nach und nach Tipps zum Thema Präsentation und Rhetorik mitzugeben. Erwarten Sie nicht beim ersten Mal eine perfekte Präsentation, sondern leiten Sie Ihre Azubis an, dass diese sich nach und nach verbessern können. Alternativ oder zusätzlich können Sie Ihren Azubis auch ein Seminar zum Thema Rhetorik und Präsentation zugutekommen lassen. Von diesem sicheren Auftreten werden Ihre Schützlinge auch weit über die Ausbildung hinaus noch profitieren können.

Tipp:

Manchen Auszubildenden läuft es schon kalt den Rücken hinunter, wenn sie den Begriff „Beurteilungsgespräch" hören – manchen Ausbildern übrigens auch. Das liegt daran, dass diese Gespräche oft dazu missbraucht werden, nur die Fehler aufzuzählen, also mehr einem Kritikgespräch gleichen. Das sollte nicht sein. Der Azubi soll nicht „abgeurteilt“, sondern beurteilt werden. Manche Unternehmen verwenden auch mittlerweile bewusst einen anderen Namen für das Beurteilungsgespräch, z. B. Entwicklungsgespräch. Eine schöne Sichtweise ist auch, das Gespräch als Gelegenheit zu sehen, bei der der Azubi Ihnen zeigen kann, wie er sich weiterentwickelt hat – bzw. Sie ihm dies aufzeigen und bewusst machen können.

Entwicklungsgespräch

6.2 Der optimale Zeitpunkt

Zeitpunkt

In manchen Betrieben werden diese Gespräche monatlich geführt, was natürlich einen sehr hohen Aufwand darstellt. Dafür hat man hinterher eine große Anzahl an Beurteilungsbogen und einzelne Schwankungen in der Leistung fallen nicht so sehr ins Gewicht. In anderen Betrieben wird nur einmal im Jahr ein ausführliches Beurteilungsgespräch mit Bogen genutzt. Dafür werden zwischendurch die kurzen Feedbackgespräche intensiv genutzt. Damit liegen aber, wenn die Entscheidung zur Übernahme getroffen werden muss, nur zwei Beurteilungsbogen vor. Außerdem sind die Abstände sehr groß, sodass eine kontinuierliche Entwicklung nur schwer begleitet werden kann. Ein Beurteilungsgespräch pro Quartal wäre hier vielleicht ein guter Kompromiss. Viermal im Jahr ist vom Aufwand her noch gut zu händeln und die Azubis haben jeweils drei Monate Zeit für ihre weitere Entwicklung und um die Vorschläge aus den Gesprächen umzusetzen. Optimalerweise sollte auch dies ergänzt werden mit direktem Feedback in den regelmäßigen Gesprächen.

Eine weitere Möglichkeit, die ebenfalls in vielen Unternehmen genutzt wird, ist es, die ausführliche Beurteilung immer zum Abteilungswechsel anzusetzen. So kann das Verhalten und die Arbeit in der jeweiligen Abteilung gut über den Bogen abgedeckt werden. Um dem Azubi hier aber auch eine Weiterentwicklung zu ermöglichen, ist es wichtig, ihm auch zwischendurch Feedback zu geben oder bei längeren Abteilungsaufenthalten noch eine Zwischenbeurteilung einzufügen. Nachteil dieses Systems ist, dass man auf diese Weise mal Bewertungen nach nur einem Monat und mal Bewertungen erst nach acht Monaten erhält (hier wäre dann wirklich eine Zwischenbeurteilung sinnvoll). Dadurch können die Einschätzungen natürlich schon sehr unterschiedlich ausfallen. Dafür sieht

Abteilungswechsel

Zwischenbeurteilung

man genau, wie sich der Auszubildende in der jeweiligen Abteilung gemacht hat, was wieder Anhaltspunkte für die spätere Übernahme geben kann.

⇨ **Praxisbeispiel:**
Die eks Engel FOS GmbH & Co. KG aus Wenden ist ein mittelständisches Unternehmen der Elektrobranche, bei welchem insgesamt fünf Jugendliche ihre Ausbildung absolvieren. Hier sind die Beurteilungen so organisiert, dass die Azubis nach jedem Abteilungswechsel eine Beurteilung erhalten. Zwischendurch wird in den regelmäßigen Gesprächen immer wieder Feedback gegeben. Zusätzlich gibt es aber eine Besonderheit: Einen jährlichen Entwicklungsbogen, in dem es hauptsächlich um die Soft Skills der Auszubildenden geht. Hier wird die Entwicklung über die drei Jahre der Ausbildung verfolgt und den Azubis Hilfestellung gegeben, sich selbst weiterzuentwickeln und an ihrer Persönlichkeit zu arbeiten. Natürlich wird auch dieser Bogen ausführlich besprochen. Über die drei Jahre der Ausbildung hinweg wird so wunderbar die durchweg positive Entwicklung der Auszubildenden sichtbar. Wenn dies hilfreich erscheint, können die Azubis auch bei bestimmten Eigenschaften Unterstützung erhalten, z. B. in Form von Seminaren (Selbstmanagement, Rhetorik etc.) oder eines persönlichen Coachings.

6.3 Das Beurteilungsgespräch

Zielvereinbarung

Natürlich gehört der ausgefüllte Bogen auch besprochen und evtl. mit der Selbsteinschätzung abgeglichen. Außerdem kann man in diesem Gespräch gemeinsam eine Zielvereinbarung für die Zukunft treffen, wenn dies je nach Beurteilung sinnvoll ist. Wenn Sie Ihrem Auszubildenden regelmäßig Feedback gegeben haben, ist die Aufregung für das Beurteilungsgespräch auch nur noch halb so groß. Der Azubi weiß ja im Großen und Ganzen, wie er von Ihnen gesehen wird. Nun bekommt er nochmals einen Überblick über einen größeren Zeitraum schwarz auf weiß vorgelegt.

Zuerst einmal laden Sie Ihren Auszubildenden rechtzeitig zum Gespräch ein und übergeben ihm dafür – falls dies in Ihrem Unternehmen umgesetzt werden soll – einen Bogen zur Selbsteinschätzung. Sorgen Sie für einen ruhigen Raum, in dem Sie für die Dauer des Gesprächs nicht gestört werden. Nehmen Sie sich diese Zeit nur für Ihren Azubi, auch dies ist ein Zeichen von Wertschätzung. Das Telefon/

Smartphone bleibt aus, dies können Sie dann auch von Ihrem Azubi fordern – gehen Sie hier mit gutem Beispiel voran. Sorgen Sie evtl. auch für einen netten Rahmen mit Kaffee/Getränken und vielleicht sogar Keksen, wenn dies in Ihrem Unternehmen bei Besprechungen üblich ist. Auch dadurch, dass Sie diesem Gespräch einen besonderen Rahmen geben, zeigen Sie dem Azubi, dass er Ihnen wichtig ist.

Begrüßen Sie ihn zu Beginn des Termins, starten Sie mit einem kurzen Small Talk. Schauen Sie sich als kleine Hilfestellung auch gerne nochmals unseren Gesprächsleitfaden aus dem vorherigen Kapitel oder im Downloadbereich an, auf dem Sie kompakt alle Tipps für gelungene Gespräche finden. Gehen Sie danach zum eigentlichen Thema über: Lassen Sie sich vom Azubi seine Selbsteinschätzung zeigen und legen Sie Ihre Bewertung daneben. Danach sprechen Sie die Beurteilung Punkt für Punkt durch. Besonders eingehen sollten Sie vor allem auf die Punkte, bei denen die Selbsteinschätzung und Ihre Fremdwahrnehmung voneinander abweichen. Hinterfragen Sie, warum der Azubi sich dort so eingeschätzt hat, und erläutern Sie, wodurch Ihre Beurteilung zustande gekommen ist. Sehr hilfreich sind auch Beispiele, anhand derer Sie die Bewertung erklären können. Formulieren Sie auch, was Sie sich noch gewünscht hätten, falls die Benotung nicht optimal ausgefallen ist. Was hätte der Azubi an seinem Verhalten oder seiner Arbeitsweise ändern sollen? Besprechen Sie mit ihm gemeinsam, was er bis zur nächsten Beurteilung ändern wird. Nutzen Sie dabei gerne eine Zielvereinbarung, die Sie möglichst zusammen formulieren sollten. Bei der Formulierung eines solchen Ziels kann Ihnen die SMART-Formel gute Dienste leisten:

SMART-Formel

S – Spezifisch

M – Messbar

A – Attraktiv

R – Realistisch

T – Terminiert

Mit „spezifisch“ ist gemeint, dass das Ziel individuell und aussagekräftig mit dem Auszubildenden formuliert werden sollte. Außerdem sollte es „messbar“ sein, das heißt, konkrete Werte enthalten, die erreicht werden sollen. Ein Beispiel hierfür „Ich möchte mich in der Berufsschule in Englisch verbessern“ ist nicht messbar. Das Ziel „Ich möchte mich in Englisch von einer fünf auf mindestens eine vier verbessern." enthält einen messbaren Wert. Wenn ein Ziel „attraktiv" ist, erreicht der Azubi es natürlich doppelt gerne. Stellen Sie also gemeinsam den Nutzen des Ziels heraus, um für die nötige Motivation zur Zielerreichung zu sorgen. Ein starkes „Warum?" (Warum möchte ich dieses Ziel erreichen) ist dabei sehr hilfreich. Das Ziele auch „realistisch" sein sollten, versteht sich fast von selbst – denn woher sollen die Azubis ihre Motivation nehmen, ein Ziel zu erreichen, wenn es ohnehin als unerreichbar gilt? Im Beispiel mit der Englischnote wäre das oben genannte Ziel auch realistisch; eine Verbesserung von der Note 5 auf eine Note 1 zu erwarten (innerhalb kürzester Zeit) wäre kaum realistisch. Der letzte Punkt „terminiert" ist auch ganz wichtig, denn ohne den würde die Zielvereinbarung vielleicht im Sande verlaufen, wenn nicht klar ist, bis wann das Ziel erreicht werden soll. Soll der Azubi sich innerhalb eines halben Jahres um eine Note verbessern? Innerhalb eines Jahres? Oder erst bis zum Ende der Ausbildung? Erst durch die Terminierung wird das vereinbarte Ziel auch wirklich messbar.

⇨ Ein ausführliches Beispiel hierzu: „Ich werde meine Englischnote in der Berufsschule bei der nächsten Klausur im Februar um mindestens eine Note auf eine vier verbessern. Außerdem werde ich mich für das Zeugnis ebenfalls mindestens auf eine vier stabilisieren. Für das nächste Ausbildungsjahr strebe ich eine weitere Verbesserung in Englisch auf die Zeugnisnote drei an. Wenn ich dies schaffe, besteht für mich die Übernahmemöglichkeit in der Abteilung Vertrieb, wo ich am Telefon immer wieder Englisch benötigen werde. Um mein Ziel zu erreichen, werde ich mir ab sofort Nachhilfeunterricht nehmen (ausbildungsbegleitende Hilfen – siehe Exkurs Berufsschule) und mindestens drei Wochen vor der nächsten Klausur jeden Tag eine halbe Stunde lernen."

Hier wurde die SMART-Formel umgesetzt, das Ziel ist spezifisch und messbar (sowohl das Endziel als auch das Zwischenziel – auch Meilenstein genannt). Ein solcher Meilenstein ist immer dann sinnvoll, wenn das Ziel über einen längeren Zeitraum verfolgt werden soll, damit es messbare Zwischenpunkte gibt, um zu schauen, ob man auf dem richtigen Weg ist und gegebenenfalls nachkorrigieren kann. Es ist attraktiv (der Azubi kann im Vertrieb – seiner Wunschabteilung – übernommen werden), realistisch und terminiert. Außerdem enthält es direkt einen Umsetzungsschritt (Nachhilfeunterricht und eingeplante Lernzeiten), um auch wirklich ins Tun zu kommen.

M&M-Formel

Tipp: Die SMART-Formel ist Ihnen zu kompliziert? Versuchen Sie es doch mal mit M&M ... Nicht die Schokodragees, sondern die M&M-Formel: machbar und messbar. Ein Ziel sollte machbar sein, also realistisch (und natürlich möglichst individuell und attraktiv), und messbar, also konkrete Werte enthalten, die zu einem bestimmten Zeitpunkt erreicht werden sollten, womit Sie praktischerweise auch das „terminiert" aus der SMART-Formel abgedeckt haben, denn ohne einen Endtermin ist ein Wert nicht wirklich messbar. Sie haben also mit M&M – machbar & messbar – die wichtigsten Punkte aus der SMART-Formel in verkürzter Weise abgedeckt.

Nachdem Sie gemeinsam ein solches Ziel formuliert haben, planen Sie mit Ihrem Auszubildenden auch direkt die nächsten Schritte, wie in unserem Beispiel oben. Was muss der Azubi konkret (bis wann?) tun, um sein Ziel zu erreichen? Wo benötigt er Unterstützung? Was können Sie tun, um ihm zu helfen? Bleiben Sie auch danach in den regelmäßigen Gesprächen an den vereinbarten Zielen dran: Wie weit ist der Auszubildende mit der Umsetzung? Was hat schon gut geklappt? Wo gibt es noch Schwierigkeiten und was können Sie tun, um diese auszuräumen? Dies müssen Sie nicht bei jedem Gespräch nachfragen, aber je nach Meilensteinen und Endzeitpunkt des Ziels in sinnvollen Abständen (nicht erst kurz vorher oder sogar erst danach).

Abteilungsbewertungsbogen

Falls Sie andere Bogen, wie den Abteilungsbewertungsbogen, verwendet haben, oder es noch weitere Fragestellungen gibt, gehen Sie auch in Ruhe noch auf diese ein und sprechen diese durch. Haben Sie vor allem auch ein offenes Ohr für die Kritik des Auszubildenden, wehren Sie diese nicht direkt von Anfang ab, sondern denken Sie erst einmal eine Weile darüber nach. Hinterfragen Sie vielleicht auch: Was hat den Azubi dazu gebracht, diesen Kritikpunkt zu äußern? Auch wenn Sie ihn vielleicht für ungerechtfertigt halten, hat es ja einen Grund, warum der Azubi diesen geäußert – und dies so wahrgenommen hat.

Konstruktiver Umgang mit Kritik

Gehen Sie konstruktiv mit dieser Kritik um, so wie Sie es sich auch von Ihren Auszubildenden wünschen.

Verbesserungsvorschlag

Haben Sie von Ihrem Auszubildenden auch einen Verbesserungsvorschlag erhalten? Wunderbar! Geben Sie ihm eine Rückmeldung was aus diesem geworden ist. Konnte der Vorschlag umgesetzt werden? Was hat er bewirkt? Oder war eine Umsetzung nicht möglich? Aus welchem Grund? Ein Feedback ist hier sehr wichtig und wirkt motivierend auf die Azubis, auch zukünftig Verbesserungsvorschläge einzubringen und sich für Optimierungen einzusetzen. Ermutigen Sie Ihre Auszubildenden auch immer wieder, solche Vorschläge und Ideen mit einzubringen und dann schauen Sie, was sich umsetzen lässt, und geben Rückmeldung. Sie erziehen Ihre Azubis auch durch solche einfachen Maßnahmen zu mitdenkenden, selbstständigen und motivierten Mitarbeitern.

Entwicklungswünsche

Besprechen Sie auch die Entwicklungswünsche, Ideen sowie Seminar- und Weiterbildungswünsche, die Ihr Auszubildender notiert hat. Klären Sie, warum er dies als notwendig/wichtig erachtet und was er sich davon erhofft. Wenn diese Maßnahmen auch aus Ihrer Sicht sinnvoll für den Azubi sind, vereinbaren Sie direkt das weitere Vorgehen mit ihm.

Fragen Sie zum Schluss unbedingt nach, ob es weiteren Gesprächsbedarf gibt. Falls dies nicht der Fall ist, beenden Sie das Gespräch, möglichst mit einem positiven Ausblick. Sinnvoll ist auch oftmals noch eine kurze Zusammenfassung des Gesprächs – manche Ausbilder lassen die Azubis dies am Ende des Gesprächs tun, um sicherzustellen, dass er auch alles verstanden hat. Dies kann aber vom Azubi auch als Gängelung verstanden werden. Alternativ können Sie ein Kurzprotokoll (eine Vorlage hierzu finden Sie auf der Homepage) zum Gespräch verfassen, in dem Sie vor allem die Zielvereinbarungen festhalten, aber auch alle sonstigen wichtigen besprochenen Punkte. Das einfachste ist es aber, direkt den Beurteilungsbogen zu verwenden. Notieren Sie Zielvereinbarungen und Ähnliches direkt auf dem Formular – notfalls auf der Rückseite, falls der Platz nicht reicht. Unterschreiben Sie beide das Formular und geben Sie dem Azubi eine Kopie für seine Unterlagen mit.

Gehen Sie bei einem der nächsten regelmäßigen Gespräche dann auch gerne nochmals auf die Beurteilung ein: Gab es im Nachgang noch Fragen dazu? Wie ist die Sicht des Azubis darauf nach ein bis zwei Wochen? Hat er bereits Dinge umgesetzt/geändert?

6.4 Beurteilungsfehler vermeiden

Eine Beurteilung enthält immer einen gewissen Anteil an Elementen, die Sie subjektiv wahrgenommen haben. Eine komplett objektive Bewertung ist kaum möglich. Nichtsdestotrotz ist es natürlich erstrebenswert, die Beurteilung so gerecht und objektiv wie möglich zu gestalten. Ein paar Tipps dazu finden Sie bereits weiter vorne in diesem Kapitel, sehr hilfreich ist z. B. das Beobachtungstagebuch. Wenn Sie dies regelmäßig (täglich oder wöchentlich) pflegen, haben Sie schon eine sehr objektive Grundlage für Ihre Beurteilung. Dies hilft vor allem auch, tagesformabhängige Schwankungen zu berücksichtigen. In den folgenden Absätzen zeige ich Ihnen noch die häufigsten Beurteilungsfehler (und Wahrnehmungsfehler), damit Sie diese kennen und möglichst vermeiden können:

Beurteilungsfehler Wahrnehmungsfehler

1. Übertragung/Selbstbezug (Projektion), Sympathie/ Antipathie

Übertragung/ Selbstbezug (Projektion), Sympathie/ Antipathie

Wenn das Aussehen oder Eigenschaften des Auszubildenden Sie an eine andere Person erinnern, kann es sein, dass Sie die für diese Person empfundene Sympathie oder Antipathie auf den Azubi übertragen und ihn dadurch positiver oder negativer beurteilen. Auch das Projizieren von bestimmten Eigenschaften, die Sie an der anderen Person wahrgenommen haben, ist möglich, im Positiven wie im Negativen.

Natürlich kann es auch sein, dass Ihnen der Auszubildende selbst sehr sympathisch ist, was dazu führen kann, das Sie ihn positiver bewerten – oder umgedreht einen Ihnen unsympathischen Azubi negativer bewerten als angemessen wäre.

Auch möglich ist es, dass man eigene (unbewusste) Schwächen beim Azubi wahrnimmt und darauf besonders kritisch reagiert. Umgedreht ist es genauso möglich, dass der Ausbilder das eigene Verhalten oder die eigene Leistung als Maßstab nimmt. Auch dies sollte vermieden werden, orientieren Sie sich an den Lernzielen für den entsprechenden Ausbildungsplatz und bewerten Sie vor allem die Entwicklung des Auszubildenden (unter Berücksichtigung seiner persönlichen Eigenschaften, seiner Stärken/ Schwächen sowie seines Alters, der Vorerfahrungen und des Lehrjahres).

Verteilungsfehler, Milde- und Strenge-Effekt

2. Verteilungsfehler, Milde- und Strenge-Effekt

Bei den Verteilungsfehlern wird nicht die volle Skala der Bewertung ausgenutzt, weil der Ausbilder immer nur im mittleren Feld Noten vergibt und nur für ganz extreme Ausreißer (die praktisch nie vorkommen) von einer durchschnittlichen Note abweicht. Dies gibt es auch im positiven Bereich, bei dem der Ausbilder generell von guten Noten ausgeht und fast nur die Noten 1 und 2 vergibt oder immer vom Schlechten ausgehend meist im unterdurchschnittlichen Bereich bewertet.

Letzteres geht oft einher mit dem Milde- oder Strenge-Effekt. Beim Milde-Effekt will der Ausbilder den Azubi nicht durch eine schlechte Beurteilung demotivieren bzw. verletzen, sondern versucht durch gute Benotungen die Motivation der Azubis zu erhalten. Umgedreht glaubt der Ausbilder beim Strenge-Effekt, dass sich der Azubi eher verbessert – mehr anstrengt – wenn er die guten Noten nicht geschenkt bekommt, sondern alle Leistungen an viel zu hoch angelegten Maßstäben gemessen werden.

Nutzen Sie die komplette Bandbreite der Skala (z. B. Schulnotenbereich 1–6) und entwerfen Sie am besten eine klare Vorgabe für sich und andere Ausbilder/Ausbildungsbeauftragte, wann welche Note angemessen ist. Tipp : In unserem Standard-Beurteilungsbogen ist in jedem Feld für die entsprechende Note eine kleine Orientierungshilfe, welche Leistung der Note entspricht, mit abgedruckt.

Klebe-Effekt

3. Klebe-Effekt, Überbewertung des ersten/letzten Eindrucks

Ein Auszubildender, der ein Mal eine gute Leistung erbracht hat, wird danach automatisch immer als „der gute“ Azubi angesehen, egal wie sich seine Leistungen danach entwickeln. Umgedreht kann es einem Auszubildenden, der am Anfang einmal eine schlechte Note mitgebracht hat – oder zu Beginn durch Fehler im Betrieb aufgefallen ist – sich noch so sehr anstrengen (und verbessern): Der Ruf des „schlechten Azubis“ bleibt an ihm kleben.

Hinterfragen Sie Ihren ersten Eindruck hier regelmäßig. Evtl. versuchen Sie einfach mal, das nullbasierte Denken bei Ihren Azubis anzuwenden: Wenn Sie diesen Azubi gerade erst in Ihre Abteilung bekommen würden/gerade erst kennen lernen würden, was würden Sie über ihn sagen? Wie würden Sie seine Leistungen beurteilen? Halten Sie diese Überlegungen schriftlich fest, z. B. in Ihrem Beobachtungstagebuch.

4. Halo-Effekt

Halo-Effekt

Beim Halo-Effekt (Heiligenschein heißt auf englisch halo) geht es darum, von bekannten Eigenschaften einer Person auf unbekannte zu schließen. Dies gibt es ebenfalls wieder im Positiven (Heiligenschein-Effekt) oder im Negativen (Teufelshörner-Effekt). Ein Beispiel dazu: Eine Person wird als sympathisch empfunden, somit verbindet man auch verschiedene positive Eigenschaften mit ihr, z. B. Offenheit, Großzügigkeit etc., obwohl es keinerlei Hinweise auf diese Eigenschaften bei der Person gibt und man nichts darüber weiß, ob die Person diese Eigenschaften wirklich mitbringt.

Auch hier gilt: Hinterfragen Sie Ihre Gefühle und Ihren Eindruck regelmäßig. Suchen Sie nach konkreten Situationen, die Ihre Annahmen rechtfertigen. Auch hier kann Ihnen Ihr Beobachtungstagebuch wieder gute Dienste leisten.

Handlungsempfehlung/Anregung

Denken Sie einmal in Ruhe über folgende Punkte nach und legen Sie diese für Ihr Unternehmen fest, falls es dazu noch keine Regelungen gibt:

- Zu welchen Anlässen oder in welchem Rhythmus soll bei Ihnen eine Beurteilung der Auszubildenden stattfinden?
- Wie soll der Beurteilungsbogen dazu aussehen? Welche Elemente soll er unbedingt enthalten?
- Wo können Sie Zielvereinbarungen nutzen? Vielleicht möchten Sie diese nur situationsbezogen einsetzen?

Zusammenfassung

Die Beurteilungen sind eine wichtige Hilfe für die Entwicklung Ihrer Auszubildenden. Nehmen Sie sich daher sowohl für die Vorbereitung als auch für das Gespräch ausreichend Zeit. Entwerfen Sie im Vorfeld einen Beurteilungsbogen, der für Ihr Unternehmen gut anwendbar ist und die für Sie wichtigen Punkte abdeckt. Schauen Sie dafür gerne auf die ausführlichen Beispiele in unserem Downloadbereich. Überprüfen Sie Ihren vorhandenen Bogen auch regelmäßig alle paar Jahre und passen Sie ihn gegebenenfalls an neue Anforderungen an. Versuchen Sie, die Beurteilungsfehler zu vermeiden. Hierbei kann Ihnen das vorgestellte Beobachtungstagebuch gute Dienste leisten.

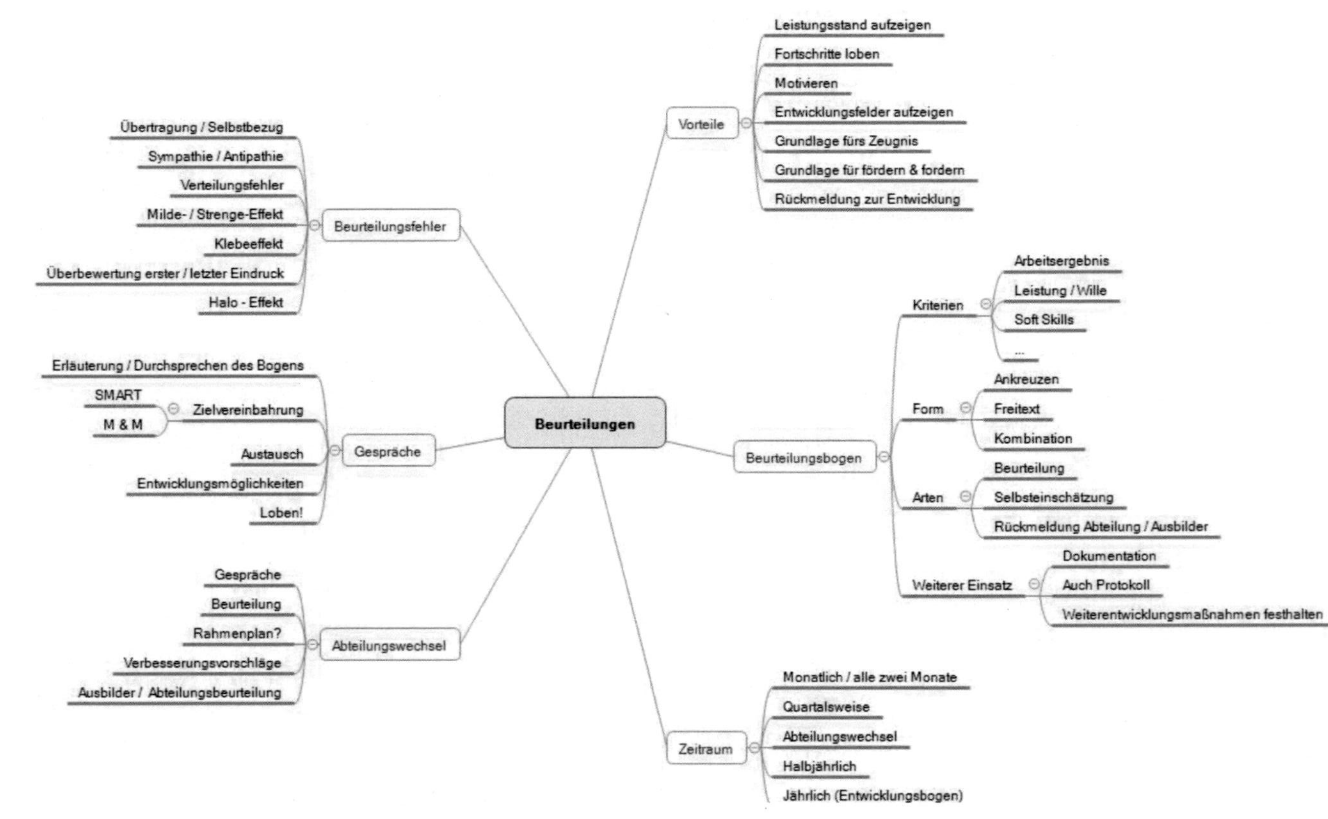
Beurteilungen
Vorteile
Leistungsstand aufzeigen
Fortschritte loben
Motivieren
Entwicklungsfelder aufzeigen
Grundlage fürs Zeugnis
Grundlage für fördern & fordern
Rückmeldung zur Entwicklung
Beurteilungsbogen
Kriterien
Arbeitsergebnis
Leistung / Wille
Soft Skills
...
Form
Ankreuzen
Freitext
Kombination
Arten
Beurteilung
Selbsteinschätzung
Rückmeldung Abteilung / Ausbilder
Weiterer Einsatz
Dokumentation
Auch Protokoll
Weiterentwicklungsmaßnahmen festhalten
Zeitraum
Monatlich / alle zwei Monate
Quartalsweise
Abteilungswechsel
Halbjährlich
Jährlich (Entwicklungsbogen)
Beurteilungsfehler
Übertragung / Selbstbezug
Sympathie / Antipathie
Verteilungsfehler
Milde- / Strenge-Effekt
Klebeeffekt
Überbewertung erster / letzter Eindruck
Halo - Effekt
Gespräche
Erläuterung / Durchsprechen des Bogens
Zielvereinbahrung
SMART
M & M
Austausch
Entwicklungsmöglichkeiten
Loben!
Abteilungswechsel
Gespräche
Beurteilung
Rahmenplan?
Verbesserungsvorschläge
Ausbilder / Abteilungsbeurteilung

Exkurs: Berufsschule

Fest verankerter Teil der dualen Ausbildung ist, neben der betrieblichen Ausbildung, die Berufsschule. Beide zusammen bilden die Säulen des dualen Systems, welches gerne noch gestützt werden kann durch überbetriebliche Ausbildung, abH-Maßnahmen, Werksunterricht, externe Weiterbildungen etc.

Teilzeitunterricht

Blockunterricht

Die Teilnahme am Berufsschulunterricht wird in verschiedenen Formen ermöglicht. Die gängigsten sind Teilzeitunterricht (z. B. Berufsschule an zwei Tagen pro Woche) und Blockunterricht (Berufsschule für ein paar Wochen am Stück, dann wieder mehrere Wochen am Stück nur betriebliche Ausbildung, meist gegliedert in ein bis drei Berufsschulblöcke pro Jahr). Außerdem gibt es noch seltenere Formen wie z. B. den internen Berufsschulunterricht: Große Unternehmen, die mit ihren Azubis eine eigene Berufsschulklasse füllen können, führen den Berufsschulunterricht in Eigenregie durch. Hierfür müssen jedoch viele Dinge beachtet werden. Wir konzentrieren uns hier auf die beiden gängigen Berufsschulformen.

Teilzeitunterricht

Der Teilzeitunterricht bietet einige Vorteile:

- Der Azubi kann das Gelernte aus der Berufsschule leichter mit Tätigkeiten aus dem Betrieb verknüpfen, da ein ständiger Wechsel gegeben ist.
- Der Azubi bleibt in die internen Abläufe des Unternehmens eingebunden und ist nie komplett draußen.
- Der Ausbilder bekommt – eine gute Gesprächskultur vorausgesetzt – immer zeitnah mit, was in der Berufsschule passiert, welche Themen aktuell behandelt werden, wo Klausuren anstehen, wie diese ausgefallen sind, wo es evtl. Schwierigkeiten gibt etc.
- Der Azubi kann im Zweifelsfall Rückfragen zum Unterrichtsstoff auch im Betrieb stellen: an seinen Ausbilder, seinen Paten oder andere Auszubildende, alternativ auch an Mitarbeiter, die in der Praxis mit dem Thema zu tun haben.

Natürlich gibt es auch Nachteile, z. B. ist kein längeres Arbeiten am Stück (fünf Tage die Woche) an einem Projekt möglich und zusammenhängender Urlaub kann nur in den Ferien genommen werden.

Blockunterricht

Demgegenüber bietet der Blockunterricht folgende Vorteile:

- Die Inhalte in der Berufsschule können zusammenhängend am Stück vermittelt werden, außerdem wird der fächerübergreifende Austausch erleichtert.
- Der Azubi kann sich auf die Berufsschule fokussieren, er muss nicht ständig zwischen Berufsschule und Arbeit umschalten. An den Nachmittagen hat er Zeit für Hausaufgaben und zum Lernen und kann sich dies besser aufteilen.
- Im Betrieb ist der Azubi mehrere Wochen am Stück ohne Unterbrechung anwesend. Dadurch können manche Aufgaben oder Prozesse leichter nachvollzogen und verfolgt werden. Außerdem ist das Miteinbeziehen in Projektarbeiten leichter möglich.
- Der Azubi kann auch außerhalb der Schulferien Urlaub nehmen. Dies entlastet besonders bei höheren Lehrjahren, die schon gut unterstützen können, die schwierige Urlaubssituation zur Ferienzeit und – ein kleiner Pluspunkt für den Azubi: Er kann auch außerhalb der teuren Ferienzeit verreisen.

Durch den Blockunterricht ergeben sich allerdings auch einige Nachteile, die sich verstärken, je länger die jeweiligen Berufsschulblöcke dauern. Zum Beispiel fehlt über mehrere Wochen die Kommunikation mit dem Ausbilder. Der Azubi bekommt keine Neuigkeiten aus dem Unternehmen mehr mit und verliert evtl. den Anschluss an Projekte, an denen er mitarbeitet. Manche Unternehmen berichten, dass sie das Gefühl haben, der Azubi muss nach zwölf Wochen (drei Monaten!) Berufsschule komplett neu angelernt werden. Außerdem kann die Bindung zum Unternehmen etwas nachlassen, wenn über einen so langen Zeitraum kein Kontakt erfolgt. Ein weiterer wichtiger Punkt: Der Ausbilder erhält keine Infos, wie es aktuell in der Schule läuft, und kann nicht reagieren, wenn etwas nicht optimal verläuft bzw. mehrere Klausuren total danebengehen. Besonders wenn es nur einen Berufsschulblock im ganzen Jahr gibt, kann dies fatal sein. Eine Lösung kann hier sein, dass sich Azubi und Ausbilder auch während des Blockunterrichts noch ein Mal pro Woche nachmittags zusammensetzen und sich zu einem Gespräch treffen. Dadurch können viele der hier aufgeführten Nachteile minimiert oder sogar vermieden werden.

Schulische und betriebliche Ausbildung verbinden

Optimalerweise stehen in der dualen Ausbildung nicht beide Säulen einzeln für sich, sondern werden sinnvoll verbunden. Hierzu sind regelmäßige Gespräche notwendig, nicht nur mit der Schule sondern vor allem auch mit dem Azubi. Wie schon im Kapitel „Regelmäßige Gespräche" erwähnt, sollten diese möglichst ein Mal wöchentlich stattfinden.

Praxis

Theorie

Ein Thema dabei sollte auch immer die Berufsschule sein (bei Blockunterricht natürlich nur dann, wenn es sinnvoll ist). Fragen Sie nach den aktuellen Themen, lassen Sie sich die Tests und Klausuren zeigen. Suchen Sie gemeinsam nach Anknüpfungspunkten in der Praxis: In der Berufsschule wurde die Theorie besprochen, zeigen Sie Ihrem Azubi, wie diese Thematik bei Ihnen im Betrieb in der Praxis umgesetzt wird. Erläutern Sie das Warum und vielleicht auch, wie es alternativ gemacht werden könnte. Lassen Sie Ihren Auszubildenden evtl. Schlussfolgerungen selbst ziehen. Überlegen Sie mit ihm gemeinsam, suchen Sie auch hier das Gespräch. Vielleicht ist eine kurze Praxisaufgabe zum theoretischen Inhalt aus der Berufsschule möglich? Oft ist auch eine Vertiefung des Berufsschulstoffs bei interessierten Azubis sinnvoll, um diese weiter zu fördern. Umgekehrt sollten Sie sich auch die Zeit nehmen, Dinge evtl. nochmals zu erklären (oder durch einen älteren Azubi nochmals erklären zu lassen), falls eine Thematik noch nicht verstanden wurde. So können Sie zeitnah reagieren, noch bevor die erste Klausur überhaupt verhauen wird.

Sollte es aber doch zu schlechten Tests und Klausuren kommen, ziehen Sie auch ausbildungsbegleitende Hilfen in Betracht. Diese kurz „abH" genannte Maßnahme ist eine Art staatlich finanzierter Nachhilfeunterricht für schwächere Azubis. Infomieren Sie sich gerne bei Ihrer Agentur für Arbeit zu den genauen Voraussetzungen. Normalerweise werden diese Hilfen gewährt, falls der Azubi in einem Fach (oder auch in mehreren Fächern) auf Note 4 oder schlechter steht. Nutzen Sie dieses Angebot, es kann Ihrem Azubi nur helfen.

Tipp: Wichtig ist hier die frühzeitige Hilfe. Lassen Sie die Wissenslücken nicht zu groß werden, sonst ist der Stoff kaum noch aufholbar und der Azubi kommt leicht in die Demotivation bzw. in eine „Ich-kann-das-alles- nicht"-Phase.

Notenspiegel

Hilfreich für Sie als Ausbilder ist auch ein Notenspiegel, den Sie sich selbst anfertigen können, und in den Sie alle Tests und Klausuren eintragen, die Ihnen während der regelmäßigen Gespräche vorgelegt werden. Auch mündliche Noten, Noten für Referate, Projekte und Vorträge können Sie hier vermerken, sofern der Azubi diese schon kennt und Ihnen mitteilt. Damit haben Sie über das ganze Jahr einen guten Überblick über die schulische Leistung Ihres Azubis und das Jahresendzeugnis wird keine (böse) Überraschung.

Außerdem ist ein solcher Notenspiegel auch sehr hilfreich bei Gesprächen mit der Berufsschule. Die meisten Berufsschulen bieten regelmäßig (meist ein- bis zweimal pro Jahr) einen Ausbildersprechtag an, an dem Sie sich mit den Lehrern über Ihre Azubis unterhalten können. Gleichen Sie dabei den Notenspiegel ab, sprechen Sie aber nicht nur über die schulischen Leistungen Ihres Auszubildenden: Sehr interessant kann auch eine sonstige Einschätzung des Lehrers zu Ihrem Azubi sein – manche Auszubildenden verhalten sich in der Schule komplett anders als im Betrieb. Dies bietet Ihnen als Ausbilder nochmals wichtige Hinweise, um Verhalten zu hinterfragen und eventuell das Gespräch mit Ihrem Azubi zu suchen. Nutzen Sie diese Ausbildersprechtage unbedingt, um die Lehrer Ihrer Auszubildenden kennen zu lernen. So können Sie auch viele Aussagen viel besser einschätzen und erhalten viele Informationen, z. B. zur Arbeits- und Vorgehensweise des Lehrers.

Ausbildersprechtage

Falls Probleme auftreten sollten, sind die meisten Berufsschulen/Lehrer auch bereit, außerhalb solcher Ausbildersprechtage ein Gespräch zu führen, entweder persönlich oder alternativ telefonisch. Falls dies nicht möglich ist, bieten die meisten Lehrer aber zumindest die Möglichkeit der E-Mail-Kommunikation. Manche Fragen lassen sich auch so klären, in schwerwiegenden Fällen ist aber sicher das persönliche Gespräch vorzuziehen. In unserer Zusammenarbeit haben wir hier die meisten Berufsschullehrer als sehr kooperativ und hilfsbereit kennen gelernt.

Arbeiten im Betrieb nach der Berufsschule?

Freistellung

Natürlich müssen Sie Ihre Auszubildenden für die Berufsschule freistellen. Die Ausbildungsvergütung wird während dieser Zeit ganz normal weiterbezahlt (Kürzung ist nicht zulässig!). Angerechnet werden die Unterrichtszeiten sowie die Pausen- und Wegzeiten zwischen Betrieb und Berufsschule. Falls der Unterricht vor 9 Uhr beginnt, müssen die Azubis vorher nicht mehr in den Betrieb kommen.

Bei mehr als fünf Unterrichtsstunden (von mindestens 45 Minuten) wird ein Berufsschultag (einmal pro Woche) mit acht Stunden auf die Arbeitszeit angerechnet. Bei weiteren Berufsschultagen pro Woche werden diese mit der tatsächlichen Unterrichtszeit zuzüglich Pausen- und Wegzeiten angerechnet. Achtung: Diese Regelung gilt seit 2020 für minderjährige und volljährige Auszubildende!

Beispiel: Bei zwei Berufsschultagen á sechs Unterrichtsstunden kann der Azubi an einem der beiden Tage nach der Berufsschule nach Hause fahren. An dem anderen Tag muss er in den Betrieb zurückkehren, wenn der Ausbildungsbetrieb dies fordert. Welcher dieser beiden Tage dies sein soll, bestimmt ebenfalls der Ausbildungsbetrieb.

Bei Blockunterricht mit mindestens fünf Tagen pro Woche und mindestens 25 Unterrichtsstunden pro Woche wird diese Zeit mit 40 Stunden auf die Arbeitszeit angerechnet. Eine Beschäftigung im Betrieb ist somit nicht mehr zulässig, allerdings sind zusätzliche betriebliche Ausbildungsveranstaltungen von bis zu zwei Stunden pro Woche zulässig.

Tipp: Seien Sie im Zweifelsfall großzügig mit den Zeiten, die Azubis nach der Schule noch im Betrieb arbeiten müssten. Vereinbaren Sie zum Beispiel mit dem Azubi, dass er nicht mehr in den Betrieb kommen muss, falls die Wegezeiten sehr lang sind, und stattdessen die Zeit, die er sonst noch im Betrieb arbeiten müsste, zu Hause als zusätzliche Lernzeit nutzen kann.

7. Lehrmethoden: Professionelle Vermittlung von Wissen

Ein sehr wichtiges Kapitel – schließlich geht es in der Ausbildung darum, Ihren Azubis etwas beizubringen; dafür benötigen Sie Lehrmethoden. Dieser Begriff klingt immer so theoretisch und abstrakt, dabei ist auch vieles von dem, was Sie vermutlich jetzt schon in der Praxis anwenden, unter anderem Namen als Lehrmethode bekannt. Ein Beispiel: In den meisten Betrieben wird den Azubis etwas gezeigt und erklärt womit wir bei der Demonstrationsmethode sind (vereinfacht). Ebenso vereinfacht beobachten wir immer wieder die 4-Stufen-Methode (besonders in der modifizierten Variante), die Leittextmethode und viele andere Lehrmethoden in der Praxis – oftmals ohne dass die Ausbilder von diesen Methoden gehört haben und deren lehrbuchmäßige Anwendung kennen.

Sie brauchen kein Repertoire von 20 Lehrmethoden, aber ein paar unterschiedliche sollten Sie schon kennen, um situationsbezogen die passende auswählen zu können. Wir starten mit einer kurzen Übersicht der Methoden und schauen, wonach Sie eine Methode sinnvollerweise auswählen sollten. Danach werden einige praxisrelevante Methoden mit kurzen Erklärungen und Beispielen, wie Sie diese einsetzen können, aufgeführt. Und zum Schluss gibt es noch – für die, die einen tieferen Einblick möchten – ein paar Infos darüber, wie wir gehirngerecht lernen können, zusammen mit Lerntipps für Ihre Azubis.

7.1 Übersicht der Methoden

Darbietende Methoden

Lehrmethoden werden in verschiedene Bereiche unterteilt. Es gibt zum einen die darbietenden Methoden, in denen der Ausbilder seinen Azubis etwas „darbietet“, sprich: Der Ausbilder ist aktiv, die Azubis schauen zu und hören zu, sind also eher inaktiv. Hierzu gehören zum Beispiel Vortrag, Präsentation und Demonstration, aber auch die klassische 4-Stufen-Methode. Diese Methoden sind gut geeignet, um die Auszubildenden auf ein Thema vorzubereiten, zu dem bisher noch keine Vorkenntnisse vorhanden sind. Aber besonders Vortrag, Präsentation und Demonstration eignen sich, um eine große Gruppe von Azubis innerhalb von kurzer Zeit zu unterrichten. Auch für eine Sicherheitsunterweisung oder Ähnliches sind dies oft die Methoden der Wahl.

Dialogische Methoden

Bei den dialogischen Methoden findet ein Austausch zwischen Ausbilder und Auszubildenden statt. Hier sind also beide Parteien aktiv mit einbezogen. Das aktivere Miteinbeziehen der Azubis bietet für gewöhnlich einen größeren Lernerfolg als die passiven Methoden. Außerdem kann der Ausbilder die Lerneinheit optimal an den Kenntnisstand und die aktuelle Situation der Azubis anpassen und auf Fragen direkt reagieren. Zu diesen Methoden gehören die fragend-entwickelnde Methode (bzw. das Lehrgespräch), das Rollenspiel, die modifizierte 4-Stufen-Methode und die Moderation.

Erarbeitende Methoden

Als Drittes gibt es noch die erarbeitenden Methoden. Hier erarbeiten sich die Auszubildenden die Themen und Lerninhalte selbst mit vorgegebenen Hilfsmitteln. Der Ausbilder steht beratend zur Seite und hilft bei Fragen weiter. Die Azubis sind also aktiv, was für eine hohe Lernerfolgs- und Erinnerungsquote spricht. Diese Methoden sind für gewöhnlich nicht geeignet für Azubis, die gerade erst frisch in die Ausbildung gestartet sind, allenfalls mit Unterstützung von erfahreneren Auszubildenden. Oft erfordern sie schon ein gewisses Vorwissen, auf dem aufgebaut werden kann und außerdem ein hohes Maß an selbstständigem Arbeiten. In diesen Bereich gehören die Projektmethode (diese behandeln wir ausführlich im nächsten Kapitel), die Fallmethode, das Planspiel, die Azubi-Unternehmen (eigene Azubi-Filiale/-Baustelle/-Werkstatt/-Abteilung/...) und die Leittextmethode.

7.2 Auswahl der passenden Lehrmethode

Auswahlfaktoren

Es gibt verschiedene Auswahlfaktoren, die berücksichtigt werden sollten bei der Auswahl der geeigneten Lehrmethode. Die wichtigsten davon sind:

- Lernziel und Lerninhalte (also was genau Sie vermitteln möchten)
- Gruppengröße: Ein einzelner Azubi, eine kleine Gruppe oder sogar eine große Gruppe können ganz unterschiedliche Methoden erforderlich machen.
- Kenntnisstand der Auszubildenden (Welches Vorwissen bringen die Azubis aus anderen Abteilungen oder vielleicht aus der Berufsschule mit? Haben sie bereits ähnliche Tätigkeiten ausgeführt?)

- Lerntyp des Auszubildenden (In einer Gruppe schwierig zu berücksichtigen, bei Einzelunterweisung kann man aber auch diesen Faktor mit einbeziehen.)
- Zeitlicher Rahmen (Wenig Zeit drängt oft zu den darbietenden Methoden, viel Zeit lässt Raum für erarbeitende Methoden.)

Handlungsorientierung

- Die Handlungsorientierung: Handlungsorientierter Unterricht ist ganzheitlich beanspruchend. Die Azubis sind aktiv und beeinflussen den Verlauf und das Ergebnis des Unterrichts mit ihren Überlegungen und Ausarbeitungen sehr stark mit (oder sogar komplett).
- Die räumlichen Möglichkeiten und die zur Verfügung stehenden Arbeitsmittel
- Sie selbst: Ihre Rolle als Ausbilder und Ihre persönlichen Vorlieben und Abneigungen. Wenn Sie eine Methode partout nicht mögen, werden Sie diese vermutlich auch nicht einsetzen.

Beispiele für die Auswahl von Methoden und wie die jeweiligen Methoden eingesetzt werden können, finden Sie weiter hinten in diesem Kapitel, jeweils direkt bei den Methoden.

Die 4-Stufen-Methode

7.3 Die 4-Stufen-Methode (klassisch und modifiziert)

Diese Methode ist besonders geeignet für Unterweisungen am Arbeitsplatz, z. B. wenn es um das Einüben von Abläufen geht, aber auch beim Erlernen von Techniken und Fertigkeiten. Bei der klassischen 4-Stufen-Methode erfolgt die Unterweisung, wie der Name vermuten lässt, in vier Stufen, also in vier Schritten:

1. Vorbereiten

Zuerst wird alles für die Unterweisung vorbereitet: Der Arbeitsplatz, benötigte Hilfsmittel und Material etc. Danach erklärt der Ausbilder dem Azubi das Lernziel (zum Beispiel: „Ich zeige Ihnen, wie unsere neue Scan-/Kopier- und Druckeinheit funktioniert, sodass Sie sie hinterher selbstständig bedienen können“) und fragt dabei auch nach Vorkenntnissen des Azubis (vielleicht besitzt er zu Hause bereits ein einfaches Kombi-Gerät oder kennt einen älteren Gerätetyp aus anderen Abteilungen – dann können Sie auf dieses Wissen aufbauen). Versuchen Sie in dieser Vorbereitungsphase, den Auszubildenden neugierig zu machen und seine Motivation zu wecken. Natürlich sind auch Fragen des Auszubildenden möglich und sogar wünschenswert, zeigen sie doch Interesse an dem Vorgang. Ermutigen Sie Ihren Azubi ruhig dazu.

2. Vormachen und erklären

Jetzt führen Sie Ihrem Azubi schrittweise vor, wie das neue Kombigerät funktioniert und erklären Ihr Vorgehen dabei. Erläutern Sie Ihrem Auszubildenden auch, warum etwas so gemacht wird. Zum einen ist die neue Generation sehr am „Warum" interessiert, zum anderen kann dies auch wichtig sein, um sicherheitsrelevante Hintergründe zu verstehen. Wenn notwendig wiederholen Sie den Vorgang nochmals, danach motivieren Sie Ihren Auszubildenden zum Nachmachen – dies folgt in der nächsten Stufe. Auch hier darf Ihr Azubi natürlich jederzeit Fragen stellen.

3. Selbst ausführen (nachmachen) und erklären lassen

Nun darf endlich der Auszubildende aktiv werden: Er versucht, den Vorgang so zu wiederholen, wie Sie es ihm vorab gezeigt haben. Dabei sollte er seine Vorgehensweise erklären und begründen. Besonders bei gefährlichen Anlagen/Arbeitsschritten kann es auch sinnvoll sein, den Azubi zuerst sagen zu lassen, was er machen möchte, und ihn dies erst danach ausführen zu lassen. Als Ausbilder beobachten Sie den Vorgang, hören die Erklärungen und korrigieren, falls notwendig. Bei Gefahr sollten Sie natürlich sofort eingreifen. Sie können außerdem Kontroll- und Verständnisfragen stellen – und ganz wichtig: Loben Sie Ihren Auszubildenden!

4. Üben

Hierbei sollte sich der Ausbilder nun eher im Hintergrund halten und nur für Fragen zur Verfügung stehen. Der Auszubildende führt den Vorgang selbstständig durch (zum Beispiel eigenständiges Scannen in verschiedenen Formaten und Versenden an den PC). Anschließend kontrolliert der Azubi sein Ergebnis. Hier sollte auch der Ausbilder wieder mit dabei sein und (zumindest bei den ersten „Übungsrunden") schauen, ob alles geklappt hat. Dafür kann er das Ergebnis ebenfalls kontrollieren und eventuell bewerten. Dazu sollten Sie als Ausbilder dann auch loben oder falls notwendig konstruktive Kritik äußern, damit der Azubi sich verbessern kann. Geben Sie eventuell an dieser Stelle auch noch weitere Informationen, z. B. wie geht es nach diesem Vorgang weiter (was passiert mit den gescannten Dateien) oder geben Sie Ausblick auf weitere Lerneinheiten (z. B. Patronentausch am Multifunktionsgerät).

Die klassische 4-Stufen-Methode gibt es schon seit vielen Jahren. Sie ist besonders für die Unterweisung am Arbeitsplatz gut geeignet (vor allem im gewerblich-technischen und handwerklichen Bereich; aber auch in kaufmännischen Berufen gibt es immer wieder Einsatzgebiete, wie in unserem Beispiel). Wahrscheinlich haben auch Sie einem Azubi schon mal so oder so ähnlich etwas erklärt und gezeigt. Die Methode ist sehr zielstrebig, zeitsparend und logisch aufgebaut, hat allerdings – in ihrer klassischen Form – auch einen Nachteil: Am Anfang ist nur der Ausbilder aktiv, es erfordert sehr lange Zuhörphasen des Azubis. Erst danach darf er aktiv werden. Die Methode gilt daher auch als ausbilderzentriert. Um die Nachteile aufzuheben, gibt es mittlerweile eine neue Variante des Klassikers:

Die modifizierte 4-Stufen-Methode

Die modifizierte 4-Stufen-Methode

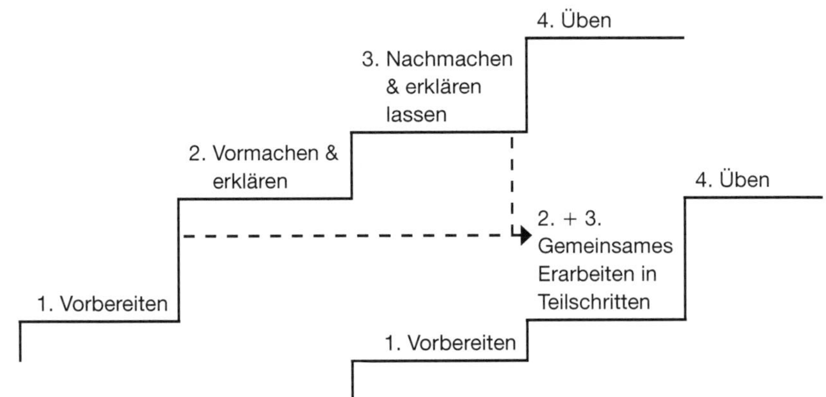

Bei dieser modifizierten Methode – die deutlich praxistauglicher ist – werden die Schritte 2 und 3 zusammengefügt, das heißt, das Erklären, das Vormachen und das Nachmachen erfolgen stückchenweise gemeinsam und nicht streng voneinander getrennt. Der Ablauf gestaltet sich dann so:

Stufe 1: Vorbereiten (wie vorne beschrieben)

Stufen 2 und 3: Gemeinsames Erarbeiten in angemessenen Teilschritten

Die einzelnen Schritte der Stufen 2 und 3 werden hier gemeinsam durchgeführt, wodurch die Methode deutlich aktiver wird. Dabei wird der Auszubildende aktiv in die Unterweisung mit einbezogen. Der Ausbilder steuert den Lernprozess, indem er den Azubi durch Fragen zum Handeln und Mitdenken anregt. Das Vor- und Nachmachen erfolgt hier im ständigen Wechsel oder durch gleichzeitiges, paralleles Arbeiten. Der Azubi macht dem Ausbilder direkt alle Vorgänge nach, die er bei ihm sieht und erklärt bekommt, beide arbeiten parallel. Durch diesen aktiveren Part, bei dem der Azubi viel früher mit einbezogen wird, ist der Auszubildende aufmerksamer, kann sich die Schritte durch das direkte Nachmachen besser einprägen und ist meist auch motivierter.

Stufe 4: Üben (wie vorne beschrieben)

Tipp: Die modifizierte Methode ist sehr vielfältig einsetzbar und bei vielen Lerneinheiten – besonders bei neuen Auszubildenden und geringen Vorkenntnissen – oft die Methode der Wahl. Aber mit der modifizierten Form können Sie auch bereits erfahrenere Azubis unterweisen, da Sie als Ausbilder sich auch in den Stufen 2/3 durchaus etwas mehr zurücknehmen können. Außerdem ist diese Form sehr gut mit anderen Lehrmethoden kombinierbar – darauf gehe ich später noch ein.

7.4 Modell der vollständigen Handlung/ Leittextmethode

Modell der vollständigen Handlung/ Leittextmethode

Die Leittextmethode entspricht dem Modell der vollständigen Handlung, welches als das Grundmodell idealen, betrieblichen Lernens gilt. Sie soll durch den Einsatz verschiedener Leittexte zu selbstständigem Handeln anregen. Damit werden die Azubis in die Lage versetzt, sich komplexe Aufgabenstellungen ganzheitlich und handlungsorientiert zu erarbeiten. Der Ausbilder hat dabei die Rolle des Lernbegleiters und unterstützt die Auszubildenden. Diese Methode ist auszubildendenzentriert. Die Auszubildenden haben hierbei den aktiven Part und eignen sich Wissen selbstständig an. Daher kann man Auszubildende, die gerade erst begonnen haben (noch keinerlei Vorwissen, evtl. noch unselbstständig etc.), mit dieser Methode leicht überfordern. Für fortgeschrittene, selbstständige Azubis ist dies jedoch eine wunderbare Methode, um motiviert und aktiv im eigenen Tempo zu lernen.

Die Auszubildenden können zum Beispiel Lehrbücher, Projektdokumentationen, Webseiten (wie Wikipedia, aber auch fach- oder firmenspezifische Seiten), das Intranet und vieles mehr als Leittexte verwenden (bitte auf entsprechende Aufarbeitung achten). Außerdem gibt es zu vielen ausbildungsrelevanten Themen auch die Möglichkeit, sich Leittexte zu bestellen. Auch branchenspezifische Texte gibt es zum Teil vorgefertigt, genauso wie Leittexte zu aktuellen Themen (z. B. DSGVO).

Das Modell der vollständigen Handlung besteht aus folgenden Schritten:

1. **Informieren:** Die Auszubildenden machen sich mit der Aufgabenstellung vertraut und informieren sich über die Aufgabe und die dafür notwendigen Tätigkeiten (mithilfe von Leittexten).
2. **Planen:** Neben dem Ablauf planen die Auszubildenden in diesem Schritt den Materialeinsatz und den Zeitbedarf zur Erledigung der Aufgabe.
3. **Entscheiden:** Nach Vorstellung und Absprache der bisherigen Ausarbeitung und Planung mit dem Ausbilder wird gemeinsam eine Entscheidung über die weitere Vorgehensweise getroffen.
4. **Ausführen:** Nun führen die Auszubildenden die Aufgabe planmäßig durch. Dabei beobachtet der Ausbilder die Arbeitsweise der Azubis, gibt Hilfestellung und achtet wenn nötig auf die Einhaltung der Sicherheitsrichtlinien.
5. **Kontrollieren:** Die Auszubildenden kontrollieren selbst ihr Ergebnis, eventuell mithilfe eines Kontrollbogens. Bei Fragen kann natürlich auch der Ausbilder hinzugezogen werden.
6. **Bewerten:** Abschließend werden das Arbeitsergebnis und die Arbeitsweise mit dem Ausbilder besprochen und ausgewertet. Zeigen Sie hierbei Verbesserungsmöglichkeiten auf und loben Sie Ihre Azubis, geben Sie

konstruktives Feedback, das die Auszubildenden weiterbringt.

Bei einem fortlaufenden Prozess beginnt man nach dem 6. Punkt wieder von vorne mit Punkt 1 (Informieren) und lässt dabei die Erkenntnisse aus dem ersten Durchlauf mit einfließen. Die Grafik unten zeigt nochmals die sechs Schritte und den fortlaufenden Prozess.

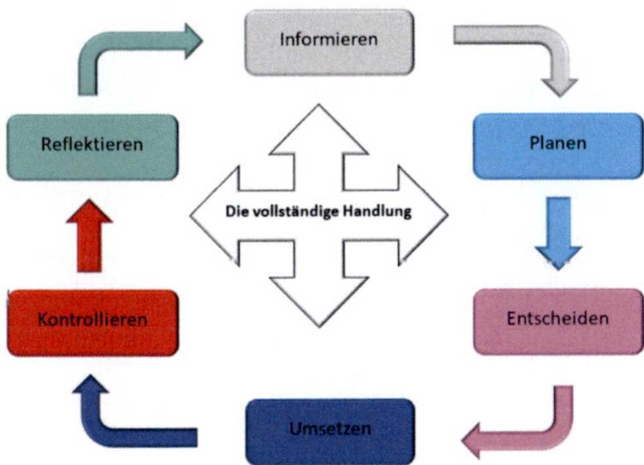

Tipp: Die Leittextmethode/das Modell der vollständigen Handlung eignet sich sehr gut für Gruppenarbeiten, kann aber auch von einem einzelnen Azubi durchgeführt werden. Auch eine Kombination mit anderen Methoden ist möglich, z. B. bietet sich die Projektmethode an. Sie können aber auch ein Planspiel/die Fallmethode in der Umsetzungsphase einbauen oder die Azubis in einem Rollenspiel das Erarbeitete ausprobieren lassen. Sie sehen schon – die Möglichkeiten sind vielfältig.

7.5 Fragend-entwickelnde Methode/ Lehrgespräch

Fragend-entwickelnde Methode/ Lehrgespräch

Hierbei handelt es sich um eine dialogische Methode, das heißt der Ausbilder und der Azubi sind beide aktiv im Gespräch miteinander. Sie können die Methode bei einem einzelnen Auszubildenden anwenden (fragend-entwickelnde Methode) oder mit mehreren Auszubildenden als Gruppengespräch (Lehrgespräch). Ihr Azubi sollte hierfür bereits über Vorkenntnisse verfügen oder zumindest über Kenntnisse aus einem ähnlichen, übertragbaren Bereich.

Die Methode eignet sich besonders, wenn Sie Ihren Auszubildenden zu selbstständigem Denken anregen wollen, aber auch zur Vor- und Nachbereitung einer praktischen Unterwei-sung. Weitere Einsatzmöglichkeiten sind die Ergänzung und Vertiefung von vorhandenem Wissen sowie das Einnehmen einer Vogelperspektive zum Erkennen von Gesamtzusammenhängen.

Ein großer Vorteil der Methode liegt darin, dass sie die Auszubildenden sehr aktiv mit einbezieht und sich immer anhand der Antworten am Azubi orientiert, so ist bei sorgfältiger Anwendung eine Über- oder Unterforderung quasi ausgeschlossen. Außerdem können Sie als Ausbilder leicht erkennen, ob das Thema verstanden wurde – Lernschwierigkeiten fallen sofort auf und Missverständnisse können geklärt werden.

Zur Vorbereitung sollten Sie sich einen ungefähren Ablaufplan erstellen, wie Sie Ihren Auszubildenden mit gezielten Fragen zum angestrebten Lernziel hinführen können. Natürlich ist dieser Ablauf nicht genau planbar, da dieser sehr stark von den Antworten des Auszubildenden bestimmt wird.

Ein Beispiel für Fragen in einem Einzelgespräch (fragend-entwickelnde Methode), die Sie aber auch gerne auf ein Gruppengespräch (Lehrgespräch) übertragen können:

Einführungsfragen (Beispiele):

Einführungsfragen

- Was wissen Sie bereits zum Einsatz von Drucker-/Scanner-Kombigeräten? (Alternativ zur Nennung des Lernziels, um das es geht)
- Haben Sie dazu bereits Erfahrungen aus der Berufsschule? Oder als offene Frage formuliert: Welche Erfahrungen haben Sie dazu bereits in der Berufsschule gesammelt?
- Haben Sie im Unternehmen schon gesehen, wo dies eingesetzt/angewendet wird?/Haben Sie bereits praktische Erfahrung hierzu?
- Wozu könnte das hilfreich sein? (Der Einsatz der Geräte, die Kombination etc.)

Gemeinsames Erarbeiten durch Fragen (Beispiele):

Gemeinsames Erarbeiten durch Fragen

- Was müssen Sie bei der Arbeit mit diesen Geräten beachten?
- Wie würden Sie vorgehen?

- Warum so und nicht anders?
- Welche Konsequenzen ergeben sich daraus?
- Welchen Nutzen hat diese Vorgehensweise?

Kontrollfragen und Zusammenfassung (Beispiele):

Kontrollfragen und Zusammenfassung

- Erläutern Sie mir nochmals Ihre Vorgehensweise?
- Wo gab es Probleme?
- Was könnte man verbessern?
- Wofür benötigen wir das?
- In welcher Reihenfolge sind Sie vorgegangen?
- Was hat richtig gut geklappt?/Was sollten wir beibehalten?

Folgen Sie mit den Fragen, wie oben beschrieben, zumindest grob dem vorher festgelegten Ablaufplan, um den Auszubildenden vom Bekannten zum Unbekannten zu führen und ihn somit zum Lernziel hinzuführen. Dabei ist es wichtig, dass einige Regeln eingehalten werden. So sollten Sie zum Beispiel nach Möglichkeit keine Fragen selbst beantworten, sondern versuchen, den Azubi durch weitere Fragen selbst auf die passende Lösung zu bringen. Der ganze Prozess sollte einem Dialog entsprechen, durch den Sie feinfühlig mit Fragen hindurchführen. Lassen Sie den Azubi auch nicht blindlings raten, wenn er eine Antwort nicht weiß, sondern bieten Sie auch hier Unterstützung an.

Zu den oben genannten Regeln gehört auch, dass Sie möglichst offene Fragen stellen, die der Auszubildende mit einem ganzen Satz beantworten muss. Sie erkennen diese gut an den Fragewörtern: wieso, weshalb, warum, wofür, wie etc. Geschlossene Fragen (Ja-/Nein-Antworten) und Alternativ-Fragen (Auswahl zwischen zwei Möglichkeiten) können zwar hier und da eingefügt werden, sollten aber sparsam eingesetzt werden, da sie leicht den Gesprächsfluss hemmen. Versuchen Sie, so oft wie möglich offene Fragen zu stellen. Außerdem ist wichtig, dass Sie die Fragen immer nur einzeln stellen und diese klar und deutlich formulieren, um Missverständnissen vorzubeugen.

Tipp: Diese Methode eignet sich auch sehr gut zur Kombination, zum Beispiel können in der modifizierten 4-Stufen-Methode, die Sie ab Seite 118 finden, die Stufen 2 und 3 durch die fragend-entwickelnde Methode ersetzt werden. Oder Sie können die Azubis gemeinschaftlich eine Gruppenarbeit durchführen lassen oder eine Demonstration vorführen und im Anschluss daran ein Lehrgespräch

führen. Auch zur Vor- oder Nachbereitung der Projektmethode eignet sich das Lehrgespräch hervorragend (diese Methode lernen Sie in einem eigenen Kapitel im Anschluss ausführlich kennen – siehe Kapitel 8).

Präsentation/ Vortrag/ Demonstrationsmethode

7.6 Präsentation/Vortrag/ Demonstrationsmethode

Ausbilderzentrierte Methoden

Hierbei handelt es sich um darbietende, ausbilderzentrierte Methoden, bei denen der Azubi weniger aktiv ist. Bei einem Vortrag steht der Ausbilder vorne und erläutert etwas für die Azubis, durchaus auch mit der Unterstützung von Medien, z. B. einem Flipchart, Moderationskärtchen etc. Werden die Teilnehmer dabei mit einbezogen, spricht man auch von einem aktivierenden Vortrag. Die Abgrenzung/der Übergang zwischen dem Vortrag, der Präsentation und der Demonstrationsmethode ist fließend. Wird bei einem Vortrag eine Power-Point-Präsentation gezeigt, ein Produkt oder ähnliches präsentiert, spricht man von einer Präsentation. Wird ein Vorgehen oder eine Anwendungsweise demonstriert, spricht man von der Demonstrationsmethode.

Auch diese Methoden sind besonders gut zur Kombination geeignet. Sie eignen sich z. B. hervorragend zur Einleitung in ein Thema, um dann mit anderen Methoden an ein selbstständigeres Erarbeiten zu gehen. Aber je nach Herausforderung kann ein Vortrag auch als alleinige Methode die beste Möglichkeit darstellen. Müssen Sie zum Beispiel 40 Auszubildende über die Sicherheitsvorschriften in der Produktion unterrichten, ist ein Vortrag/eine Präsentation sicherlich eine gute Methode – gerne allerdings auch kombiniert mit anderen Methoden zur Auflockerung und besseren Veranschaulichung.

Die Moderationsmethode

7.7 Die Moderationsmethode

Diese unglaublich vielfältige Methode zählt zu den dialogischen Methoden und lässt sich hervorragend mit anderen Methoden kombinieren, kann aber auch gut für sich alleine stehen. Die Einsatzgebiete und Anwendungsmöglichkeiten sind dabei so vielfältig wie bei kaum einer anderen Methode: Sie können die Moderationsmethode zur Ideenfindung einsetzen, zur Problemlösung oder für Kreativprozesse, zur Visualisierung oder zur Bewertung von Themen, aber auch zur systematischen Ordnung und für vieles andere. Auch wie stark und auf welche Art Ihre Azubis miteinbezogen werden, können Sie je nach Anwendung der Methode unterscheiden. Von einer mäßig starken Einbeziehung der Azubis (z. B. Abfrage von Vorschlägen in der Gruppe, Notiz auf Kärtchen und Anordnung dieser an der Moderationswand durch Sie) bis zu einer kompletten Anwendung und Durchführung der Azubis (z. B. eigenständiges Brainstorming, Moderation, Diskussion, Wertung und Klärung ebenfalls von einem Azubi als Leiter des Prozesses) ist alles möglich. Für eine eigenständige Anwendung durch die Auszubildenden – vor allem für eine eigenständige Leitung und Moderation – sollte allerdings bereits ein großes Maß an Erfahrung mit der Methode vorhanden sein.

⇨ Da der Ablauf der Moderationsmethode sehr stark vom Ziel abhängt, möchte ich Ihnen hier ein Beispiel zeigen, bei dem die Azubis – zum Teil gemeinsam mit dem Ausbilder, zum Teil eigenständig – die Gestaltung des nächsten Azubi-Tages planen:
Die Einleitung erfolgt durch einen Kurzvortrag des Ausbilders: Erläutern Sie kurz, worum es geht, nennen Sie das Ziel beziehungsweise das Thema der Moderation und informieren Sie die Auszubildenden über die Fakten, die schon gegeben sind (vielleicht steht das Datum schon fest oder es wurde ein Budget für die Azubis festgelegt). Motivieren Sie Ihre Auszubildenden, erläutern Sie den Ablauf und los geht es.
Als Nächstes können Ideen gesammelt werden, zum Beispiel über ein Brainstorming oder über eine Kartenabfrage. Bei einer Kartenabfrage könnte man sogar noch unterscheiden: Gelbe Karte – Spaß/Aktivitäten, die eingeplant werden sollen; blaue Karte – Seminare, Workshops, Vorträge, die es für die Azubis geben soll; weiße Karte – alle sonstigen Ideen; rote Karte – das ist uns beim letzten Mal negativ aufgefallen und sollte ersetzt/anders organisiert werden (wie?); grüne Karte – das war beim letzten Mal super und sollte beibehalten werden.
Danach können die Azubis, eventuell unter Moderation des Ausbilders, die gesammelten Ideen strukturieren und eventuell Ergänzungen vornehmen bzw. einige Ideen weiter ausarbeiten, miteinander verbinden, Verbesserungen anbringen etc., sodass zum Beispiel drei Alternativprogramme für den Azubi-Tag entstehen. Stattdessen kann man auch ein gemeinsames Grobgerüst für den Tag erstellen und danach für manche Programmpunkte noch Alternativen

Kartenabfrage

offenlassen.Übrigens nennt man diesen Teil der Methode auch „Meta-Plan-Methode" (da an einer Meta-Plan-Wand Kärtchen/Ideen geordnet werden).

Meta-Plan-Methode

Mehrpunktabfrage

Anschließend wird über eine Mehrpunktabfrage der Favorit ermittelt: Die Azubis erhalten Klebepunkte, die sie anbringen können. Entweder jeder nur einen Klebepunkt, oder jeder drei Stück in verschiedenen Farben, wobei jede Farbe dann eine Bedeutung hat wie „beste Idee", „zweitbeste Idee", „Drittbeste Idee". Als weitere Alternative kann der Azubi sechs Klebepunkte einer Farbe erhalten und gibt seinem Favoriten drei Punkte, der zweitbesten Idee zwei Punkte und der drittbesten Idee einen Punkt. Dies macht jedoch nur Sinn, wenn viele Alternativen zur Auswahl stehen. Als Ergebnis haben die Auszubildenden gemeinsam einen interessanten Azubi-Tag entworfen.

Jetzt geht es darum, konkrete Maßnahmen zur Umsetzung festzulegen. Eventuell ist dabei auch nochmals Ihr Eingreifen als Moderator erforderlich. Erstellen Sie gemeinsam einen Plan, was alles zu erledigen und zu organisieren ist. Lassen Sie die Azubis festlegen, wer was (bis wann) übernimmt. Halten Sie sich dabei möglichst im Hintergrund. Die Ergebnisse werden für alle schriftlich fixiert (z. B. in einem Protokoll oder auch kreativer als Gruppenausarbeitung auf der Meta-Plan-Wand, auch das Flipchart kann dafür verwendet werden. Dann am besten abfotografieren und allen zur Verfügung stellen).

Zum Abschluss fasst der Moderator alle Ergebnisse zusammen. Außerdem kann hier nochmals an alle Feedback gegeben werden. Anschließend beenden Sie die Moderation motivierend mit Blick auf das Ergebnis.

Kreativprozesse

Genauso kann die Moderationsmethode auch für viele andere Lerninhalte, Kreativprozesse oder Problemlösungen genutzt werden. Einleitung und Schluss finden ebenfalls statt, der mittlere Teil wird gegebenenfalls angepasst. Oft werden bei der Moderationsmethode mehrere Methoden verknüpft, zum Beispiel findet bei der Einleitung oft ein Kurzvortrag oder auch eine kleine Präsentation statt. Im mittleren Teil bieten sich verschiedenste Kreativmethoden an (etwa Brainstorming, Kartenabfrage, 635-Methode – Erläuterungen dazu finden Sie ab Seite 132 in diesem Kapitel). Auch eine Gruppenarbeit mit abschließender Auswertung ist denkbar. Die Moderationsmethode kann zum Beispiel auch gut mit der Projektmethode kombiniert werden (Nutzung für die Planung und zum Kick-off, Ideenfindung, Problemlösung bei schwierigen Projektphasen etc.).

Tipp: Auch außerhalb der Lehrmethoden kann Ihnen die Moderationsmethode gute Dienste leisten: In Besprechungen, Kreativprozessen etc. Stellen Sie sich zum Beispiel ein Gespräch mit allen Ausbildungsbeauftragten und Ausbildern vor. Sie können die Methode nutzen, um die Ausbildung zu planen, Abläufe zu strukturieren, neue Ideen zu finden/mit einzubringen oder Probleme zu lösen.

7.8 Planspiel und Fallmethode

Planspiel und Fallmethode

Bei der Fallmethode sollen die Auszubildenden einen rekonstruierten Praxisfall bearbeiten, sich dabei in den Fall hineinversetzen, diesen mit allen Entscheidungen, die getroffen wurden, nachvollziehen und sich so Wissen aneignen. Dabei soll neben der Erweiterung des Fallrepertoires auch die Urteils- und Entscheidungsfähigkeit geschult werden. Der Auszubildende arbeitet hierbei sehr selbstständig. Der Ausbilder gibt eventuell eine kurze Einführung zum Thema und steht für Fragen zur Verfügung. Außerdem ist eine gemeinsame Diskussion des Falls im Anschluss sinnvoll, um die Fakten und Entscheidungen nochmals entsprechend durchzugehen. An dieser Stelle kann der Ausbilder auch die Sicht des Azubis abfragen: Hätte er genauso entschieden? Falls nicht, warum? Dies können sehr hilfreiche Fragen zur Gesprächsgrundlage sein.

Das Planspiel geht noch einen Schritt weiter: Ein Vorgang in einem Unternehmen soll spielerisch von den Azubis nachvollzogen werden (also nicht nur durch bloßes Nachlesen und Nachvollziehen wie in der Fallmethode). Der Auszubildende bekommt eine Ausgangssituation mit entsprechenden Fakten dargelegt. Nun muss er sich selbstständig weitere Infos dazu besorgen, um das nötige Hintergrundwissen für eine fundierte Entscheidung zu besitzen. Ist diese getroffen, liefert das Spiel anhand der Entscheidung eine neue Situation, die es wieder zu bewerten gilt. Wie wird der Azubi nun entscheiden?

In dieser simulierten Praxissituation soll der Auszubildende einen möglichst realistischen Einblick in die Probleme und Zusammenhänge von betrieblichem Handeln erhalten und spielerisch erfahren, welche Konsequenzen seine Entscheidungen haben. Beispiele hierzu können sein:

- Einkaufsprozesse steuern: Es geht um mehr als nur den günstigsten Preis ...

- Betriebliche Kennzahlen auswerten und anhand dieser Entscheidungen treffen: Wie steht das Planspiel-Unternehmen des Azubis in zehn Jahren da?
- Personalentscheidungen treffen: Wurde der richtige Bewerber ausgewählt?
- Marketingprojekte: Wie können sich PR-Aktionen auf den Markt auswirken?
- Vertrieb: Einführung eines neuen Produktes planen

Es gibt noch weitere Möglichkeiten, viele davon sind branchenspezifisch. Planspiele können haptisch mit Spielbrett, Figuren, Karten und Würfeln durchgeführt werden oder aber auch computergestützt. Es ist die Durchführung mit nur einem Azubi möglich (bei der Computervariante) oder auch mit einer größeren Gruppe von Azubis (sowohl haptisch als auch digital). Ebenso kann nur ein einzelner Tag dafür angesetzt werden, dieser hat dann einen Workshopcharakter und sollte optimalerweise von einem erfahrenen Workshopleiter für Planspiele durchgeführt werden. Hier wird meist die haptische Variante gewählt. Alternativ kann das Planspiel sich auch über mehrere Monate ziehen, die Azubis treffen sich dann z. B. alle zwei Wochen für jeweils 1½ bis 2 Stunden, um die nächste Runde „zu spielen", also gemeinsam weiter zu lernen und in der Gruppe die nächsten Entscheidungen zu treffen. Hier wird meist die digitale Variante gewählt. Diese kann auch vom Ausbilder begleitet werden, allerdings sollte der Ausbilder sich natürlich vorab intensiv mit der Thematik auseinandergesetzt haben. Am Ende bleibt eins gemeinsam: Das Gespräch über die Lernerfahrung der Azubis. Welche Entscheidungen waren richtig? Welche wurden als besonders schwierig empfunden? Wo hat sich eine erst gute Entscheidung später als falsch herausgestellt oder umgekehrt? Hatten die Azubis das Gefühl, immer alle Infos für ihre Entscheidungen zu haben? (Sie merken schon: Das Thema „Entscheidungen treffen", ein wichtiger Soft Skill, kann damit gut geübt werden.) Welche Erkenntnisse zu betrieblichen Prozessen haben die Azubis hieraus gewonnen? Vielleicht gibt es sogar Anregungen für die aktuellen betrieblichen Prozesse? Wer könnte sich vorstellen, diese Tätigkeiten nach der Ausbildung zu übernehmen? Oder einen Teil davon (welchen)?

Tipp: Auch interessant für Sie als Ausbilder: Wie war die Gruppendynamik während des Planspiels? Hat jemand automatisch die Führung übernommen? Oder wurde diese je nach Thema unterschiedlich verteilt? Haben einige wenige (oder sogar nur eine bestimmte Person) regelmäßig die Fleißarbeit übernommen? Gab es Azubis, die eher passiv geblieben sind? Hier haben Sie eine gute Möglichkeit, Einblicke in die Persönlichkeit Ihrer Auszubildenden zu erhalten. Besonders wenn Sie regelmäßig solche Planspiele durchführen (oder auch andere Teamspiele, Projekte etc.), können Sie sich ein Bild über Ihre Azubis machen und auch deren Entwicklung im Verlaufe der Ausbildung nachverfolgen. Oft gibt dies auch Hinweise auf den späteren Einsatz nach der Ausbildung.

7.9 Verhalten üben: Das Rollenspiel

Rollenspiel

Das Rollenspiel als Methode ist sicherlich den meisten von Ihnen bekannt – allerdings erfreut es sich für gewöhnlich keiner großen Beliebtheit. Dabei gibt es keine andere Methode, mit der man Gesprächstechniken, Telefonverhalten, Rhetorik oder das richtige Auftreten so gut lernen und vor allem üben kann. Wichtig ist bei dieser Methode, dass sie im vertrauten Umfeld und in einer offenen, kritikfreundlichen (wertschätzenden) Atmosphäre stattfindet. Falls Sie diese Methode mit Azubis durchführen möchten, die sich untereinander noch kaum kennen, achten Sie darauf, dass diese zuerst Zeit und Raum haben, um sich kennen zu lernen, sich auszutauschen und miteinander warm zu werden. Fördern Sie einen aktiven Austausch und den Aufbau einer lockeren, toleranten Umgebung, in der eine hohe Akzeptanz für Fehler herrscht und die Azubis sich öffnen können. Dies ist für Sie als Ausbilder keine einfache Aufgabe. Hilfreich sind hier neben Teambuildingphasen und -spielen auch Ice-Breaker, gemeinsame Erlebnisse und ein vorsichtiges Herantasten an die Situation.

⇨ **Ein Beispiel hierzu:**
Wenn Sie einen Workshoptag zum Thema Kundengespräche für Azubis gestalten möchten, starten Sie damit, dass die Azubis sich besser kennen lernen können (Kennenlern- und Ice-Breaker-Spiele).
Schaffen Sie eine lockere Atmosphäre, setzen Sie Übungen und Spiele ein, die die Teilnehmer offen für Fehler machen und zeigen, dass niemand perfekt ist.
Starten Sie mit theoretischem Hintergrundwissen zu den Themen, lassen Sie die Azubis in Gruppen Ausarbeitungen dazu machen und präsentieren (sodass jeder schon einmal vorne gesprochen hat).
Sorgen Sie zwischendrin immer wieder dafür, dass

über niemanden gelacht wird und mit Fehlern bzw. Kritik offen und konstruktiv umgegangen wird. Danach können Sie mit ersten kleinen Rollenspielen beginnen – am besten erst einmal auf freiwilliger Basis. Nachdem die Teilnehmer schon vor der Gruppe gestanden und gesprochen haben, ist dieser nächste Schritt nicht mehr ganz so schlimm. Vor allem wenn die Erfahrungen in der Gruppe vorher positiv waren. Im Laufe der Zeit können Sie so auch komplexere Rollenspiele durchführen.

Dieser Prozess ist für Ausbilder kein einfacher. Es erfordert ein gutes Gespür und umfassende Kenntnisse, um Gruppendynamiken zu erfassen und in die gewünschte Richtung zu lenken. Falls Sie sich dies nicht zutrauen, ist dies keine Schande. Engagieren Sie einen externen Trainer, der mit diesen Prozessen vertraut ist und über die nötigen Fachkenntnisse und praktischen Erfahrungen hierzu verfügt. Falls Sie öfter vor solchen Problemstellungen stehen, hilft Ihnen eventuell auch selbst eine Weiterbildung, um Gruppenprozesse gezielt steuern zu können.

Mit Rollenspielen erlangen die Azubis ein hohes Maß an Sicherheit, da sie das theoretische Wissen z. B. für Telefonate direkt in der (nachgestellten) Praxis ausprobieren können. Hier ist auch eine regelmäßige Übung sehr wichtig, bis die Theorie durch die Anwendung in der beruflichen Praxis komplett zur Gewohnheit geworden ist und keinerlei Schwierigkeiten mehr bereitet. So können Ihre Auszubildenden souverän und sicher am Telefon auftreten.

Kreativitätstechniken

7.10 Weitere Methoden und Kreativitätstechniken

Es gibt noch viele weitere Methoden, die oben genannten bilden aber schon einen Großteil des Standardrepertoires ab. Bei Interesse finden Sie auf der Webseite zum Buch Links mit ergänzenden Übersichten zu weiteren Lehrmethoden.

Azubi-Unternehmen

Sehr interessant sind noch die oben in der Einführung unter erarbeitende Methoden kurz erwähnten Azubi-Unternehmen: Hierbei übernehmen die Azubis für einen festgelegten Zeitraum einen Teilbereich des Unternehmens, z. B. eine eigene Filiale (bei Einzelhandelsketten oder in Bäckereien), eine Abteilung (z. B. den Einkauf oder auch nur einen Teil davon wie die Büromaterialbeschaffung oder den Teileeinkauf für einen Produktionsbereich oder ein Projekt), eine Baustelle (hier ist aus Sicherheitsgründen in den meisten Bereichen noch eine fertig ausgebildete Kraft vorgeschrieben) oder einen Produktionsbereich (z. B. Teilfertigung oder eine bestimmte Produktserie). In Kleinbetrieben wird dies zum Teil durch die Übernahme eines bestimmten Aufgabenbereichs dargestellt. Zum Beispiel darf die Buchhaltung einen Monat lang selbstständig von der Auszubildenden aus dem 3. Lehrjahr geführt werden – natürlich nachdem sie dies vorher über viele Monate gemeinsam mit der Fachkraft erledigt hat und nach vorher klar definierten Richtlinien. Gerade die Buchhaltung ist natürlich ein absoluter Vertrauensbeweis in einem kleinen Unternehmen, aber es gibt auch viele andere Möglichkeiten: Die Arbeitsvorbereitung, die Vormusterprüfung, das technische Zeichenbüro, das Sekretariat, die Auftragsabwicklung, ... Letztendlich ist es Ihrem Ideenreichtum (und den Fertigkeiten der jeweiligen Auszubildenden) überlassen, wo Sie selbstständige Arbeitsbereiche für Ihre Azubis schaffen können.

Zu erwähnen seien des Weiteren noch Kreativitätstechniken, wie

Brainstorming

- Brainstorming: Begriffe, die einem zu einem bestimmten Thema einfallen, werden alle erfasst, ohne diese zu bewerten, auch wenn sie auf den ersten Blick unsinnig erscheinen. Erst wenn diese Sammelphase abgeschlossen ist, erfolgt die Bewertung und nähere Beschäftigung mit den Ideen. Das Brainstorming kann man alleine oder auch mit einer Gruppe durchführen (dann werden die Vorschläge gesammelt und für alle sichtbar notiert). Eine spätere Sortierung der Begriffe ist z. B. mit einer Mindmap gut möglich.

6-3-5-Methode

- 6-3-5-Methode: 6 Teilnehmer brauchen je ein Blatt Papier mit 3 Spalten und 6 Zeilen. Jeder Teilnehmer schreibt in die erste Zeile 3 Ideen zur Fragestellung (in jede Spalte eine). Nach 5 Minuten werden die Blätter weitergereicht, der nächste Teilnehmer versucht, in der nächsten Zeile die Ideen zu erweitern und zu verbessern. Dies wird fortgeführt, bis jeder Teilnehmer jedes Blatt einmal hatte, und somit alle Felder ausgefüllt sind. Somit erhält man innerhalb einer halben Stunde viele verschiedene Ideen und Lösungsansätze. Eine Vorlage dazu finden Sie auf unserer Homepage.

Walt-Disney-Methode

- Walt-Disney-Methode: Walt Disney hat seine Ideen aus drei verschiedenen Perspektiven durchdacht:

  1. Der Träumer: Hier geht man davon aus, dass alles möglich ist und fantasiert einfach drauflos! Ein „Ja, aber...“ ist

nicht erlaubt, das kommt später.

2. Der Macher (auch: der Realist): Hier durchdenkt man neutral: Was ist möglich, wie können wir es umsetzen und was muss dafür getan werden?
3. Der Kritiker: Hier geht es um die Frage, welche Stolpersteine und Probleme auftreten könnten. Berücksichtigen Sie auch diese Punkte.

ABC-Methode

- ABC-Methode: Alle Buchstaben des Alphabets werden auf einen Zettel geschrieben. Nun versucht man, zu jedem Buchstaben einen zur Fragestellung passenden Begriff zu finden. So kommt man oftmals auf Begriffe und Ideen, die einem vorher bei einer problemorientierten Herangehensweise nicht eingefallen wären.

Umkehrmethode

- Umkehrmethode: Drehen Sie die Fragestellung ins Gegenteil um. Also wenn Sie nach Ideen zur Verbesserung der Ausbildung in Ihrem Unternehmen suchen, fragen Sie sich: Was können wir tun, damit die Ausbildung bei uns richtig schlecht läuft? Über diesen (oftmals spaßigen Ansatz) kommt man auf interessante Ideen und hat hinterher eine Liste mit Sachen, die man ins Gegenteil verkehrt beachten sollte und mit einfließen lassen kann.

Kartenabfrage

- Kartenabfrage: Die Teilnehmer schreiben ihre Ideen auf Kärtchen, welche an einer Moderationswand gesammelt und sortiert werden. Somit hat man eine gute Diskussions- und Entscheidungsgrundlage (siehe Moderationsmethode).

Es gibt noch viele weitere Methoden, wie etwa die 6-Hüte-Methode, die Fragen-Reihe und vieles mehr. Informieren Sie sich gerne hierzu, falls Sie weitere Ansätze benötigen. Auch auf unserer Homepage finden Sie weitere Ansätze (vor allem im Ausbilder-Blog).

Digitale Tools

7.11 Digitale Tools

Lernvideos
Webinare
Online-Kurse
Lernplattformen
Lernapps
Tools
Karteikartenlernsystem
Digitale Pinnwände
Quizprogramme
Foren

Bei den digitalen Tools gibt es mittlerweile eine unglaubliche Vielfalt: Lernvideos, Webinare, Online-Kurse, komplette Lernplattformen, Lernapps, Tools fürs Mindmapping (welches natürlich nach wie vor auch gut auf Papier funktioniert), Apps oder Programme, um mit dem Karteikartenlernsystem zu arbeiten, digitale Pinnwände, Quizprogramme und -apps (vorgefertigte oder welche zum selbst erstellen), Foren, die wie Lerngruppen funktionieren, und vieles, vieles mehr.

Um Ihnen einen stets aktuellen Überblick zu gewähren, haben wir hierzu auf der Webseite zum Buch eine Übersicht und einige Erklärungen sowie weiterführende Links, Tipps und Empfehlungen zusammengestellt.

Ein paar Begriffserklärungen und Tools möchte ich Ihnen aber auch hier schon vorstellen:

Digitales Lernen bedeutet einfach Lernen mit digitalen Tools, also mit Unterstützung oder durch Nutzung von Programmen, Apps, Plattformen, Webseiten etc. Digitales Lernen ist nicht unbedingt besser als die herkömmliche Art zu lernen, sondern einfach eine weitere Möglichkeit, die die anderen Lehr- und Lernmethoden gut ergänzt.

Für manche Einsatzzwecke ist digitales Lernen optimal (von zu Hause aus lernen, zeitunabhängig lernen etc.). In anderen Fällen bietet sich eher eine klassische Lerneinheit an. Außerdem sprechen die digitalen Tools natürlich die junge Generation ganz besonders an. Trotzdem sollten digitale Lerneinheiten möglichst nicht für sich stehen, da beim Lernen auch immer Interaktionen mit anderen Menschen, Gefühle, Erleben, Anwenden und vieles mehr eine Rolle spielen, was die digitale Welt nicht bieten kann.

Blended Learning

Tipp: Sehr wichtig und sinnvoll finde ich Blended Learning, womit das Zusammenspiel zwischen klassischem Präsenzlernen und digitalem Lernen gemeint ist. So können Auszubildende zum Beispiel durch ein Video auf einer Lernplattform auf ein Thema eingestimmt werden und über ein Quiz bzw. eine digitale Umfrage ihre Vorkenntnisse ermitteln bzw. ein Bild darüber festhalten. So vorbereitet können Ausbilder und Azubis gemeinsam eine Präsenzeinheit zum Thema durchführen, z. B eine Unterweisung mit der modifizierten 4-Stufen-Methode oder ein Lehrgespräch, aber auch eine größere Lehreinheit wie ein Projekt kann so eingeleitet werden. Im Anschluss daran kann man über ein digitales Medium (Forum, Chat, Webinar etc.) über das Lernthema diskutieren und Fragen dazu stellen. Und um die Lerninhalte zu vertiefen bzw. das Gehirn bei der Langzeitspeicherung zu unterstützen, kann in bestimmten Zeitabständen nochmals ein Follow-up erfolgen: Händigen Sie den Azubis eine Mindmap zum Thema aus, die über dem Arbeitsplatz aufgehängt werden kann (oder ein übersichtliches, bebildertes Lernplakat), gestalten Sie ein Quiz dazu oder ein kurzes Fresh-up-Video. Sie merken schon: Es gibt viele Möglichkeiten. Auch innerhalb einer Lerneinheit kann man digitale Methoden mit einfließen lassen, z. B. ein Seminar mit einer Padlet-Pinnwand digital festhalten (und dort dann auch nachbereiten), zur Auflockerung (und Wissensstand-Abfrage) ein Handy-Quiz einfließen lassen etc.

Kennen Sie den Unterschied zwischen Webinaren/Online-Seminaren, Online-Kursen & Co.? Auf unserer Webseite finden Sie eine ausführliche Erklärung hierzu.

7.12 Häufige Fehler vermeiden, Tipps und Tricks

Was ist klassischerweise die Abschlussfrage nach einer neuen Lerneinheit für den Azubi? Meist lautet sie: „Hast du das verstanden?“ Und was, meinen Sie, ist die Standardantwort darauf? Ganz genau – die meisten Azubis antworten mit „Ja“, unabhängig davon ob der Lernstoff wirklich verstanden wurde. Schließlich will man sich ja keine Blöße geben. Ganz besonders bei Gruppenunterweisungen traut sich ein Einzelner kaum aus der Gruppe herauszutreten und zu sagen: „Ich habe das noch nicht verstanden.“ Vielleicht geht es sogar mehreren in der Gruppe so, aber oft herrscht kollektives Schweigen, evtl. nickt einer und das Thema ist für den Ausbilder erledigt. Wie können Sie das besser lösen? Zum Beispiel, indem Sie Ihren Auszubildenden Fragen zu der Thematik stellen. Anhand der Antworten werden Sie schnell feststellen können, ob das Thema wirklich verstanden wurde oder ob Sie eventuell nochmals ansetzen müssen.

Ein weiterer Fehler: Meist hat sich bei den Ausbildern im Laufe der Zeit eine Lieblingsmethode bewährt – und diese wird auf Teufel komm raus immer wieder eingesetzt – egal ob sie passt. Schauen Sie sich nochmals die Tipps zur Methodenauswahl weiter vorne an und überlegen Sie anhand der gegebenen Kriterien, welche Methoden für die jeweilige Situation und das zu vermittelnde Thema eventuell besser passen könnte. Wählen Sie gelegentlich bewusst eine andere Methode aus.

Natürlich ist das Gegenteil davon genauso zu vermeiden: Bei einem einzigen Thema kombinieren Sie munter fünf Methoden und freuen sich über die Lehrmethodenvielfalt, die Sie Ihren Azubis bieten können – auch das ist nicht der optimale Weg. Es macht durchaus Sinn, zwei Methoden miteinander zu kombinieren, da hierdurch oft die jeweiligen

Schwächen einer Methode ausgeglichen oder abgemildert werden können – vielleicht in einigen Fällen auch einmal drei Methoden. Aber überfordern Sie Ihre Azubis nicht durch ständigen Methodenwechsel in einer einzigen Lehreinheit. Picken Sie sich ein oder zwei gut passende Methoden heraus, bereiten Sie den Lernstoff damit auf und konzentrieren Sie sich dann auf die Vermittlung der Inhalte. Und bei der nächsten Lerneinheit sind vielleicht andere Methoden passend, sodass Sie durchaus ein breites Repertoire an Lehrmethoden anwenden können – aber eben nicht alle auf einmal.

Anregung

Überlegen Sie mal in einer ruhigen Minute, ob Sie eine Ihrer Standardlehreinheiten demnächst vielleicht mit einer anderen Lehrmethode vermitteln möchten. Vielleicht macht es auch Sinn, insgesamt für Ihre wichtigsten Lehreinheiten die Methoden zu hinterfragen und evtl. neue/andere Methoden in einem guten Mix dafür auszuwählen?

Zusammenfassung

Wie Sie in diesem Überblick festgestellt haben, gibt es viele verschiedene Lehrmethoden: Welche, bei denen Sie als Ausbilder hauptsächlich Inhalte vermitteln (darbieten), und Methoden, bei denen der Azubi weitestgehend selbstständig Themen erarbeitet, sowie ein Mittelfeld, bei dem Sie gemeinsam Dinge erarbeiten. Wählen Sie je nach Thema und Kenntnisstand der Azubis eine passende Methode aus. Beachten Sie dabei die verschiedenen Kriterien zur Methodenauswahl. Eventuell können Sie Nachteile einer Methode auch durch die Kombination mit anderen Methoden ausgleichen. Und zum Schluss: Probieren Sie doch auch einmal die kreativen Methoden aus oder versuchen Sie sich an einem der digitalen Tools. Bei allem gilt jedoch: Berücksichtigen Sie immer die Grundlagen des optimalen, gehirngerechten Lernens für Ihre Azubis und denken Sie daran, die Lust am Lernen zu fördern: Denn mit der richtigen Motivation lernt es sich wie von selbst.

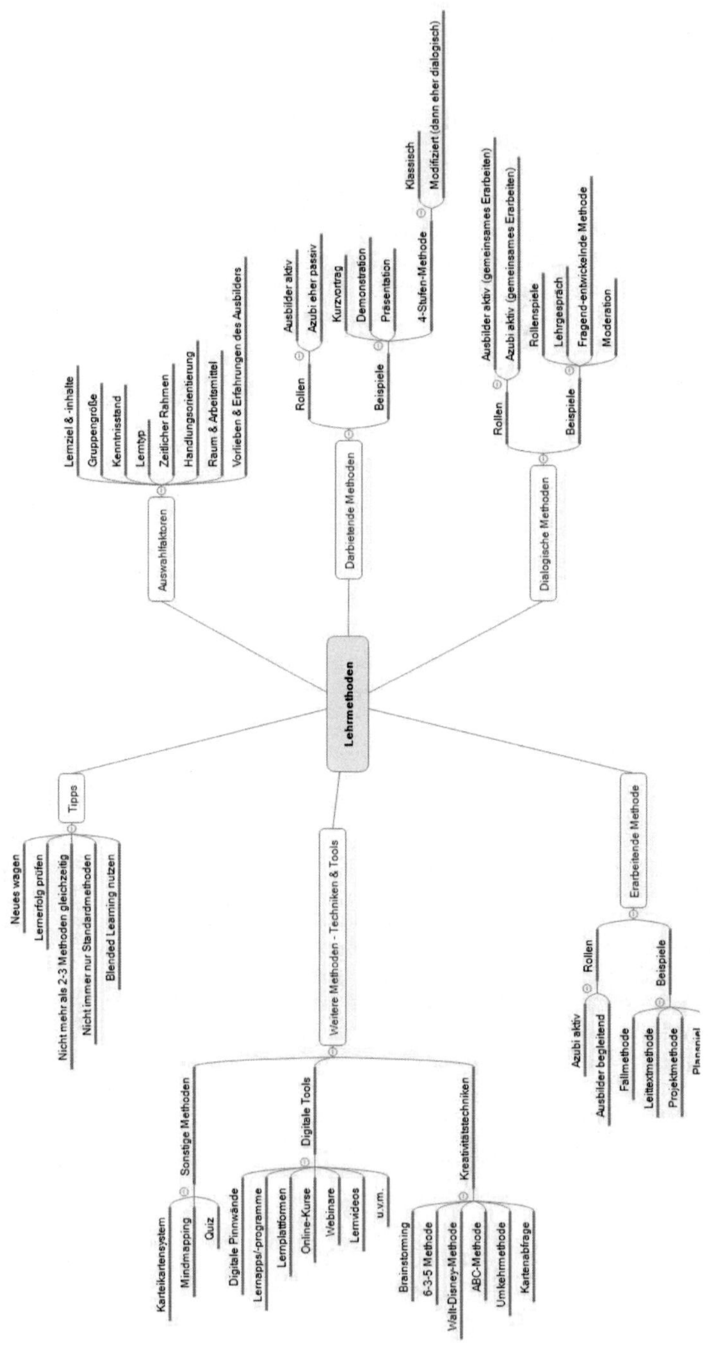
Lehrmethoden
Auswahlfaktoren
Lernziel & -inhalte
Gruppengröße
Kenntnisstand
Lerntyp
Zeitlicher Rahmen
Handlungsorientierung
Raum & Arbeitsmittel
Vorlieben & Erfahrungen des Ausbilders
Darbietende Methoden
Rollen
Ausbilder aktiv
Azubi eher passiv
Beispiele
Kurzvortrag
Demonstration
Präsentation
4-Stufen-Methode
Klassisch
Modifiziert (dann eher dialogisch)
Dialogische Methoden
Rollen
Ausbilder aktiv (gemeinsames Erarbeiten)
Azubi aktiv (gemeinsames Erarbeiten)
Beispiele
Rollenspiele
Lehrgespräch
Fragend-entwickelnde Methode
Moderation
Erarbeitende Methode
Rollen
Azubi aktiv
Ausbilder begleitend
Beispiele
Fallmethode
Leittextmethode
Projektmethode
Weitere Methoden - Techniken & Tools
Sonstige Methoden
Karteikartensystem
Mindmapping
Quiz
Digitale Tools
Digitale Pinnwände
Lernapps/-programme
Lernplattformen
Online-Kurse
Webinare
Lernvideos
u.v.m.
Kreativitätstechniken
Brainstorming
6-3-5 Methode
Walt-Disney-Methode
ABC-Methode
Umkehrmethode
Kartenabfrage
Tipps
Neues wagen
Lernerfolg prüfen
Nicht mehr als 2-3 Methoden gleichzeitig
Nicht immer nur Standardmethoden
Blended Learning nutzen

Hintergrundinfos: Wie wir lernen (inkl. Lerntipps für Ihre Azubis)

Unser Gehirn ist eine komplexe Sache: Ständig finden Forscher neue Sachen über dieses mysteriöse Denkorgan heraus. Wir wissen viel mehr darüber, als noch vor einer oder zwei Generationen. Aus diesen Erkenntnissen, wie das Gehirn funktioniert und arbeitet, aber auch wie unser gesamter Körper im Zusammenspiel funktioniert, können wir einige Lerntipps für unsere Azubis ableiten. Hier haben wir Ihnen die wichtigsten aufgelistet. Auch dazu gibt es auf der Homepage zum Buch weitere Infos, inkl. eines Kurzüberblicks über die Arbeitsweise des Gehirns, um die Tipps und Infos besser einordnen und verstehen zu können.

Lerntipps für Ihre Azubis (oder gerne auch für Sie selbst):

- Genügend Schlaf: Das Gehirn verarbeitet das Gelernte während des Schlafs, daher sollte – besonders während Prüfungs- und Lernphasen – nicht am Schlaf gespart werden. Mindestens sieben bis acht Stunden sind sinnvoll.
- Ausreichend trinken: Unser Gehirn benötigt genügend Flüssigkeit, um gut arbeiten zu können. Zwei bis drei Liter pro Tag gelten als optimal – am besten einfaches Wasser.
- Frische Luft: Sauerstoff ist ebenfalls essenziell für unser Gehirn, um optimal arbeiten zu können und nicht in den Schlaf- oder Ruhemodus zu verfallen. Also: Regelmäßig lüften – oder mit dem nächsten Tipp kombinieren und spazieren gehen.
- Bewegung: Nicht nur unserem Körper tut Bewegung gut, auch unser Denkapparat funktioniert damit viel besser. Wie wäre es also mit einer kleinen Bewegungspause, spätestens nach 90 Minuten intensivem Lernen? (Ein Spaziergang an der frischen Luft, Rückenübungen, falls Sie beim Lernen sitzen, Yoga zur Entspannung oder was immer Ihnen an Bewegung guttut)
- Pausen: Unser Körper und unser Gehirn brauchen auch Ruhephasen, daher sind regelmäßige Pausen extrem wichtig. Ob Sie diese mit einer kurzen Bewegungseinheit verbinden oder einfach mal die Seele baumeln lassen,

ist Ihnen überlassen. Es kann schon helfen, sich für fünf Minuten ans offene Fenster zu stellen und den Blick schweifen zu lassen (Sauerstoff, Stehen für den Rücken, Entspannung für die Augen).

- Mit Lernplan lernen: Nicht kurz vor der Prüfung 20 Stunden am Stück durchlernen, sondern lieber früh genug anfangen und jeden Tag ein paar kurze Lernblöcke einplanen und an regelmäßige Wiederholungen denken.

Pomodoro-Technik

Und noch ein besonderer Tipp zum Schluss: Probieren Sie doch mal die Pomodoro-Technik fürs Lernen aus (und auch fürs Arbeiten). Diese funktioniert so:

Sie stellen sich einen einfachen Küchentimer (oder eine App, es gibt mittlerweile unzählige Pomodoro-Apps) auf 25 Minuten. Während der Wecker tickt (die klassischen Küchentimer ticken, während sie laufen), arbeiten/lernen Sie konzentriert ohne Ablenkungen und Störungen (Tür zu, Handy aus, Telefon lautlos etc.). Wenn der Wecker klingelt, haben Sie sich fünf Minuten Pause verdient: Fenster auf, tief atmen, ein paar Schritte gehen, etwas trinken etc. Nach diesen fünf Minuten kommt die nächste Pomodoro-Einheit mit 25 Minuten intensivem Arbeiten und einer 5-minütigen Pause. Dies wiederholen Sie insgesamt 4-mal, danach folgt eine längere Pause von einer halben Stunde (Zeit, um etwas zu essen, für einen Spaziergang etc.). Diese Technik ist besonders geeignet für unangenehme Aufgaben bzw. wenn man das Lernen gerne vor sich herschiebt: Denn eine halbe Stunde ist doch wirklich nicht so schlimm, damit kann man die Aufgabe/das Lernen angehen. Und auch wenn es bei einer einzigen Pomodoro bleibt – man hat zumindest ein bisschen daran gearbeitet.

Hintergründe zu dieser Methode, weitere Tipps oder auch, was das Ticken des Weckers mit dem Pawlowschen Hund zu tun hat, erfahren Sie auf der Homepage zum Buch. 😉

Viel Erfolg beim Lernen!

8. Projekte in der Ausbildung: Förderung von selbstständigem Arbeiten

Wie im Kapitel „Lehrmethoden" bereits beschrieben, sind Projekte eine wunderbare Möglichkeit für Azubis, ihr Wissen in der Praxis möglichst selbstständig umzusetzen und sich auch in puncto Selbstorganisation und Teamarbeit zu erproben. Wichtig ist, dass schon gewisse theoretische Kenntnisse vorhanden sind und die Auszubildenden schon ein wenig Erfahrung im betrieblichen Alltag gesammelt haben, sodass eine Überforderung vermieden werden kann.

Projekt definiert

Ist eigentlich jede Aufgabe, die die Azubis selbstständig bearbeiten, direkt ein Projekt? Der Begriff „Projekt" ist in der Fachliteratur klar definiert: Ein Projekt zeichnet sich aus durch seine Einmaligkeit (ist also keine regelmäßige Tätigkeit) und hat einen fest definierten Start- und Endzeitpunkt. Das quartalsmäßige Ausmisten des Archivs können Sie also schwerlich als Projekt deklarieren – ganz davon abgesehen, dass sich Ihre Azubis dann wahrscheinlich veräppelt vorkommen würden ...

8.1 Vorteile von Projekten

Beschäftigen wir uns zuerst mit den Vorteilen von Projekten:

Selbstständigkeit

- **Selbstständigkeit fördern**

  Während die Azubis sonst oft nach kleinteiligen Anweisungen arbeiten, kleinere Arbeitsaufträge ausführen oder Arbeitsabläufen nachgehen, die ebenfalls Stück für Stück festgelegt sind, erwartet sie beim Projekt so etwas wie die „große Freiheit": Sie können ihr Vorgehen selbst bestimmen, Kreativität mit einbringen, festlegen, wie etwas gemacht werden soll und können kleine Entscheidungen selbst treffen. Sie müssen überlegen, welche Aufgaben zu erledigen sind und besonders bei Teamprojekten, wer sich worum kümmern muss und einen Ablaufplan oder einen Terminplan für die Aufgaben aufstellen. Das ist auch der Grund, warum ein Projekt für neue Azubis noch nicht geeignet ist. Diese würden sich mit diesem Maß an Selbstständigkeit, Eigen-Organisation, Planung und Entscheidungsfindung noch vollkommen überfordert fühlen. Für erfahrene Auszubildende hingegen steckt hier viel Lernpotenzial drin, denn nicht nur die Fachaufgaben, die zur Ausbildung gehören, müssen gelernt werden. Hier geht es auch um weitere Fähigkeiten und Soft Skills, die gefördert werden: Selbstständigkeit, Organisation und Entscheidungsfreudigkeit wird Ihren Azubis auch nach der Ausbildung noch weiterhelfen.

- **Motivation erhöhen**

  Ein spannendes Projekt, an dem die Auszubildenden selbstständig arbeiten dürfen, macht Spaß. Die Azubis freuen sich auf die Arbeit und eignen sich auch neues Wissen mit viel mehr Freude an – so lernt es sich leichter. Gerade im zweiten Lehrjahr, wo erfahrungsgemäß bei vielen Azubis ein Motivationstief einsetzt, kann ein tolles Projekt sehr helfen, die Lust an der Ausbildung weiter hoch zu halten, und sich auf die neue, spannende Aufgabe vorzubereiten. Außerdem merkt der Azubi daran selbst sehr gut, welche Fortschritte er schon gemacht hat und dass er mittlerweile in der Lage ist, Dinge auch ohne seinen Ausbilder selbstständig zu erledigen. Auch das beflügelt und motiviert.

Praxistransfer

- **Praxistransfer von theoretischen Kenntnissen**

  Viele Dinge werden den Auszubildenden nur in der Theorie vermittelt, der Bezug zur Praxis fehlt jedoch. Das macht es nicht gerade einfach, diese Dinge zu verstehen. Sobald aber die Themen aus der grauen Theorie einen praktischen Bezug erhalten, macht es „klick“ und die Azubis können sich darunter etwas vorstellen. Erkundigen Sie sich doch einmal, welche Themen aktuell in der Berufsschule vorkommen und versuchen Sie, diese mit Praxisvorgängen zu hinterlegen, gerne in Form eines Projektes. Aber auch für Vorgänge, die Sie im Betrieb nur theoretisch vermitteln können, die aber auf Grund des Ausbildungsrahmenplans in die Ausbildung mit hineingehören, eignen sich Projekte, um einen Praxisbezug zu bekommen. Ein Beispiel hierzu: Ihre kaufmännischen Azubis sollen laut Rahmenplan auch in der Personalabteilung eingesetzt werden. Sie haben aber gar keine in Ihrem kleinen Betrieb oder Sie möchten nicht, dass Ihre Azubis Einblick in diese vertraulichen Daten erhalten. Indem Sie die Auszubildenden projektbezogen miteinbeziehen, z. B. bei der Auswahl der neuen Azubis (ausführliches Beispiel dazu weiter hinten im Kapitel), haben sie zumindest schon einmal einen Großteil des Prozesses „Personalauswahl“ kennengelernt. Auf diese Weise können Sie versuchen, die verschiedenen Prozesse aus der Personalabteilung mit Projekten abzudecken, um es hier nicht nur bei theoretischen Kenntnissen zu belassen. Optimal wäre es natürlich, wenn Sie Ihrem Azubi trotzdem ermöglichen könnten, einige Zeit in der Personalabteilung zu arbeiten, um den kompletten Arbeitsablauf und -alltag sowie auch die Zusammenarbeit mit anderen Abteilungen kennenzulernen.

- **Leerläufe füllen**

Leerläufe

Erfahrungsgemäß gibt es in fast allen Bereichen gelegentlich Leerläufe, also Zeiten, in denen für den Auszubildenden nichts zu tun ist. Diese Zeiten können für den Azubi sehr frustrierend sein. Langeweile ist ein unangenehmes Gefühl – besonders aber für die junge Generation, die Langeweile viel weniger kennen gelernt hat als noch Generationen zuvor. In Zeiten, in denen alles schnell geht und jede Minute noch optimal genutzt werden soll, sind Zeiten der Langeweile selten geworden. Die jungen Menschen haben daher oftmals nicht gelernt, mit Langeweile umzugehen. Natürlich sind längere Leerlaufzeiten für alle Menschen unangenehm – nicht umsonst gibt es dafür auch den Begriff des Boreouts, also der Langeweile, Unterforderung und des Leerlaufs auf der Arbeit.

Boreout-Syndrom

Das Boreout-Syndrom ist das Gegenteil vom Burnout, bei dem man überfordert ist. Er hat dabei aber ähnliche Symptome, wie depressive Verstimmungen, Antriebslosigkeit und Stimmungsschwankungen, Kopfschmerzen, Rückenschmerzen, Magen-Darm-Probleme, Schlaf- und Konzentrationsstörungen und vieles mehr. Dabei ist das Boreout gar nicht so selten, wie man vielleicht denken mag. Allerdings wird darüber nicht gerne gesprochen. Viele schämen sich, zuzugeben, dass sie nicht genug zu tun haben, fühlen sich dann nicht mehr gebraucht, nicht wichtig und unnütz. Oft spielt dabei auch die Angst vor dem Verlust des Arbeitsplatzes eine Rolle: Die Stelle könnte ja wegrationalisiert werden, wenn herauskommt, wie wenig man zu tun hat. Daher entwickeln Menschen im Boreout Strategien, damit ihre Unterbeschäftigung nicht auffällt. Da wird die Bearbeitung eines Vorgangs auf das 5-Fache der normalen Zeit gestreckt, der Arbeitsplatz mit Material gefüllt und man tut die ganze Zeit sehr beschäftigt. Heutzutage gilt es als schick, Stress zu haben, vielbeschäftigt zu sein, gerade die Unterbeschäftigung ist gesellschaftlich eher verpönt. Daher spricht niemand gerne über das Phänomen

Boreout, es wird totgeschwiegen. Laut Umfragen haben aber 11 % aller Azubis schon mit dem Thema Boreout zu kämpfen gehabt.

Tipp: Beugen Sie hier vor: Mit (Projekt-)Aufgaben, die der Auszubildende immer in seinen Leerlaufzeiten bearbeiten kann. Erklären Sie ihm dafür eine solche Projektaufgabe oder geben Sie ihm eine Liste an Aufgaben, die er selbstständig in Leerlaufzeiten erledigen kann (auch bekannt als Schubladenaufgaben). Ein Projekt, das über einen längeren Zeitraum läuft und keine näher rückende und drängende Deadline hat, ist für eine solche Schubladenaufgabe optimal. Schauen Sie die Projekt-Liste auf unserer Homepage durch, um etwas Geeignetes zu finden.

Schubladen-aufgaben

- **Teamprozesse erfahren**

  Natürlich können viele Projekte auch von einem Auszubildenden alleine übernommen werden. Oftmals ist es in Betrieben aber auch üblich, dass Azubis als Gruppe an einem Projekt arbeiten. Natürlich bekommt jeder innerhalb des Teams auch immer wieder Einzelaufgaben. Das „große Ganze“ wird aber mit allen gemeinsam vorangebracht und auch alles Organisatorische sowie alle Entscheidungen werden vom Team geregelt. Hierbei lernen die Auszubildenden sehr intensiv die Zusammenarbeit im Team, finden ihre Rolle und entwickeln sich innerhalb des Teams weiter. Sie lernen dabei viel über zwischenmenschliche Beziehungen, Kommunikation, eventuell sogar auch über Konfliktlösung. Im Team können auch jüngere Azubis von den erfahreneren an Kreativprozesse, Organisation und Ähnliches herangeführt werden.

Projektmanagement

- **Projektmanagement/Organisation erlernen**

  Kennzeichnend bei einem Projekt ist auch, dass nicht nur einfach die Aufgabe erledigt wird, sondern dass es auch einiges an Planung und Organisation zu tun gibt. Auch dies erlernen die Auszubildenden bei einem Projekt: Vom Projektauftrag über Personalplanung, Zeitplänen (evtl. auch ein Netzplan) und Ressourcenplanung bis hin zu Statusberichten, Protokollen und Abschlusspräsentationen/-berichten gibt es einiges an Formalitäten, was je nach Projektgröße und -umfang mit angewendet werden kann. Was davon sinnvoll ist (auch bei kleinen Projekten), und was man besser für größere Projekte aufspart, erfahren Sie direkt im nächsten Abschnitt. Fakt ist, dass die meisten Auszubildenden vorher noch nie mit Projektmanagement zu tun hatten, es aber mittlerweile in vielen Jobs vorausgesetzt wird, zumindest Grundkenntnisse darin zu haben. Dies können Sie Ihren Azubis hier ermöglichen. Aber selbst wenn Sie nicht mit den offiziellen Projektplanungstools arbeiten: Zu organisieren und zu planen ist auf jeden Fall einiges – auch das kann Ihr Auszubildender hierbei selbstständig lernen.

Wenn die Vorteile Sie überzeugt haben: Legen Sie los! Überlegen Sie, welches Projekt für Ihren Azubi/ Ihre Azubis geeignet sein könnte (Anregungen finden Sie auch im letzten Abschnitt dieses Kapitels und auf unserer Buch-Homepage).

8.2 Der Ablauf

Starten Sie das Projekt, indem Sie mit Ihren Auszubildenden alles Notwendige besprechen: In einem sogenannten Kick-off-Meeting. Bei nur einem Azubi können Sie dies natürlich auch einfach in einem regelmäßigen Gespräch mit angliedern. Legen Sie dafür gemeinsam das Projektziel, den Projektumfang mit allen Details (Zeitrahmen, Budget, Ressourcen etc.) und alle weiteren wichtigen Punkte fest. Dazu gehören bei größeren Projekten vor allem die Zwischenziele (Meilensteine). Dabei legen Sie fest, was genau bis wann erreicht werden soll, damit das Gesamtziel zu erreichen ist. Bei einer Projektgruppe legen Sie auch gemeinsam einen Projektleiter fest. Bei größeren Projekten/Gruppen können weitere Rollen wie z. B. die des Schriftführers sinnvoll sein. Halten Sie die besprochenen Punkte nun in einem Projektauftrag fest. Ein ganz einfaches Formular dafür finden Sie zum Download auf der Homepage. Außerdem gibt es dort auch weitere, komplexere Formulare, falls Sie diese für eine ausführlichere Planung benötigen (Budget- und Ressourcenplanung extra, genaue Zeitplanung, Aufgabenpakete zu den Meilensteinen, evtl. sogar ein Netzplan). Wenn Ihre Auszubildenden bereits Erfahrung mit Projekten und deren Planung haben, können sie den Projektauftrag auch allein ausfüllen (inkl. der dazugehörenden Planung) und Ihnen diesen hinterher nur zur Genehmigung einreichen. Der Projektauftrag sollte von den Projektteilnehmern (bzw. bei großen Gruppen von dem Projektleiter und evtl. dem Schriftführer) unterschrieben werden. Zusätzlich unterschreiben Sie als Ausbilder und „Auftraggeber“ des Projekts, womit Sie die Genehmigung erteilen, das Projekt wie im Projektauftrag beschrieben durchzuführen.

Meilensteine

Projektauftrag

Legen Sie außerdem fest, wann und wie ausführlich die Azubis Ihnen berichten sollen – das hängt natürlich auch stark von der Wichtigkeit des Projektes, dem Umfang und der Dauer ab. Sinnvolle Abstände können daher wöchentlich oder monatlich sein oder auch einfach jeweils zu den festgelegten Meilensteinen. Beim ersten Azubi-Projekt kann es hilfreich sein, wenn Sie beim ersten Projektmeeting und evtl. sogar bei weiteren Treffen mit dabei sind und Hilfestellung geben. Später sollten die Azubis dies aber selbstständig übernehmen. Bei weiteren Azubi-Projekten sollten die Auszubildenden dies ebenfalls in Eigenregie durchführen können. Führt nur ein einzelner Auszubildender das Projekt durch, können Sie einfach bei den regelmäßigen Gesprächen gelegentlich in sinnvollen Abständen den Zwischenstand besprechen.

Projektstatus-berichte

Eine Möglichkeit, um den Auszubildenden hier mehr Selbstständigkeit ohne ständige Rücksprachen zu ermöglichen, sind die Projektstatusberichte (Formular auf der Homepage zum Download). Hier können die Azubis zu fest vereinbarten Zeitpunkten (sinnvollerweise die Meilensteine) eine Rückmeldung an den Ausbilder geben. Auf diese Weise ist der Ausbilder jederzeit über den Projektfortschritt informiert und bleibt trotzdem eher im Hintergrund. Auf dem Formular wird nur der Projektname vermerkt und nach dem Ampel-Prinzip angekreuzt, wie der Projektstatus ist:

- Grün: alles in Ordnung, Projekt im Zeitplan und im Budget, Projektziel kann voraussichtlich wie geplant erreicht werden
- Gelb: es gibt Schwierigkeiten/Gesprächsbedarf, ein Punkt verzögert sich, es ist etwas vorgefallen etc.
- Rot: Projektziel gefährdet, Zeitplan gefährdet, Budgetplanung passt nicht, dringender Redebedarf!

Bei Grün muss nur dieses Kreuz gesetzt werden und fertig. Das heißt in 90 % der Fälle (oder optimalerweise in 100 %) ist der Projektstatusbericht in einer Minute ausgefüllt und der Ausbilder weiß, es passt alles. Wird aber orange oder rot angekreuzt, sollte darunter im Formular noch kurz erläutert werden, was das Problem ist, und es kann eine Fragestellung zur Beantwortung oder Genehmigung formuliert werden oder um einen Gesprächstermin gebeten werden. Bei Rot empfiehlt es sich auch meist, direkt das Gespräch zu suchen. Natürlich kann der Ausbilder bei Fragen jederzeit angesprochen werden.

Das erfolgreiche Ende des Projektes sollte auch entsprechend gewürdigt werden: Das Mindeste ist ein Lob, bei größeren Projekten kann auch durchaus eine kleine Feier (ein gemütliches Treffen in der Betriebsküche oder ein gemeinsames Anstoßen nach Feierabend) angemessen sein. Schauen Sie einfach, was im Verhältnis zum Projekt steht. Auch möglich ist eine Abschlusspräsentation der Azubis zu ihrem Projekt. Hier kann dann bei kleinen Unternehmen auch die Firmenleitung dazugebeten werden, bei größeren (mittelständischen) Unternehmen vielleicht die Personal- oder Bereichsleitung. Mit dieser Präsentation können die Azubis auch direkt ihre Soft Skills trainieren: Präsentationen halten zu können, über eine gute Rhetorik zu verfügen und Sachverhalte gut darstellen zu können ist mittlerweile in fast allen Berufen wichtig. Eventuell gönnen Sie Ihren Azubis hierfür noch ein Präsentationsseminar/einen entsprechenden Rhetorikworkshop? Je nach Projekt kann auch ein Abschlussbericht sinnvoll sein oder eine kurze Projektdokumentation, um das Vorgehen oder/und die Ergebnisse für später festzuhalten. Entscheiden Sie je nach Projekt, was als Abschluss sinnvoll ist. Auf jeden Fall sollten Sie aber zum Projektabschluss nochmals ein Gespräch mit Ihren Auszubildenden führen, in dem Sie das Projekt durchsprechen können. Was fiel den Azubis leicht, was war schwer? Was haben sie gelernt? Würden sie gerne nochmals ein Projekt übernehmen? Wurden Defizite festgestellt, die durch interne Unterweisungen oder externe Seminare noch abgedeckt werden sollten? Geben Sie auch Feedback zum Projekt: Wie ist es aus Ihrer Sicht gelaufen? Was haben die Azubis richtig gut gemacht, was sollten sie das nächste Mal anders/besser machen? Was ist Ihnen sonst noch aufgefallen? Nutzen Sie dieses Gespräch zum ausführlichen Austausch und Feedback (gerne in beide Richtungen).

Abschluss-präsentation

8.3 Was ist zu beachten?

Jetzt haben Sie schon einen groben Überblick über den Ablauf eines Projektes. Bevor wir zu den Beispielen kommen, hier noch einige Dinge, die es bei Projekten zu beachten gilt:

- **Über- und Unterforderung vermeiden**

  Ein überforderter Auszubildender wird die Projektphase kaum als bereichernd empfinden, sondern das Gefühl haben, den Anforderungen nicht gerecht zu werden, was

Überforderung

demotivierend ist. Das Projektziel kann bei einer größeren Überforderung nicht erreicht werden. Das Projekt ist also sowohl vom Ergebnis als auch als Lehrmethode somit komplett fehlgeschlagen. Achten Sie daher darauf, dass das Projekt dem Kenntnisstand und den Fähigkeiten Ihres Azubis angemessen ist. Bei starken Azubis, die gut selbstständig Wissen erarbeiten können, kann ein Projektziel, das leicht über dem aktuellen Kenntnisstand liegt, motivierend wirken. Aber auch hier gilt: Übertreiben Sie es nicht. Genauso wichtig: Versuchen Sie ebenfalls, Unterforderung zu vermeiden. Bei einem Projekt, bei dem der Auszubildende nichts Neues lernen kann, bei dem alles schon bekannt ist und nach dem 08/15-Prinzip abgearbeitet werden kann, wird sich der Azubi sehr wahrscheinlich langweilen und ebenfalls eher lustlos mitarbeiten, sicher aber keine Bestleistungen zeigen. Und optimalerweise sollte diese Projektphase ja beflügeln, motivieren und neues Wissen vermitteln bzw. vorhandenes vertiefen sowie für die Praxisanwendung von theoretischen Inhalten sorgen und strukturiertes Projektarbeiten näherbringen (Soft Skill-Stärkung). Dafür ist es wichtig, dass sowohl Über- als auch Unterforderung vermieden wird.

Unterforderung

- **Motivation vorhanden?**

Ist der Auszubildende motiviert dieses Projekt durchzuführen? Motivation ist eine wichtige Grundlage für erfolgreiches Lernen. Fehlt diese, wird es auch mit dem Lern- und Projekterfolg schwierig.

⇨ **Beispiel:**
Sie haben einen Azubi, der größere Feiern nicht mag und auch kein Fan von Weihnachten ist. Schlimmstenfalls ist auch die Organisation nicht seine Stärke. Diesen Auszubildenden die Weihnachtsfeier organisieren zu lassen, wäre für ihn vermutlich eher eine Strafe als ein motivierendes Projekt. Fragen Sie einfach mal Ihre Azubis, ob ihnen lohnende Projekte im Unternehmen einfallen. Erwarten Sie keine ad-hoc-Antwort. Bitten Sie sie, ein paar Tage darüber nachzudenken und haken Sie beim nächsten Azubi-Meeting/regelmäßigen Azubi-Gespräch wieder nach. So wird sich bestimmt ein motivierendes und interessantes Projekt finden lassen. Falls Sie sonst noch Anregungen brauchen: Schauen Sie auf die Aufzählung am Ende des Kapitels oder auf unsere begleitende Homepage, dort finden Sie viele Vorschläge.

- **Begleitung/Hilfestellung**

  Begleiten Sie Ihren Auszubildenden besonders bei seinem ersten Projekt sehr intensiv und bieten Sie regelmäßig Hilfestellung an. Wenn Sie merken, dass er gut zurechtkommt, können Sie die Begleitung natürlich auch etwas zurückfahren. Achten Sie aber darauf, dass Ihr Azubi sich nicht alleine gelassen vorkommt (siehe „Überforderung"). Ebenso sollten Sie Ihrem Auszubildenden nicht mehr Hilfe anbieten, als er unbedingt braucht, und besonders bei fortgeschritteneren Azubis auch selbstständiges Arbeiten ermöglichen. Nutzen Sie dazu doch z. B. unsere Statusberichte (siehe Beschreibung Projektablauf), um die Azubis weitestgehend im Alleingang arbeiten zu lassen.

- **Meilensteine vereinbaren**

  Meilensteine

  Damit selbstständiges Arbeiten möglich ist und damit das Projekt übersichtlich bleibt, hilft es, dieses in Etappen zu unterteilen und zum Ende einer jeden Etappe einen Meilenstein, eine Art Zwischenziel zu vereinbaren. Eine mögliche Abmachung wäre, dass der Azubi sich nach jedem Meilenstein mit einem kurzen Zwischenbericht bei Ihnen meldet (mündlich oder über unsere Statusberichte), sonst aber selbstständig arbeiten darf, solange es keine Probleme gibt. Besonders bei größeren Projekten sind solche Meilensteine – also die Etappenziele – wichtig, um auch zwischendrin Punkte zu haben, an denen man kontrollieren kann, ob noch alles „auf Kurs ist" und um Struktur im Projekt zu haben. Wenn diese Etappenziele ein wenig gefeiert werden, kann dies bei sehr langen Projekten auch helfen, die Motivation zu erhalten – dies ist sinnvoll bei Projekten, bei denen das Ziel so weit entfernt ist, das am Ende des Tunnels zunächst noch kein Licht zu erkennen ist. Dann helfen die Meilensteine als Fackeln im Dunkeln bei der Orientierung, Motivationserhaltung und um das Ziel im Auge zu behalten.

- **Teambildung**

  Dies kann ein ganz entscheidender Faktor für den Erfolg des Projektes sein. Generell sagt man, dass möglichst heterogene Teams – also möglichst gut durchgemischt, was zum Beispiel Alter, Geschlecht, Ausbildungsberufe, Lehrjahr etc. angeht – besser arbeiten als homogene (gleichartige). Aber natürlich muss es auch sinnvoll sein, die Teams heterogen zu gestalten: Wenn Sie nur einen einzigen Ausbildungsberuf haben, scheidet diese Differenzierungsmöglichkeit schon aus. Falls dieses

Projekt nur für fortgeschrittene Azubis aus dem dritten Lehrjahr geeignet ist, macht es vermutlich wenig Sinn, die „Neulinge“ aus dem ersten Lehrjahr einzubeziehen. Wichtig sind aber auch die Charaktere der einzelnen Auszubildenden: Gibt es Azubis, die sich überhaupt nicht riechen können? Zwei starke Persönlichkeiten, die sich um die Projektleitung kabbeln? Nur ruhige Charaktere, von denen keiner die Initiative ergreift? Wenn Sie das Projektteam passend zusammensetzen, kann dies dem Projektergebnis zu Gute kommen. Andererseits können Sie aber ein solches Projekt auch gezielt nutzen, um diese Gruppenprozesse untereinander in Gang zu bringen, sodass auch ein Teamfindungsprozess stattfinden kann und jeder langsam seine Rolle findet. Dies erfordert aber, besonders wenn schwierige Charaktere dabei sind, eine engere Beobachtung/Begleitung von Ihnen. Und Sie sollten, wenn Sie ein Projekt gezielt für so etwas nutzen wollen, sicher kein Projekt wählen, dessen Ergebnis enorm wichtig für das Unternehmen ist. Oft hilft hier auch eine Vorab-Veranstaltung zur Teamfindung ganz enorm weiter – lassen Sie sich diesbezüglich gerne beraten, falls Sie hierzu keine fundierten Kenntnisse besitzen.

Praxistransfer

- **Praxistransfer (Kenntnisse vorhanden?)**

Prüfen Sie unbedingt, ob die nötigen theoretischen Kenntnisse vorhanden sind. Falls nicht schließen Sie Lücken frühzeitig im Vorfeld oder sorgen Sie dafür, dass der Azubi diese Lücken noch selbstständig schließen kann. Der nächste Punkt ist die Frage, ob der Auszubildende in der Lage ist, das theoretische Wissen in die Praxis zu übertragen. Selbst wenn das Wissen in der Theorie verstanden wurde, kann es mit der Anwendung in der Praxis ganz anders aussehen. Bleiben Sie nah genug an Ihren Azubis dran, um mitzubekommen ob dies klappt, besonders beim ersten Projekt. Die Aussage: „Melden Sie sich, wenn es Fragen gibt/wenn Sie Hilfe brauchen...“ ist leider oft nicht ausreichend, weil viele Azubis Scheu haben, ihr vermeintliches Unwissen einzugestehen und nachzufragen. Die Angst, als dumm dazustehen, führt dann oft zu Aufschieberitis – und so ist bis zum ersten Meilenstein noch nicht viel passiert. Sie kennen Ihre Azubis am besten und können gut einschätzen, wo Hilfe nötig sein könnte und wo nicht bzw. wer sich traut, nachzufragen und wo Sie lieber noch einmal mehr nachschauen. Generell sollten Sie aber Ihren Azubis vermitteln, dass es niemals als dumm gilt, etwas nochmals zu hinterfragen und sich Hilfe zu holen, wenn man diese benötigt. Dies ist sogar deutlich „schlauer“ als bis ultimo zu warten und dann den Misserfolg eingestehen zu müssen ...

8.4 Was eignet sich als Projekt?

Es gibt viele Möglichkeiten für Projekte. Neben den kleineren Azubi-Projekten, für die ich Ihnen nachfolgend noch Beispiele nenne, gibt es auch ganze Bereiche, die projektmäßig von Azubis betrieben werden können. Hierzu gehören z. B. Bäckereien, die für bestimmte Zeiträume eine Filiale komplett als Azubi-Filiale laufen lassen, inklusive Backstube und Verkauf. Genauso gibt es einen großen Lebensmitteldiscounter, der regelmäßig Filialen für einige Wochen zu Azubi-Filialen macht: Von Personalplanung über Lagerhaltung, Präsentation der Waren, Nachbestellungen, Kassenbereich, Reklamationen und vielem mehr – alles wird von den Auszubildenden selbstständig geplant und durchgeführt.

Azubi-Werkstatt

Auch im Produktionsbereich ist dies möglich: Ein Unternehmen lässt zum Beispiel eine komplette Produktlinie komplett als Azubi-Werkstatt laufen. Auch hier kümmern sich die Auszubildenden selbstständig um alles: Von der Wartung und Einplanung der Maschinen, über die Teilenachbestellung und die Maschinenbedienung bis hin zur Qualitätskontrolle. Faszinierend, was die Azubis alles schon schaffen und können! Besonders bei solchen Projekten – oder eigenen Azubi-Bereichen – ist es wichtig, den Arbeitsschutz zu beachten. Prüfen Sie, ob bzw. unter welchen Voraussetzungen ein eigenständiges Arbeiten der Azubis möglich und zulässig ist, bevor Sie starten.

In einigen Unternehmen ist die Einstellung, Einarbeitung, Betreuung sowie ein Großteil der Ausbildungsorganisation fest in Azubi-Hand. Wie Sie die Auswahl und Einstellung der neuen Auszubildenden als Azubi-Projekt gestalten können, erfahren Sie ab Seite 155 in diesem Kapitel. Aber darüber hinaus kann auch die Einarbeitung und ein Teil der Betreuung und Organisation von erfahrenen Auszubildenden übernommen werden. Hierzu gibt es schon verschiedene Beispiele in Unternehmen, von Azubi-Mentoren über Azubi-Organisationskomitees und Azubi-Meetings bis hin zu von den Azubis selbst organisiertem (und teilweise selbst gehaltenem) Werksunterricht oder auch Nachhilfestunden.

Sie sehen also, vieles ist möglich. Bevor man jedoch zu ganzen Azubi-Bereichen und großen Projekten übergeht, macht es Sinn, mit kleineren Projekten zu starten. Beispiele für Azubi-Projekte gibt es viele, auf der Homepage zum Buch finden Sie eine ausführliche Übersicht mit kleinen und großen Projektbeispielen. Ein paar Ideen möchte ich Ihnen aber schon hier mitgeben:

Abteilungs-/ Tätigkeitenmappe

- **Abteilungs-/Tätigkeitenmappe (auch als digitales Notizbuch möglich)**

  Ein Projekt, das in fast jedem Bereich umsetzbar ist: Der Auszubildende beschreibt schriftlich ausführlich seine aktuellen Tätigkeiten im entsprechenden Unternehmensbereich. Diese sollten so dargestellt werden, dass später jemand anderes diese Mappe nehmen kann und (im Idealfall) allein anhand der Beschreibungen weiß, was zu tun ist. Das heißt, die Mappe kann eine wunderbare Unterstützung für zukünftige Azubis und Mitarbeiter sein. Außerdem ist sie auch hilfreich, falls der Azubi nach zwei Jahren erneut in die Abteilung kommen sollte, die Hälfte des Gelernten wieder vergessen hat und über die Mappe ganz einfach sein Wissen auffrischen kann. Ein weiterer Vorteil: Dadurch, dass der Auszubildende alle Tätigkeiten so ausführlich aufschreiben muss, durchdenkt er den kompletten Prozess nochmals, das hilft diese Arbeitsabläufe längerfristig im Gehirn zu verankern. Oft tauchen dabei auch neue Fragen auf, Hintergründe werden hinterfragt und einige Dinge können auch für den Azubi selbst noch geklärt werden. Hilfreich können auch Screenshots, Fotos, ausgefüllte Musterformulare oder Ähnliches sein, je nachdem um welche Aufgabe es geht. Neben einer Mappe aus Papier (handschriftlich oder besser noch in Word erstellt – dann ist es leichter abzuändern und zu ergänzen) ist das digitale Notizbuch eine moderne Alternative. Schauen Sie sich dazu doch mal OneNote an. Das kleine Organisationswunder ist ein kostenloser Begleiter der fast überall eingesetzten Microsoft-Office-Programme. Die Anwendung ist sehr einfach und für gewöhnlich haben die Azubis viel Freude daran, mit dieser Software eine entsprechende Übersicht zu erstellen. OneNote ist sehr vielseitig. Sie können neben Text auch Fotos, Links, Dateien, PDF-Ausdrucke, Videos und Audiodateien einfügen. Wenn Ihre Hardware dies ermöglicht, sind auch handschriftliche Ergänzungen und Zeichnungen möglich. Mehr zu diesem Allround-Talent und seinen Einsatzmöglichkeiten erfahren Sie im Bonus-Kapitel Tipps und Tricks.

OneNote

Einkaufsprojekt

- Für kaufmännische Azubis (und artverwandte Berufe): **Ein Einkaufsprojekt**

  Vielleicht steht bei Ihnen die Neuanschaffung von einigen Druckern an? Oder die Materialien für ein Kundenprojekt müssen bestellt werden? Eine neue Maschine soll angeschafft werden? Auch Kopierer, Scanner, Computer, Aktenvernichter, Werkzeugkästen etc. eignen sich für dieses Projekt. Lassen Sie den Azubi ermitteln, wie hoch der Bedarf ist (Beispiel Drucker: Abfrage, wo aktuell überall neue Drucker benötigt werden bzw. wo der Einsatz von neuen Druckern wirtschaftlich wäre – das ist dann schon ein Stück komplexer). Anschließend kann der Azubi eine Liste mit den erforderlichen technischen Eigenschaften der benötigten Drucker anfertigen und entsprechende Produkte heraussuchen und vergleichen, bzw. Angebote anfordern und einen Vergleich aufstellen. Hierzu sollte er dann eine fundierte Entscheidung treffen, diese kurz mit Ihnen abstimmen und kann danach die Bestellung eigenständig auslösen. Natürlich sollte er den Prozess auch weiterverfolgen mit Lieferüberwachung und -prüfung, Rechnungsfreigabe, Nutzerresümee etc.

Die Organisation von Feiern

- Ein durchaus übliches Azubi-Projekt: **Die Organisation von Feiern**

  Handelt es sich um die jährlich stattfindende Weihnachtsfeier, die auch immer ähnlich gestaltet wird, handelt es sich laut strenger Begriffsdefinition nicht um ein Projekt, bei der Organisation eines Firmenjubiläums oder eines Sommerfestes (welches nicht regelmäßig, sondern einmalig stattfindet) hingegen schon. Aber egal, ob die genauen Projektbegriffsdefinitionen erfüllt werden: Die Organisation solcher Feste ist eine beliebte Azubi-Aufgabe. Von der Erstellung der Gästeliste, der Planung der Örtlichkeit, dem Brainstorming zum Programm, den Anfragen zum Essen – überlegen Sie, was Ihre Azubis allein entscheiden dürfen (natürlich mit Budgetvorgabe) und wofür sie Ihre Zustimmung einholen müssen. Durchaus üblich ist folgende Vorgehensweise: Die Auszubildenden machen Vorschläge, holen Angebote ein und planen. Bevor etwas endgültig entschieden wird, teilen sie ihrem Ausbilder mit, was sie machen möchten (z. B. welches Catering-Angebot sie auswählen würden) und der Ausbilder gibt seine Zustimmung. Schön ist aber auch, wenn die Azubis in einem (kleinen) Bereich komplett frei entscheiden können.

Azubi-Start-Mappe

- **Azubi-Start-Mappe**

Erinnern Sie sich an die Azubi-Start-Mappe, die ich Ihnen im Kapitel für einen guten Start mit Ihren neuen Azubis empfohlen habe? Diese Mappe sollte optimalerweise auch von Azubis angelegt werden. Denn die Jugendlichen wissen am besten, welche Infos man für den Start braucht, wie man diese zielgruppengerecht aufbereitet und was auch für den Start einfach noch zu viel ist. Hier gilt wie beim ersten Projektpunkt oben (der Abteilungs- oder Tätigkeitenmappe): Überlassen Sie es Ihrem Auszubildenden, ob er die Start-Mappe digital oder in Papierformat anlegt (handschriftlich ist hier allerdings nicht geeignet, schließlich wollen Sie das Dokument aktualisieren und für neue Azubis vervielfältigen können). Ein Word-Dokument kann entsprechend für die neuen Auszubildenden ausgedruckt und verschickt werden, ein OneNote-Notizbuch kann einfach für den neuen Azubi freigegeben werden (auch für externe). Da mittlerweile 99 % der Jugendlichen Internetzugang haben, sollte dies auch möglich sein. Die Checkliste, welche Infos in eine Azubi-Start-Mappe gehören, finden Sie auf unserer Homepage zum Buch.

Einführungstage

- **Einführungstage für Azubis**

Wie war der Start im Unternehmen für Ihren Azubi? Was war gut, was könnte man noch verbessern? Und was hat ihm vielleicht gefehlt? Lassen Sie doch Ihren Auszubildenden die Einführungstage für die neuen Azubis planen. Vielleicht kommen dabei noch einige neue Ideen dazu, auf die Sie ohne Weiteres nicht gekommen wären? Egal, ob es sich um ein kleines Unternehmen mit nur einem oder zwei Azubis oder um ein größeres handelt: Planen Sie Einführungstage, die zu Ihrem Betrieb, Ihren Werten und Ihren Produkten passen. Gehen Sie ruhig kreativ an diese Aufgabe heran, das Standardprogramm, das viele Unternehmen durchführen, muss nicht unbedingt auch für Sie passen. Es ist auch ganz logisch, dass ein Unternehmen mit nur einem Azubi ein anderes Programm braucht als ein Unternehmen mit zwölf Azubis – und ein modernes Softwareunternehmen etwas anderes als ein alteingesessener Handwerksbetrieb. Nehmen Sie die Ideen Ihrer Azubis ernst und prüfen Sie, was davon machbar ist, ohne alles von vornherein abzulehnen. Lassen Sie frischen Wind zu. Und zu den Kosten: Eine gute Einführung muss nicht viel kosten, es kommt darauf an, was Sie vorhaben. Andererseits: Wenn dafür ein gewisser Betrag notwendig und sinnvoll ist, überlegen Sie, ob Ihre zukünftigen Azubis dies für einen guten Start nicht auch wert sind? Wenn Sie die Azubis dadurch von Ihrem Betrieb begeistern können, die Anfangsmotivation erhalten und den Azubis vielleicht sogar noch einen Wissensvorsprung verschaffen, ist dies doch einiges an Kosten und Mühen wert, oder?

- **Auswahlprozess** der neuen Azubis begleiten/vorbereiten

  Auswahlprozess

  Dies ist ein Projekt, für welches Ihre Auszubildenden schon fortgeschrittener sein sollten (ab dem zweitem Lehrjahr). Beziehen Sie Ihre Azubis in die Auswahl der neuen Azubis mit ein. Zum Beispiel können sie die Bewerbungsunterlagen (digital und Papier) sichten und auswerten, vielleicht eine übersichtliche Tabelle dazu erstellen. In dieser können dann neben den „harten Fakten" wie Alter, Wohnort, Schulabschluss und Übersicht der für sie relevanten Noten auch andere Dinge mit aufgenommen werden, die den Azubis beim Durchschauen auffallen. Und das sind manchmal ganz erstaunliche Dinge. Ein paar Beispiele:

  - Sehr engagiert (Schülersprecher, Erste-Hilfe-Kurs, ehrenamtlich im Verein tätig)
  - Hat sich gut über unsere Firma informiert (kennt sogar viele Produkte schon)
  - Viele Rechtschreibfehler und unstrukturiert (wirklich fürs Büro geeignet?)
  - Mutter ist Steuerberaterin und die Bewerberin hat in den Ferien schon dort mitgearbeitet, daher bereits etwas Erfahrung
  - Alle Schulnoten nur 3 bis 4 – Chemie aber immer 1 (offenbar sehr großes Interesse – passt gut als Chemielaborant)
  - Ist fast jedes Jahr umgezogen mit den Eltern – bleibt er dieses Mal länger hier?
  - Wohnt in XY und ist erst 16 – wie will er hierherkommen? (keine Busanbindung)

  Dahinter können die Auszubildenden noch vermerken, wie sie mit der Bewerbung verfahren würden: absagen, einladen, B-Kandidat? Danach können Sie als Ausbilder an dieser Vorauswahl Änderungen vornehmen oder sie so bestätigen. Um die Einladungen und Absagen kann sich dann ebenfalls Ihr Azubi kümmern (genauso wie um die Zwischenbescheide vorher).

Tipp: Geben Sie Ihrem Azubi ein Feedback zu seiner Vorauswahl. So lernt er, worauf er achten sollte bzw. welche Punkte Ihnen wichtig sind und kann Sie in Zukunft dabei noch besser unterstützen. Loben Sie, wenn Ihrem Auszubildenden wichtige Punkte oder interessante Details aufgefallen sind.

Wettbewerbsanalyse

Produktaufstellung

- **Wettbewerbsanalyse oder Produktaufstellung?**

Für die Abteilung Vertrieb oder Marketing ist dies ein tolles Azubi-Projekt. Besonders die Produktaufstellung eignet sich aber auch generell für den Einstieg, um die Produkte kennen zu lernen und sich damit zu beschäftigen. Erste Kenntnisse sollten auch hier schon vorhanden sein. Dies ist also kein Projekt für die ersten paar Monate, aber evtl. fürs zweite Halbjahr des ersten Ausbildungsjahres. Die Azubis können selbstständig eine Übersicht Ihrer Produkte erstellen, diese in sinnvolle Gruppen einteilen, die spezifischen Merkmale (Unterscheidungskriterien) ergänzen und die jeweiligen Vorteile herausfinden, evtl. können auch Nachteile ergänzt werden. Dies kann Ihr Azubi nur für sich zum Lernen machen, um es hinterher „nur" mit Ihnen als Ausbilder durchzusprechen. Alternativ kann dies aber auch ein offizielles Dokument werden (PowerPoint, Word, Excel-Tabelle, MindMap, ... – schauen Sie was sich bei Ihrer Produktpalette eignet), mit dem z. B. neue Mitarbeiter bei Ihnen an die Produkte herangeführt werden.

Eine Schippe drauflegen können Sie, indem Sie die Produktaufstellung zu einer Wettbewerbsanalyse ausweiten. Dies ist dann aber erst ein Projekt für fortgeschrittene Azubis (je nach Umfang mindestens zweites Lehrjahr, evtl. sogar drittes Lehrjahr). Sie können das Projekt auf eine bestimmte Produktgruppe beschränken und Ihren Azubi bitten, alle Produkte der direkten Konkurrenz herauszusuchen und diese mit den eigenen Produkten zu vergleichen. Auch hier geht es wieder um die Punkte: Was sind die genauen Spezifikationen? Wo liegen die Unterschiede? Welches sind die jeweiligen Vor- und Nachteile?

Alternativ möglich ist auch ein produktunabhängiger Wettbewerbsvergleich: Der Azubi schaut, welche Unternehmen ähnliche Produkte/Dienstleistungen anbieten wie Ihr Unternehmen. Diese listet er auf und vergleicht die Sortimentsbreite und -tiefe und gibt einen Überblick über das Unternehmen (Mitarbeiterzahl, Firmensitz, Umsatz/Gewinn, Kundengruppen etc.). Hierfür ist vermutlich eine reine Internetrecherche nicht mehr ausreichend, sondern Ihr Auszubildender muss auch mit Auskunfteien zusammenarbeiten, um an die entsprechenden Informationen zu kommen. Dieses Projekt ist noch etwas anspruchsvoller, besonders wenn die ermittelten Infos auch interpretiert und analysiert werden sollen. Daher ist dieses Projekt nur für Azubis im dritten Lehrjahr zu empfehlen. Besonders starke Auszubildende (und an Marketing und Vertrieb interessierte) können noch einen Schritt weitergehen und aus der Analyse auch Handlungsempfehlungen für das eigene Unternehmen ableiten. Diese hinterher zu präsentieren wird dann sehr spannend und ist vielleicht auch für die Unternehmensleitung/Marketing- und Vertriebsleitung interessant.

Anregung

Nutzen Sie die Gelegenheit und überlegen Sie direkt einmal, welches Projekt für Ihren Azubi bzw. für eine Gruppe Ihrer Auszubildenden in Frage kommt und wann Sie damit starten können. Nutzen Sie auch gerne dazu die Anregungen auf der begleitenden Homepage.

Zusammenfassung

Mit Projekten lernen Azubis sehr eigenständig und können Themen, die sie bisher nur theoretisch erlernt haben, in die Praxis übertragen. Bei einem interessanten Projekt sind die Auszubildenden mit großer Motivation dabei und arbeiten mit viel Spaß durchaus intensiv daran, das Ziel zu erreichen. Dabei kann das Projekt für das Unternehmen nutzbringend sein (siehe Projektbeispiele), die Azubis lernen etwas dabei und die Motivation steigt. Nebenbei werden Soft Skills wie Kommunikationsfähigkeit, Organisation, Projektmanagement und vieles mehr gefördert. Nichtsdestotrotz gibt es auch Punkte, die bei Azubi-Projekten zu beachten sind: Ganz wichtig ist es zum Beispiel, Über- und Unterforderung zu vermeiden und so viel Hilfe wie nötig anzubieten (aber auch nicht mehr). Projekte sind für Auszubildende eine beliebte Lehrmethode, mit der praxisnah vieles geübt, vertieft und sogar neu erarbeitet werden kann.

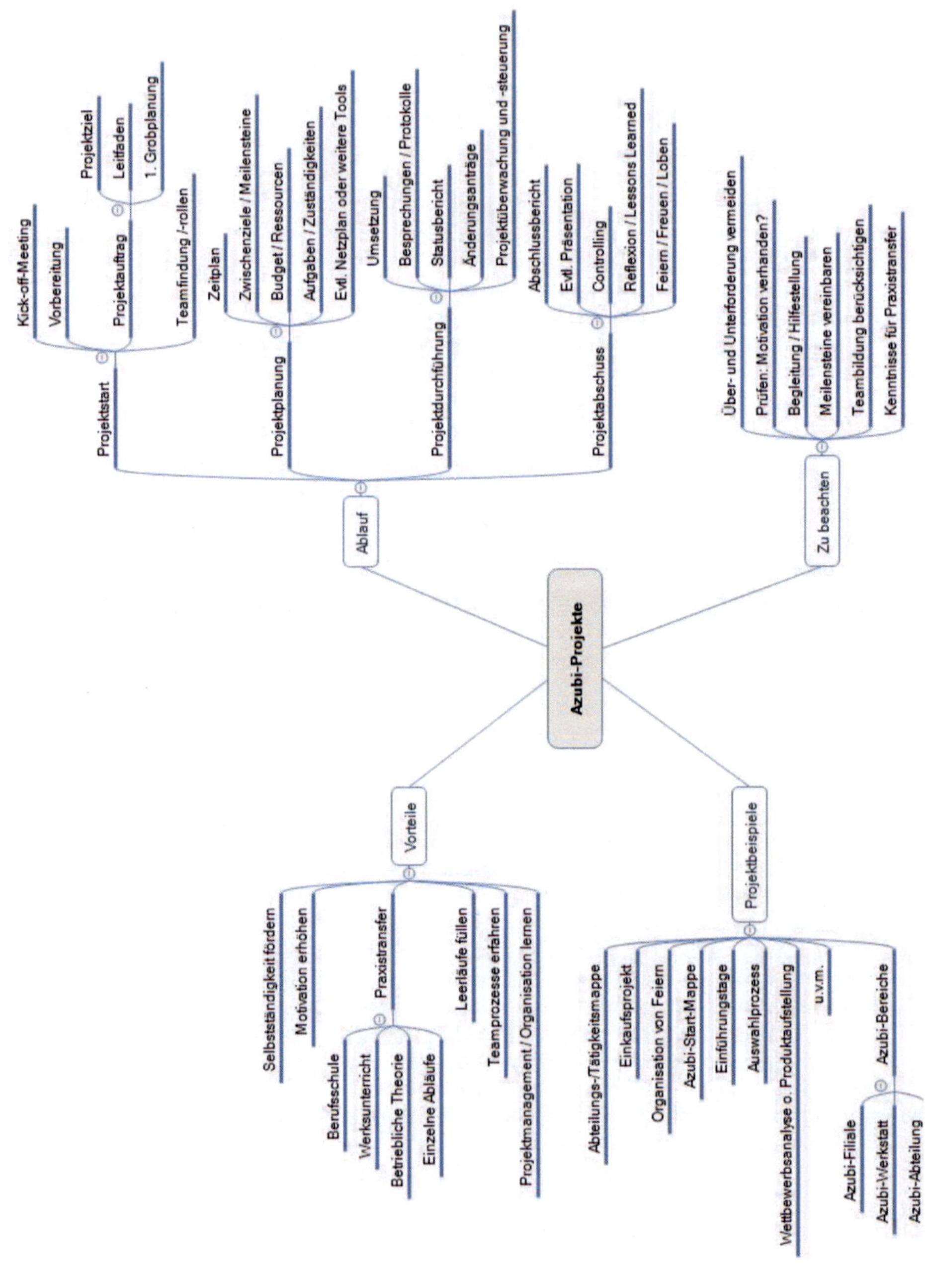
Azubi-Projekte
Ablauf
Projektstart
Kick-off-Meeting
Vorbereitung
Projektauftrag
Projektziel
Leitfaden
1. Grobplanung
Teamfindung /-rollen
Projektplanung
Zeitplan
Zwischenziele / Meilensteine
Budget / Ressourcen
Aufgaben / Zuständigkeiten
Evtl. Netzplan oder weitere Tools
Projektdurchführung
Umsetzung
Besprechungen / Protokolle
Statusbericht
Änderungsanträge
Projektüberwachung und -steuerung
Projektabschuss
Abschlussbericht
Evtl. Präsentation
Controlling
Reflexion / Lessons Learned
Feiern / Freuen / Loben
Zu beachten
Über- und Unterforderung vermeiden
Prüfen: Motivation verhanden?
Begleitung / Hilfestellung
Meilensteine vereinbaren
Teambildung berücksichtigen
Kenntnisse für Praxistransfer
Vorteile
Selbstständigkeit fördern
Motivation erhöhen
Praxistransfer
Berufsschule
Werksunterricht
Betriebliche Theorie
Einzelne Abläufe
Leerläufe füllen
Teamprozesse erfahren
Projektmanagement / Organisation lernen
Projektbeispiele
Abteilungs-/Tätigkeitsmappe
Einkaufsprojekt
Organisation von Feiern
Azubi-Start-Mappe
Einführungstage
Auswahlprozess
Wettbewerbsanalyse o. Produktaufstellung
u.v.m.
Azubi-Bereiche
Azubi-Filiale
Azubi-Werkstatt
Azubi-Abteilung

Exkurs: Jugendliche heute

Über die heutige Jugend wird viel geschimpft: Sie taugt nichts mehr, lernt nichts mehr, ist unhöflich und vieles mehr. Mit diesen Vorurteilen hat die jeweilige junge Generation schon lange zu kämpfen. Hier ein Zitat aus der Vergangenheit:

„Die Jugend liebt heutzutage den Luxus. Sie hat schlechte Manieren, verachtet die Autorität, hat keinen Respekt vor den älteren Leuten und schwatzt, wo sie arbeiten sollte. Die jungen Leute stehen nicht mehr auf, wenn Ältere das Zimmer betreten. Sie widersprechen ihren Eltern, schwadronieren in der Gesellschaft, verschlingen bei Tisch die Süßspeisen, legen die Beine übereinander und tyrannisieren ihre Lehrer."

Schätzen Sie einmal, wie alt dieses Zitat ist ... Unglaubliche 2.400 Jahre! Es stammt von Sokrates, der um 400 v. Chr. lebte. Sie sehen also: Das Problem der „schwierigen Jugendlichen" ist kein neues Problem unserer Zeit bzw. der neuen Generationen.

Die verschiedenen Generationen

Im Berufsleben treffen mehrere *Generationen* aufeinander, was ein gewisses Konfliktpotenzial bietet. Natürlich bringt nicht jede Generation komplett andere Menschen hervor und es sind auch nicht alle Menschen einer Generation vollkommen identisch. Manche vergleichen die Generationsprinzipien mit Schubladendenken und natürlich lässt sich nicht jeder Mensch in eine Schublade einordnen – zu viele Facetten gehören zu einer jeden Persönlichkeit. Die Modelle beschreiben nur gewisse Grundtendenzen, ausgehend von bestimmten Ereignissen, Technologien oder Philosophien, mit denen die Jugendlichen aufgewachsen sind. Hier ein Überblick der Generationen:

- Veteranen (bis 1945)
- Baby-Boomer (ca. 1946–1964)
- Generation X (ca. 1965–1980)
- Generation Y (ca. 1981–1990)
- Generation Z (ab 1991–2010)

(Je nach Quelle unterscheiden sich die Angaben der Jahrgänge untereinander. Die hier aufgeführten sind die verbreitetsten Angaben; besonders bei der Generation Z gibt manche Literatur auch erst den Jahrgang 1995 oder sogar 2000 an).

So ist zum Beispiel verständlich, dass die Generation der Veteranen stark von den Geschehnissen des 2. Weltkrieges geprägt wurde, von einer Zeit des Verlustes und Verzichts. Die Baby-Boomer hingegen haben das Wirtschaftswachstum miterlebt, die wilden 60er und wurden somit ganz anders groß (und geprägt) als die Generation davor. Die Übersicht auf den nächsten zwei Seiten zeigt, welche Ereignisse, Technologien und weiteren Faktoren die jeweiligen Generationen geprägt haben. Sie bezieht sich auf die Generationen, die aktuell am Arbeitsmarkt vorhanden sind: hauptsächlich die Generationen Baby-Boomer, Generation X und Generation Y. Und aktuell stößt die Generation Z dazu.

	Baby-Boomer	Generation X
Jahreszahlen	**ca. 1946–1964**	**ca. 1965–1980**
Einflussfaktoren	**Individualisierung**	**Wohlstand**
Eigenschaften	Die Selbstfindung ist bei den Baby-Boomern ausschlaggebend. Sie lieben den Freiheitsgedanken, aber leben, um zu arbeiten. Denn ihre größte Stärke ist ihr Durchhaltevermögen, ihre extrem hohe Leistungsbereitschaft, Engagement und Loyalität zum Arbeitgeber. Vertreter der Baby-Boomer-Generation akzeptieren Autoritäten und schätzen Planungssicherheit in Form von einem festen Gehalt, da dies wiederum Freiheit und Möglichkeiten bedeutet. Damit geht einher, dass Baby-Boomer höchstens innerhalb ihrer Branche den Job wechseln.	Die Generation X bevorzugt einen eher informellen Umgang mit Autoritäten. Sie arbeiten, um eigene Kompetenzen voranzutreiben und streben nach einer fortwährenden Optimierung und Maximierung von Effizienz und Erfolg. Vertreter dieser Generation denken global und handeln mit Selbstvertrauen im Berufsalltag. Trotz großem Ehrgeiz achten sie auf eine ausgewogene Work-Life-Balance und streben im Gegensatz zu ihrer Elterngeneration an zu arbeiten, um zu leben. In dieser Generation wird auch branchenübergreifend in der Arbeitswelt gewechselt.

Generation Y	Generation Z
ca. 1981–1990	**ca. 1991–2010**
Digitalisierung, Mediatisierung der Welt	**Soziale Netzwerke**
Für die Vertreter der Generation Y gibt es keine bessere Motivation als ihre Selbstverwirklichung. Daraus folgt, dass Leben und Arbeiten eins sind, die einander bedingen und vor allem auch gemeinsam ausgelebt werden. Aus diesem Grund werden sehr persönliche Ansprüche und Wertevorstellungen an den Arbeitgeber erhoben, wie z.B. Transparenz, Sicherheit, flexible Zeitplanung, Familienzentrierung, Teamarbeit, wo jeder gleichgestellt ist, Vertrauen, Loyalität, soziale Verantwortung usw. Geringer Aufwand und maximale Resultate sind wegweisend bei einer Generation, die ihr Einkommen als Voraussetzung für Komfort sieht.	Die Vertreter der Generation Z sind Vernetzung im privaten und beruflichen Alltag gewöhnt und schätzen Offenheit sowie Flexibilität. Insgesamt ist Zeit ein wertvolles Gut für diese Generation, denn sie wissen, dass jede beliebige Information nur einen Klick entfernt ist. Aus diesem Grund ist Eigenverantwortung, Selbstständigkeit, die Freiheit vor Eingrenzung und festen Regeln und der Drang der Individualisierung aus der technischen Lebenswelt in die Arbeitswelt dieser Generation übergegangen. Sie gilt auch als eine Generation, die sich viele Gedanken macht (Umwelt, Politik etc.). Soziale Verantwortung, aufgabenübergreifendes Denken und Kreativität spielen im Alltag der Generation Z eine große Rolle. Sie wollen ihre Kenntnisse selbstständig einbringen, verlangen dafür allerdings auch Respekt und Anerkennung. Durch ihre anspruchsvollen Wünsche und der fast unbegrenzten weltweiten Möglichkeiten wurde eine eher schwache Loyalität gegenüber Arbeitgebern ausgebildet.

Was ist der Generation Z am Arbeitsmarkt wichtig?

In jeder Generation waren es andere Faktoren, die als wichtig empfunden wurden. Hier ein kleiner Überblick (ebenfalls beschränkt auf die Generationen, die aktuell am Arbeitsmarkt zu finden sind):

- Baby-Boomer: Loyalität, hierarchische Strukturen, Respekt, soziale Verantwortung
- Generation X: vertrauenswürdiger Arbeitgeber, kompetente Kollegen, Problemlösungsmöglichkeiten, Autonomie
- Generation Y: empathische Arbeitgeber, sinnvolle Arbeit, Training für neue Fähigkeiten, Flexibilität, Work-Life-Balance
- Generation Z: kulturell kompetenter Arbeitgeber, wettbewerbsfähige Gehälter, Mentorschaft, Stabilität, Work-Life-Blending

Das bedeutet: Wenn Sie für die Generation Z als Arbeitgeber interessant sein wollen, arbeiten Sie genau an diesen Punkten. Ein wettbewerbsfähiges Gehalt wird bei den meisten vorausgesetzt, allerdings wird unter bestimmten Voraussetzungen auch weniger akzeptiert. So ist zum Beispiel den meisten Jugendlichen klar, dass die Verdienstchancen im Handwerk anders sind als in der Industrie und sie sind bereit, dies in Kauf zu nehmen, wenn andere Faktoren dafür passen: Es muss sich um einen absoluten Wunsch-Beruf handeln, das Team und die Arbeitsatmosphäre sollten als angenehm empfunden werden und bestenfalls gibt es noch andere Benefits (flexible Arbeitszeiten, Nutzung der Arbeitsmittel auch für private Zwecke, Mentorschaft [siehe oben, gilt als sehr wichtig], hohe Identifikation mit dem Unternehmen etc.). Bieten Sie Stabilität. Dies kann schon bedeuten, die Jugendlichen regelmäßig über aktuelle Entwicklungen auf dem Laufenden zu halten, denn dies ist ebenfalls etwas, was der aktuellen Generation sehr wichtig ist. Überlegen Sie sich, womit Sie sonst noch punkten können bei der neuen Generation: Seien Sie hier erfinderisch, definieren Sie Ihre eigene Employer Brand mit Werten, die die Jugendlichen ansprechen (siehe hierzu auch Kapitel 1). Aber bleiben Sie dabei stets ehrlich und versprechen Sie nur das, was auch der Realität entspricht. Auch das ist der jungen Generation sehr wichtig.

Wie geht es weiter?

Bei Z endet das Alphabet, also fragen viele: Was kommt nach der Generation Z? Die Generation Alpha, zu der alle ab 2010 geborenen Kinder gehören. Bis die ersten Vertreter dieser Generation in den Betrieben ankommen, dauert es noch etwas, aktuell bevölkern sie Kindergärten und Grundschulen. Mark McCrindle, ein australischer Sozialforscher hat den Begriff „Generation Alpha“ erfunden. Er meint, dass der Sprung von der Generation Z zur Generation Alpha der bisher bedeutendste sein wird.

Im Jahr 2010 gab es einige interessante Entwicklungen: Apple brachte das iPad heraus, das Wort „App“ wurde vom Oxford Dictionary zum Wort des Jahres gekürt und Instagram wurde gegründet. Die Generation Alpha ist die erste Generation mit bereits technisch affinen Eltern, die (zum größten Teil) ebenfalls als Digital Natives aufgewachsen sind. Eine Umfrage aus 2018 zeigt, dass Eltern bei ihrem Nachwuchs mit diesem Thema viel bewusster umgehen, auf Gefahren des Internets aufmerksam machen können und die gezielte Nutzung von Apps zur Förderung ihrer Kinder unterstützen. Sie halten die wachsende Techniknutzung ihrer Kinder für eine Zukunftschance. Sprachassistenten wie Amazons Alexa oder Apples Siri gehört für diese Generation schon zum Alltag dazu.

Die neue Generation Alpha liegt aktuell noch nicht im Fokus der Marktforschung. Das wird sich in wenigen Jahren ändern, wenn diese Generation ebenfalls auf den Arbeitsmarkt drängt. Bis dahin haben wir nur folgende Aussagen und Einschätzungen zur neuesten Generation:

- Wie schon die Generation Z soll die Generation Alpha offen, hilfsbereit und empfindsam sein.
- Sie werden in einer zunehmend unbeständigen Welt aufwachsen und nach einfachen Lösungen verlangen (Technologie/Produkte).
- Die Generation Alpha kann angeblich scrollen, bevor sie sprechen kann. Sie wachsen eher mit Apps als mit den früheren Computer-Programmen auf.
- Für die Generation Alpha wird wieder eine größere Naturverbundenheit, Abenteuerlust und mehr Freiheitsliebe prophezeit.
- Als Werteorientierung wird Nachhaltigkeit, Diversität, soziale Gerechtigkeit und Toleranz vorhergesagt.

Warten wir ab, wie die neue Generation Alpha sich entwickeln wird. Und dann heißen wir auch sie im Berufsleben mit offenen Armen willkommen und stellen uns auf sie ein – und sie sich auf uns.

9. Professioneller Umgang mit Problemen in der Ausbildung

Mit einer guten Auswahl der passenden Auszubildenden, einer optimalen Betreuung, einer guten Motivation und einem netten Arbeitsumfeld sowie interessanten Aufgaben und Lernbereichen müsste doch eigentlich alles erledigt sein, oder? Leider können auch bei optimalen Bedingungen Probleme in der Ausbildung auftreten, mal große und mal kleine. Jetzt wollen wir uns einige typische Probleme anschauen. Vor allem finden Sie weiter hinten im Kapitel einige der häufigsten Ausbildungsprobleme mit Lösungsansätzen. Aber auch in anderen Kapiteln dieses Buches gibt es Problemstellungen mit Hinweisen, wie man diese vermeiden oder zumindest konstruktiv lösen kann, z. B. im Kapitel Gespräche (Konfliktgespräche). Sehr viel zu diesem Thema finden Sie auch noch auf unserer Homepage. Dort gibt es zu vielen Problemen, die wir hier nur oberflächlich behandeln können, weiterführende Infos, Hintergrundwissen und auch Links zu weiterführender Hilfe.

Konfliktgespräche

9.1 Vorbeugung und grundsätzlicher Umgang mit Problemen

Regelmäßige Gespräche

Ein wichtiger Baustein zur Vorbeugung sind die regelmäßigen Gespräche, über die ich weiter vorne schon geschrieben habe (siehe Kapitel 5 – Gespräche). In diesen Gesprächen können Sie heraushören, wo Ihrem Auszubildenden aktuell der Schuh drückt und somit oftmals schon eingreifen, bevor Kleinigkeiten überhaupt zum Problem werden. Ein paar Beispiele?

- Die neu übertragene Aufgabe fällt dem Azubi schwer. Er versteht nicht, wofür sie gut ist und kann den Sinn und Zweck überhaupt nicht nachvollziehen, geschweige denn, die korrekte Durchführung. Sie können ihm das Warum erklären, evtl. auch dafür sorgen, dass Vorgänge, die nicht verstanden wurden, nochmals gezeigt werden. Nehmen Sie sich danach auch die Zeit, Fragen zu beantworten und zu überprüfen, ob dieses Mal wirklich alles verstanden wurde. Gehen Sie auch beim nächsten regelmäßigen Gespräch darauf ein (und denken Sie daran, dass die Frage: „Hast du das verstanden?“ nicht unbedingt sinnvoll ist).

- Mit einem Mit-Auszubildenden gibt es Probleme, der neue Azubi wird gemobbt. Sie bemerken die Veränderungen an Ihrem Auszubildenden: wie still er auf einmal geworden ist, dass er nicht mehr gerne zur Arbeit kommt, die Pause lieber am Platz verbringt. Darauf angesprochen rückt er damit heraus, was los ist. Nun können Sie aktiv werden und ihm helfen. – Doch was ist, falls er sich nicht öffnet? Beobachten Sie Ihren Auszubildenden und sprechen Sie ihn auf konkrete Verhaltensweisen an, z. B. „Ich habe gesehen, dass du die Pause am Dienstag alleine verbracht hast.“ Versuchen Sie, dem Azubi eine Brücke zu bauen und ihm Hilfestellung zu geben.
- Bei dem aktuellen Thema in der Berufsschule versteht Ihr Azubi nur Bahnhof. Da Sie bei den regelmäßigen Gesprächen auch immer kurz auf die Berufsschule und die aktuellen Themen dort eingehen, bekommen Sie direkt eine Info hierzu und können reagieren. Alternativ erfahren Sie es, wenn die erste Klausur/der erste Test hierzu „verhauen“ wurde und können dann reagieren. Aber hier gilt: Je früher, desto besser. Wenn die Wissenslücke erst einmal zu groß geworden ist, wird es schwer, diese wieder zeitnah zu schließen. Und besonders wenn in der Berufsschule darauf aufbauendes Wissen vermittelt wird, tritt dann schnell Lernfrust auf. Daher ist hier ein frühes Entgegenwirken Gold wert. Weitere Infos hierzu finden Sie auch im Exkurs Berufsschule und im Kapitel 6 – Beurteilungen.

- Ihr neuer Auszubildender kommt zu spät. Natürlich reagieren Sie direkt und sagen, dass das nicht wieder vorkommen sollte. Der Azubi nickt das ab, eine Woche später passiert es aber wieder. In den regelmäßigen Gesprächen können Sie dem direkt auf den Grund gehen, ohne zu Beginn der Ausbildung mit einem Kritikgespräch anfan-gen zu müssen. Hier erfahren Sie, dass die Busverbindungen/die Umsteigezeit für ihn sehr knapp sind und er nicht immer den Anschlussbus bekommt. Um den Anschlussbus zuverlässig zu bekommen, könnte er aber sonst nur mit dem Bus eine Stunde früher anreisen – und hätte somit beim Umsteigen etwa eine Stunde Wartezeit – besonders im Winter nicht wirklich eine Option. Da Sie nun von der Problematik wissen, können Sie gemeinsam eine Lösung finden. Vielleicht kann das gelegentliche Zuspät-Kommen akzeptiert werden und der Azubi arbeitet die Zeit abends nach? Oder es besteht die Möglichkeit, eine Mitfahrgelegenheit für ihn zu finden? Vielleicht kann seine Arbeitszeit auch entsprechend der Busfahrzeiten modifiziert werden?

Vorbildfunktion

Wichtig ist in diesem Zusammenhang nochmals Ihre Vorbildfunktion zu erwähnen (und natürlich auch die Vorbildfunktion der anderen Mitarbeiter). Dies gilt bei ganz vielen Punkten, wir werden bei einigen konkreten Problemlösungen auf den nachfolgenden Seiten nochmals darauf eingehen. Hier aber schon einige konkrete Beispiele:

- Smartphone: Die Kollegen haben immer mal wieder das Smartphone in den Händen, also meint der Azubi, dies müsse doch auch für ihn okay sein.
- Kleiderordnung: Eine Kollegin kommt regelmäßig im Tanktop ins Büro, dann ist doch das Spaghetti-Top für die Auszubildende bestimmt ebenfalls in Ordnung, oder? Am besten zusammen mit dem neuen Mini-Rock.
- Die Kollegen duzen sich alle, dann macht der neue Azubi das einfach mal mit: „Hey, Markus, gibst du mir mal …"
- Einige Mitarbeiter stellen in der Küche ihre Kaffeetassen nicht in die Spülmaschine, sondern einfach ins Spülbecken/auf die Anrichte. Dann darf das der Azubi doch auch, oder?

Sie merken schon, hier interpretiert der Auszubildende einfach vorgelebtes Verhalten – und fällt dann oft aus allen Wolken, wenn er hört, dass dies so nicht in Ordnung ist – die anderen machen es doch auch so. Hier ist viel Fingerspitzengefühl Ihrerseits erforderlich, um darauf einzugehen. Bei manchen Dingen sollte man darüber nachdenken, dies allgemeinverbindlich für alle zu regeln. (Darf die Mitarbeiterin bei einer strengen Kleiderordnung im Tanktop kommen? Ist die Smartphone-Benutzung der Mitarbeiter während der Arbeitszeit okay? Sollten nicht alle Mitarbeiter ihre Tassen in die Spülmaschine stellen?) Bei anderen Dingen muss der Azubi akzeptieren, dass er Auszubildender ist/neu ist und in manche Dinge erst noch „hineinwachsen" muss. (Das „Du" wird den Mitarbeitern erst nach einer gewissen Zeit angeboten, nachdem man vertraut miteinander geworden ist. Dies muss der neue Azubi verstehen lernen und akzeptieren.)

Tipp: Falls einmal ein Problem auftreten sollte – sprechen Sie es direkt an, solange es noch ein kleines „Problemchen" ist. Warten Sie nicht bis es groß wird oder hoffen darauf, dass es sich von selbst erledigt. Hier gilt, lieber einmal zu viel reagiert als einmal zu wenig. Nutzen Sie dazu entweder direkt die Gelegenheit, wenn Ihnen das Problem auffällt, zumindest wenn sich die Situation eignet – Sie wissen ja, unter vier Augen, Ruhe etc. Sonst nutzen Sie das nächste regelmäßige Gespräch, um anzusprechen, was Ihnen aufgefallen ist.

Azubi-Paten

Auch die Azubi-Paten können hier wertvolle Hilfe leisten und als Ansprechpartner bei Problemen fungieren. Eventuell lohnt sich hier eine Schulung der Azubi-Paten, damit diese wissen, wie sie bei Problemen reagieren können. Damit helfen Sie nicht nur den neuen Auszubildenden, sondern auch die Paten selbst erlangen mehr Sicherheit und wissen bei eigenen Problemen eher, wie sie damit umgehen können. Auch für das eigene Selbstbewusstsein, das Kommunikationsvermögen und den Umgang mit Konflikten kann dies – je nach genauen Inhalten und Umfang – hilfreich sein.

9.2 Die Top Ten der Ausbildungsprobleme

In meinen Seminaren frage ich bei den Ausbildern deren häufigste Probleme mit ihren Azubis regelmäßig ab. Diese Probleme bearbeiten wir dann im Seminar und entwickeln gemeinsam Lösungswege, die für den Ausbilder gangbar und umsetzbar sind. Zu den zehn am häufigsten genannten Problemen habe ich Ihnen hier einige Infos und auch Lösungshinweise zusammengestellt.

Lösungswege

Bevor wir zu den konkreten Situationen kommen: Manche dieser Problemstellungen sind sehr komplex. Wir können diese hier im Buch nicht im vollen Umfang abbilden. Auf der zum Buch gehörenden Homepage finden Sie viele weitere Hilfestellungen für Probleme, weiterführende Links, Adressen, Tipps und auch oftmals noch viele hilfreiche Hintergrundinformationen etc. Bitte nutzen Sie daher besonders für diesen Bereich und bei konkreten Problemstellungen unbedingt diese Hilfestellung und lesen Sie auf der Homepage weiter bzw. folgen Sie den dort stets aktuell gehaltenen Links.

Smartphone

Smartphone

Als Erstes gilt es hier zu klären: Gibt es eine unternehmens- oder abteilungsinterne Richtlinie? Wenn ja, haben Sie es verhältnismäßig einfach, Sie können darauf verweisen und auch auf die Einhaltung dieser Regelung pochen, nicht nur bei den Auszubildenden, sondern auch bei den anderen Mitarbeitern. Sie haben eine klare Handhabung des Problems, können mit dem Azubi darüber reden und bei Nichteinhaltung der Regelung auch entsprechende Maßnahmen ergreifen.

Schwieriger wird es, wenn es keine verbindliche Regelung hierzu gibt. Dann können Sie dem Azubi zwar auch sagen, dass er sein Handy zu oft in der Hand hat, aber es bleibt die Frage offen: Was ist zu oft? Nach Ihrer Ansicht ist vielleicht alles außerhalb der Pause oder alles, was mehr als 2-mal pro Tag ist, zu oft. Der Azubi findet hingegen, dass er sich mit 2-mal pro Stunde schon sehr stark einschränkt und zurückhält – da er doch am liebsten alle fünf Minuten darauf schauen würde. Daher sollten Sie hier Ihre Vorstellungen in klare Worte fassen und somit eine verbindliche Regelung schaffen.

⇨ Aus meinen Beratungen und Seminaren weiß ich, dass Formulierungen wie „nur wenn etwas Wichtiges ist" für Verwirrungen sorgen. Ein Beispiel dazu: Die Ausbilderin hatte bei der Formulierung etwa ein Familienmitglied im Krankenhaus, eine Autopanne oder Ähnliches im Kopf. Für die Auszubildende war es aber auch „wichtig", auf die Nachricht zur abendlichen Verabredung zu antworten (das ist ja schon heute), der Freundin beim Liebeskummer beizustehen und der Schwester Tipps/Kommentare auf die Fotos ihrer letzten Einkaufserrungenschaften zu senden. Für die Auszubildende war alles in Ordnung. Sie hielt sich nach ihrer Ansicht an die Vereinbarung, da sie ja nur auf die „wichtigen" Dinge reagierte. Die Ausbilderin hingegen war fuchsteufelswild, dass die Auszubildende ihre Anweisungen so missachtete und sie dabei auch noch anguckte, als wäre nichts (aus Sicht der Azubine war ja auch nichts …).

Daher formulieren Sie auch hier klar, was Sie meinen, z. B.: „Ich möchte, dass du dein Handy nur in den Pausenzeiten benutzt. Falls etwas Wichtiges ist – damit meine ich z. B. einen schlimmen Krankheitsfall bei einem Familienmitglied oder Ähnliches – kann das Festnetztelefon im Betrieb genutzt werden oder du sagst mir kurz Bescheid, dass du dein Handy aus diesem Grund heute auch einmal während der Arbeitszeit neben dir liegen hast. In solchen Ausnahmefällen spricht nichts dagegen, ich möchte aber, dass dies abgesprochen wird."

Tipp: Aus unserer Erfahrung ist eine solche strikte Regelung für die Auszubildenden oftmals leichter einzuhalten als ein einfaches „Nicht-zu-häufig-es-muss-im-Rahmen-Bleiben".

Aber wenn dies bei Ihnen funktioniert: umso besser! Wichtig ist allerdings, dass auch Sie als Ausbilder und die Kollegen, die mit dem Azubi zusammenarbeiten, sich ebenfalls an diese Regelung halten (Vorbild-Funktion).

Übrigens gelten diese Tipps auch genauso für die Nutzung des betrieblichen Telefons, PCs und vor allem zur Internetnutzung. Wenn hier übertrieben wird, können Sie auch wie oben beschrieben vorgehen. Und falls die Gespräche hierzu nichts nutzen, geht es weiter wie im Kapitel Konfliktgespräche beschrieben. Im Zweifelsfall kann es auch helfen, das Smartphone zu Arbeitsbeginn gemeinsam wegzuschließen. Achtung: Sie sollten das Smartphone niemals einfach in Gewahrsam nehmen. Falls hinterher ein Kratzer oder Ähnliches darauf sein sollte, wird es für Sie schwierig nachzuweisen, dass dieser schon vorher darauf war. Leider stärken entsprechende Gerichtsurteile in diesem Fall dem Azubi/Schüler den Rücken.

Und noch eine Anregung zum Schluss: Falls diese Problematik nicht nur bei einem Auszubildenden, sondern häufiger auftritt, lohnt es sich darüber einmal nachzudenken: Wie wäre es mit einer generellen Regelung für alle Mitarbeiter? Für die Jugendlichen ist es sehr schwer zu verstehen, warum die anderen Mitarbeiter etwas dürfen, was sie nicht dürfen. In manchen Fällen müssen sie dies verstehen lernen, in anderen Fällen sollte man aber auch durchaus über „gleiches Recht für alle“ nachdenken. Und das Thema Smartphone ist eines, dass den Jugendlichen extrem wichtig ist. Eine andere Regelung für Azubis als für andere Mitarbeiter ist somit sehr schwer zu akzeptieren. Daher ist hier eine generelle Regelung oftmals die beste Lösung – zumindest, wenn es mit dem Thema sonst häufig Probleme gibt und das nicht nur in Einzelfällen.

Mangelnde Motivation

Mangelnde Motivation

Hierzu erhalten Sie im 4. Kapitel zum Thema Motivation viele Tipps, Hintergrundinfos und Hilfestellungen. Schauen Sie auch gerne dort nach.

Wichtig wäre es zuerst, herauszufinden, woher die mangelnde Motivation kommt. Besonders in der Anfangsphase sollte auch geprüft werden: Ist der Ausbildungsberuf der richtige für den Azubi? Passt die Branche? Wie sieht es mit den aktuellen Tätigkeiten aus: Liegen sie ihm, ist er vielleicht unter- oder überfordert? Gibt es zwischenmenschliche Probleme, fühlt er sich wohl? Wie läuft es in der Berufsschule – kommt er gut mit? All diese Punkte können

Sie in einem Gespräch mit dem Auszubildenden klären. Vielleicht kann er direkt benennen, was los ist, und es gibt einen konkreten Grund. Dann können Sie gemeinsam eine Lösung finden und handeln.

Es kann aber auch sein, dass der Auszubildende einfach gerade eine „Hängephase“, also eine Unlustphase hat. Das kommt besonders in der Mitte der Ausbildung häufiger vor. Manchmal kann der Azubi auch gar nicht konkret benennen, was los ist. Vielleicht war ihm sein lustloses Verhalten auch gar nicht bewusst. (Möglicherweise herrscht auch ein hormonbedingtes Chaos im Kopf, das sich erst einmal wieder sortieren muss. Auch dies ist, besonders bei jüngeren Jugendlichen, nicht ungewöhnlich. Es sind die Phasen in denen einfach gerade gar nichts passt, alles doof ist und man sich selber nicht mag, geschweige denn weiß, was man möchte. Zum Glück gibt sich dies im Normalfall mit der Zeit.) Eventuell muss er erst für sich selbst reflektieren, was aktuell in ihm vorgeht und nochmals für sich klären, was er eigentlich möchte. Geben Sie ihm dafür ein paar Tage Zeit, bieten Sie Hilfe bei Fragen an und setzen Sie sich danach erneut zusammen, um das Thema zu klären und gemeinsam eine Lösung zu finden.

!Tipp

Tipp: Auch private Probleme können eine Ursache für mangelnde Motivation sein. Zum Beispiel bei familiären Problemen, Streit im Freundeskreis, Liebeskummer oder auch ernsthaften häuslichen Problemen hat der Jugendliche einfach den Kopf nicht frei – ein entscheidender Faktor für scheinbare Unlust. Es lohnt sich, hier gegebenenfalls konkret nachzufragen, wenn dieser Eindruck entsteht und Lösungsstrategien zu erarbeiten bzw. bei ernsthaften Problemen Lösungen im Sinne von Hilfsangeboten, Beratungsstellen etc. aufzuzeigen.

Bei regelmäßigen Gesprächen sollten Sie frühzeitig mitbekommen, wenn sich an der Einstellung und am Verhalten Ihres Azubis etwas ändert und können dies direkt thematisieren. Auch das ist ein Punkt, wo sich die regelmäßigen Gespräche bewährt haben.

Schulprobleme/ schlechte Noten

Schulprobleme/schlechte Noten

Unter dem Exkurs „Berufsschule“ finden Sie bereits einige Hinweise, blättern Sie gerne nochmals zurück. Außerdem gibt es im Kapitel „Beurteilungsgespräche“ ein Beispiel zu schlechten Berufsschulnoten mit Lösungsmöglichkeiten. Hier wird auch bereits auf die Thematik Nachhilfe, Zielvereinbarung, Gesprächsführung und Ähnliches eingegangen.

Durch die regelmäßigen Gespräche sollten Sie frühzeitig mitbekommen, wenn es Schwierigkeiten in diesem Bereich gibt, sodass Sie direkt agieren können, bevor größere Probleme auftreten. Generell lässt sich nochmals festhalten, dass ein regelmäßiger Kontakt mit der Berufsschule hier ebenfalls sehr hilfreich ist.

Ständiges Zu-spät-Kommen

Ständiges Zu-spät-Kommen

Siehe Beispiel weiter vorne in diesem Kapitel. Reagieren Sie direkt beim ersten Zu-spät-Kommen und sprechen Sie mit Ihrem Azubi. Fragen Sie nach den Gründen und machen Sie deutlich, dass dieses Verhalten nicht akzeptiert wird. Ergreifen Sie im Wiederholungsfall Konsequenzen: Ein Ermahnungsgespräch bis hin zur Abmahnung sind hier möglich.

Berichtsheft wird nicht gepflegt

Berichtsheft wird nicht gepflegt

Leider bekomme ich in der Praxis immer wieder Beispiele mit, in denen der Auszubildende kurz vor der Abschlussprüfung anfängt, drei Jahre Berichtsheft nachzupflegen. Mal ganz abgesehen davon, dass dies großen Stress für den Azubi bedeutet, stehen dann Sachen im Berichtsheft, die vorne und hinten nicht stimmen können: Am Tag, an dem die Berufsschule wegen einer Lehrerfortbildung ausfiel, wird einfach der normale Stundenplan aufgezählt. Oder Feiertage stehen nicht als solche im Berichtsheft, sondern als gearbeitet, weil der Azubi zwei Jahre später nicht mehr wusste, dass an diesem Tag Ostermontag war und der Betrieb somit geschlossen hatte.

Das ordnungsgemäß geführte Berichtsheft ist aber Voraussetzung zur Prüfungszulassung, also immens wichtig. Daher sollten Sie nicht erst nach einem halben Jahr nach dem Berichtsheft fragen, sondern das Berichtsheft jede Woche beim regelmäßigen Gesprächstermin gemeinsam durchsehen und unterschreiben. Der große Vorteil dabei ist, dass Sie auch noch über die verschiedenen Punkte daraus sprechen können: Wie war der Schweißer-Lehrgang letzte Woche? Geht es beim Staplerschein voran? Wie ist es in der aktuellen Abteilung, kommt der Azubi mit den Aufgaben und Kollegen dort zu recht? Welche Themen sind aktuell in der Schule in Elektrotechnik/Rechnungswesen etc. dran? Gibt es Verständnisprobleme dabei und kann der Praxisbezug hergestellt werden?

Tipp: Wenn das Berichtsheft in den regelmäßigen Gesprächen ein wichtiger Bestandteil ist und Sie auch konsequent bei jedem Gespräch danach fragen bzw. es Usus ist, dass die Auszubildenden es zu diesen Terminen immer dabei haben, gibt es bald keine Ausreden mehr. Es ist einfach Gewohnheit bei den Azubis – spätestens nach den ersten zwei bis drei Terminen, solange Sie konsequent dran bleiben.

Und falls es doch einmal einreißen sollte? Bleiben Sie konsequent: Fragen Sie jede Woche danach, vereinbaren Sie beim zweiten oder spätestens beim dritten „Vergessen“, dass er das Heft am nächsten Tag dann nochmals für einen Extra-Termin reinreicht. Und falls das auch nicht hilft? Überlegen Sie sich eine sinnvolle Konsequenz, die Sie im Zweifelsfall auch umsetzen können. Schicken Sie den Azubi zurück zum Arbeitsplatz oder auch zurück nach Hause, um das Berichtsheft zu holen (die Zeit muss er natürlich aufarbeiten). Und bei einem elektronischen Berichtsheft, das er nicht zu Hause vergessen hat, sondern schlicht und ergreifend nicht geschrieben hat? Finden Sie heraus, woran es liegt: Hat er momentan extremen Stress? Woran liegt das und was kann man dagegen tun? Liegt es an „akuter Unlust“? Gibt es andere Gründe? Verdeutlichen Sie Ihrem Azubi die Wichtigkeit. Erläutern Sie dem Azubi das „Warum“. Wenn dies nichts hilft und der Azubi von sich aus nicht einsieht, warum dies wichtig ist und weiterhin in Verweigerungshaltung geht, sind wir beim Thema Kritik-/Konfliktgespräch. Für gewöhnlich steckt aber etwas anderes dahinter. Versuchen Sie, den wahren Grund für die aktuelle Verweigerungshaltung herauszufinden und leiten Sie dann entsprechende Maßnahmen ein bzw. arbeiten Sie gemeinsam an einer Lösung des Problems.

Körpergeruch/ ungepflegtes Äußeres

Körpergeruch/ungepflegtes Äußeres

Zuerst einmal lässt sich festhalten: Normalerweise „stinkt“ kein Jugendlicher freiwillig. Das heißt, das Problem ist meist nicht bekannt oder die Jugendlichen wissen nicht, wie sie Abhilfe schaffen können. Sprechen Sie das Problem in einem Vier-Augen-Gespräch offen an. Am besten kurz vor Feierabend, damit der Auszubildende danach die Möglichkeit hat, nach Hause zu gehen und nicht peinlich berührt (und ohne die Chance, das Problem zu beheben) den Rest des Tages weiterarbeiten muss. Versuchen Sie, bei dem Gespräch nicht anschuldigend zu klingen. Formulieren Sie Ihre Feststellung, hören Sie eventuell nach woran es liegt:

- Ist es dem Azubi nicht bewusst?

- Duscht er sich nur abends, aber wäscht sich morgens nicht?
- Misst er dem morgendlichen Zähneputzen keine große Bedeutung zu?

  [Hinter Mundgeruch kann auch eine Erkrankung stecken. Falls dieser also trotz ausreichender Mundhygiene dauerhaft weiter auftritt, kann auch ein Arztbesuch hilfreich sein.]
- Hat er nicht die finanziellen Mittel, zerschlissene Kleidung früh genug zu ersetzen oder keine Möglichkeit diese richtig zu waschen?
- Sind ihm interne Bekleidungsvorschriften nicht bekannt?

Versuchen Sie den Grund herauszufinden und geben Sie je nachdem Hilfestellung und Tipps.

Hier einige Beispiele, diese sind recht direkt formuliert. Sie selber wissen am besten, wie sensibel Ihr Auszubildender ist, und wie direkt oder subtil Sie daher hier formulieren sollten. Passen Sie diese Vorschläge gerne entsprechend an. Achten Sie darauf, dass Ihr Auszubildender auf jeden Fall sein Gesicht wahren kann. Eventuell hilft es auch zu überlegen, wie Sie selbst sich fühlen würden – dies kann allerdings nur ein Indiz sein, jeder Mensch geht damit anders um.

⇨ – „Mir ist aufgefallen, dass Sie momentan Mundgeruch haben. Falls die übliche Mundhygiene mit Zähneputzen, Zahnseide und Mundwasser nicht hilft, könnte es helfen, bei einem Arzt abklären zu lassen, ob eine Erkrankung dahinter steckt."

(Ähnliches gilt für Körpergeruch mit Empfehlung des morgendlichen Waschens und eines geeigneten Deos.)

⇨ – „Der tiefe Ausschnitt Ihres Shirts ist für die Arbeit unangemessen. Bitte ziehen Sie sich zukünftig angemessener an. Sie können gerne einmal nach Outfit-Bildern im Stil „Business casual" googeln, um einen Eindruck zu erhalten."

(Gleiches gilt für zu kurze Röcke, Spaghetti-Tops, zu tief sitzende Hosen, zu starkes Make-up etc.)

⇨ In einem Seminar berichtete eine Ausbilderin einmal darüber, dass ihre Auszubildende immer nach Schweiß roch. Die Ausbilderin erzählte ihr daraufhin von einer Freundin, die immer ein Geruchsproblem wegen starken Schwitzens hatte, und dass es obwohl sie sich regelmäßig jeden Morgen duschte, nicht besser wurde. Daraufhin wechselte sie das Deo zu einem stärkeren Produkt, womit das Problem endlich gelöst war. Die Ausbilderin hatte auch genau dieses Deo dabei, welches sie der Auszubildenden am Ende überreichte. Ob diese das dann als subtilen Hinweis auslegte oder einfach das Produkt ausprobieren wollte – auf jeden Fall war das Problem damit behoben. Entscheiden Sie selbst, ob in dem Verhältnis zu Ihrem Azubi eher offene Worte angebracht sind oder ob ein subtiler Hinweis besser passt und sprechen Sie das Problem mit Fingerspitzengefühl an.

Was aber, wenn der Azubi nicht genügend Geld für vernünftige Kleidung hat? (Gehen wir einmal davon aus, dass er seine Ausbildungsvergütung nicht für diverse Sachen verschleudert, sondern zu Hause einen größeren Beitrag leisten muss.) Hier ist auch ein Gespräch mit den Eltern sinnvoll. Natürlich kann der Jugendliche mit einem Teil seines Geldes zu Hause helfen bzw. einen Anteil für Wohnen und Verpflegung mit übernehmen. Dies sollte aber in einem Rahmen geschehen, dass es dem Auszubildenden noch möglich ist, vernünftig gekleidet im Ausbildungsbetrieb zu erscheinen. Evtl. kann auch der Hinweis auf gute Second-Hand-Läden oder soziale Unterstützungsmöglichkeiten für die Familie hilfreich sein (ebenfalls mit Fingerspitzengefühl, ohne zu beschämen).

Tipp: Bei manchen Problemstellungen können auch kreative Lösungen gefragt sein: Die Waschmaschine der Familie ist schon länger kaputt, daher gibt es momentan keine Möglichkeit zu waschen? Vielleicht gibt es im Betrieb eine Maschine, die der Azubi verwenden kann? Für sämtliche Körperhygiene-Probleme kann auch ein kleiner Korb auf der Toilette/im Waschraum des Betriebs hilfreich sein. Möglicher Inhalt: Einmalzahnbürsten, Zahnpasta, Einmalwaschschlappen, Deos, Tampons, Kamm etc.

Suchtprobleme: Alkohol, Drogen etc.

Suchtprobleme: Alkohol, Drogen etc.

Zuerst kurz zur Definition: Was ist überhaupt Sucht? Gehört das regelmäßige Bier nach Feierabend schon dazu? Oder das „Komasaufen" am Wochenende? Was ist mit Rauchen und Ähnlichem? Bei Drogen denken die meisten an die Nadel im Arm, aber es gibt einiges mehr, was in diesen Bereich fällt (Cannabis [Marihuana, Haschisch], Ecstasy, LSD, Amphetamine [Speed, Crystal Meth], Medikamente, Kokain/Crack, Opium/Heroin etc.). Um Nikotin-, Zucker- oder Koffeinsucht geht es hier nicht. Hier beschäftigen wir uns mit Alkohol und Drogen, also Rauschmitteln, die dazu führen können, dass der Auszubildende nicht arbeitsfähig ist und eventuell sogar eine Gefahr für sich und andere darstellt.

Mit dem Begriff „Sucht" ist die Abhängigkeit von einer Substanz gemeint. (Anmerkung: Auch bestimmtes Verhalten kann zur Sucht werden, z. B. Spielsucht, bestimmtes Essverhalten etc. Zu diesen Problemen finden Sie auf unserer Homepage weitere Hinweise.) Ein gelegentliches Bier nach Feierabend oder am Wochenende ist noch kein Problem. Kritisch wird es, sobald der Konsum regelmäßig und/oder in größeren Mengen erfolgt oder wenn der Alkohol eine Funktion erfüllt („Ich trinke Alkohol, um ruhiger zu werden", „Ich gönne mir jetzt ein Bier, das habe ich mir verdient" oder „Ich trinke Wein, um den Tag abzuschließen"). Eine klare Definition, bis wann Alkoholkonsum noch als „normal" gilt, ist schwierig, dies sind aber einige Anhaltspunkte. Weitere Infos zur Definition von Sucht, Hintergrundinfos zu Drogen und Hinweise, woran Sie Drogenkonsum bzw. -sucht erkennen, sowie weitere Infos zum Thema Alkoholkonsum und -sucht finden Sie auf der Homepage.

Erscheint Ihr Auszubildender morgens früh angetrunken oder gar komplett betrunken zur Arbeit, müssen Sie handeln. Als Ausbilder haben Sie eine Fürsorgepflicht für Ihren Azubi. Verletzen Sie diese, sind Sie persönlich haftbar. Gehen Sie daher keine Risiken ein und schicken Sie den Auszubildenden sofort wieder nach Hause (je nach Zustand am besten sogar mit Begleitung). Bei Minderjährigen sollten auch die Eltern informiert werden. Außerdem ist ein Ermahnungsgespräch mit dem Auszubildenden sinnvoll, im Wiederholungsfall auch eine schriftliche Abmahnung und schlimmstenfalls irgendwann die Kündigung – Ziel sollte aber immer sein, die Ausbildung fortsetzen zu können.

Woran erkennen Sie, ob Ihr Auszubildender getrunken hat? Die Alkoholfahne ist das sicherste Merkmal. Anzeichen sind aber auch fahrige Bewegungen, unkoordiniertes Sprechen und Handeln, vernachlässigtes Erscheinungsbild, ständiges Lutschen von Bonbons/Kaugummikauen etc. Manche dieser Anzeichen können auch andere Ursachen haben. Klären Sie dies bei Unsicherheit ab oder beobachten Sie Ihren Azubi. Wenn Sie aber den Eindruck haben, dass Ihr Azubi nicht arbeitsfähig ist, suchen Sie auf jeden Fall das Gespräch und schicken Sie ihn nach Hause, bevor er eine Gefahr für sich selbst oder für andere wird. Auch die Einnahme von Medikamenten kann entsprechende Nebenwirkungen haben, die den Azubi arbeitsunfähig machen (Teilnahme am Straßenverkehr und Maschinenbedienung nicht erlaubt etc.).

⇨ **Praxisbeispiel:** In einem Seminar berichtete ein Ausbilder davon, wie ein Azubi regelmäßig vormittags unter starkem Zittern litt – so schlimm, dass es an einem Tag sogar zum Kreislaufkollaps kam. Hintergrund waren aber keine Drogen im allgemeinen Sinn. Der Azubi trank morgens immer einige Dosen eines stark koffeinhaltigen Getränks (wie z. B. „Red Bull" oder Ähnliches). Davon mehrere Dosen auf nüchternen Magen können solche Symptome auslösen. Hier sollte die gesundheitsschädliche Wirkung bei hohem Konsum (wie bei den meisten Genussmitteln) nicht unterschätzt werden.

Anders sieht der Fall aus, falls Ihr Auszubildender alkoholabhängig ist. Dies ist eine Krankheit und muss entsprechend behandelt bzw. therapiert werden. Führen Sie mit Ihrem Azubi ein Gespräch hierzu und geben Sie ihm eine Liste von möglichen Beratungsstellen bzw. empfehlen Sie ihm, sich an seinen Arzt zu wenden. Dieses Azubi-Gespräch sollten Sie auch dokumentieren. Das Schwierigste für die Betroffenen ist oft, sich die Sucht überhaupt einzugestehen und Hilfe hierzu anzunehmen. Eine Kündigung ist bei Alkoholismus nur in absoluten Ausnahmefällen möglich. Ziel sollte es sein, dass der Auszubildende gesund und wieder arbeitsfähig wird, um seine Ausbildung fortsetzen zu können.

Bei Drogenkonsum können Sie nur Hilfe zur Selbsthilfe anbieten: Informieren Sie Ihren Auszubildenden über Beratungs- und Hilfsangebote. Hier gilt es aber, eine Null-Toleranz-Grenze gegen Drogen zu zeigen und klarzumachen, dass dies nicht geduldet werden kann und eine Ausbildung so nicht möglich ist, da der Azubi eine Gefahr für sich selbst und für andere darstellt.

Der Drogenkonsum ist schwierig zu erkennen: Anzeichen können Leistungsabfall, Verspätung, Teilnahmslosigkeit, geringe Belastbarkeit, kalter Schweiß und geweitete oder verkleinerte Pupillen sein. Informieren Sie sich bei entsprechendem Verdacht unbedingt weiter über die entsprechenden Drogen, Anzeichen und mögliche Handlungsoptionen. Auf der Internetseite zum Buch finden Sie weiterführende Links mit Informationen zu diesen Themen.

!Tipp

Wichtig für Sie zu wissen: Sie haften persönlich bei Verletzung Ihrer Fürsorgepflicht! Lassen Sie Ihren Azubi bei entsprechenden Verdachtsmomenten daher nicht alleine, sorgen Sie für einen sicheren Aufenthaltsort und rufen Sie im Zweifelsfall den Rettungsdienst. Bitte nehmen Sie von Ihrem Azubi auch keine Drogen entgegen (auch nicht, um diese „verschwinden zu lassen"), Sie würden sich ebenfalls strafbar machen! Übrigens ist Drogenkonsum nie legal: Bei Eigenkonsum kann der Besitz von sehr geringen Mengen Cannabis im Einzelfall straffrei bleiben, aber schon im Wiederholungsfall wird der Besitz strafrechtlich verfolgt.

Tipp: Erstellen Sie am besten von allen Verdachtsfällen, Auffälligkeiten, Gesprächen etc. ein Protokoll. Dieser Tipp gilt sowohl bei Alkohol als auch bei Drogen und kann später im Zweifelsfall sehr hilfreich für Sie sein (späteres Nachvollziehen der Entwicklung, Entscheidung, ob Einzelfall oder Dauerkonsum, Verhaltensentwicklung, spätere Überlegung, wie lange schon auffällig, aber auch Nachweis bei späteren Abmahn- oder Kündigungsverfahren oder beim Nachweis des Nachkommens Ihrer Fürsorgepflicht).

Was die Konsequenzen betrifft: Sie können Ihren Auszubildenden bei entsprechenden Verstößen abmahnen und kündigen, die Fahrerlaubnis kann nach einer entsprechenden Untersuchung entzogen werden, die Maschinenbedienung ist unter Drogen-, Medikamenten- oder Alkoholeinfluss untersagt und letztendlich kann die Polizei unter Umständen ein Strafverfolgungsverfahren einleiten.

Handlungsempfehlung: Beobachten Sie Ihren Azubi genau. Wenn sich der Verdacht erhärtet, suchen Sie das Gespräch bzw. wenn der Auszubildende durch sein Verhalten auffällig/nicht arbeitsfähig ist, ergreifen Sie die entsprechenden oben genannten Maßnahmen, um Ihrer Fürsorgepflicht nachzukommen. Scheuen Sie sich auch nicht, im Zweifelsfall den Rettungsdienst zu rufen. Verweisen Sie den Azubi an die entsprechenden Beratungsstellen (siehe Homepage). Schalten Sie im Zweifelsfall und vor allen Dingen im Wiederholungsfall auch die Polizei ein und denken Sie über weitere arbeitsrechtliche Konsequenzen nach. Die Abmahnung sollte schon direkt beim ersten Vorfall erfolgen.

Bitte nehmen Sie dieses Thema nicht auf die leichte Schulter! Informieren Sie sich bei dem geringsten Verdacht in dieser Richtung genauer bei den auf unserer Homepage genannten Quellen über das individuelle Vorgehen.

Schwangerschaft

Schwangerschaft

Eine schwierige Situation für Sie als Ausbilder: Ihre Auszubildende hat um ein Gespräch gebeten. Nun sitzt sie vor Ihnen und gesteht Ihnen unter Tränen, dass sie schwanger ist. Zeigen Sie ihr, dass Sie für sie da sind, nehmen Sie sich Zeit für sie und schauen Sie, wie Sie ihr helfen können. Das kann je nach Situation ganz unterschiedlich sein:

- Ist die Auszubildende voll- oder minderjährig?
- Wissen ihre Eltern/der werdende Vater davon?
- Wie stehen diese zu der Situation?
- Was denkt sie selbst darüber?
- Wie weit ist die Schwangerschaft fortgeschritten?
- Wie stellt sie sich die Zukunft vor – falls sie sich darüber überhaupt schon Gedanken gemacht hat.

Bei einer minderjährigen Auszubildenden ist es natürlich wichtig, dass die Eltern darüber informiert sind. Falls Ihre Auszubildende sich alleine nicht traut, das Gespräch mit den Eltern zu suchen, können Sie hier auch Unterstützung anbieten. Die erste Frage ist aber, was die Auszubildende selbst darüber denkt. Falls sie freudestrahlend von der Schwangerschaft berichtet und sich schon Gedanken gemacht hat, wie es weitergehen soll, ist der Rest des Gesprächs nur noch das Abklären einiger Formalitäten und organisatorischer Details. Falls dies jedoch nicht der Fall ist, sollten Sie Ihrer Auszubildenden die Kontaktdaten einer entsprechenden Beratungsstelle mitgeben (siehe Homepage zum Buch). Hier kann der jungen Frau geholfen werden. Es werden Fragen geklärt, z. B. ob sie das Baby behalten möchte und wenn ja, wie dies organisatorisch funktionieren kann und was es für sie und ihre Zukunft bedeutet. Falls nein, welche Optionen wie Schwangerschaftsabbruch (in der Frühphase) oder Adoption es sonst gibt – aber auch welche seelischen Belastungen dies bedeuten kann.

Eine ganz große Bitte: Behalten Sie Ihre persönliche Meinung zu diesem Thema für sich und drängen Sie Ihre Auszubildende in keine Richtung. Egal ob Sie meinen, dass sie sich mit einem Kind ihr Leben verpfuscht und daher einen Schwangerschaftsabbruch/eine Adoption wählen sollte oder ob Sie der Meinung sind, dass ein Abbruch moralisch oder aus religiösen Gründen nicht zu vertreten ist – drängen Sie Ihre Auszubildende in keine Richtung. Dies ist eine schwierige Entscheidung, mit der die junge

Frau ihr restliches Leben lang klarkommen muss, daher sollte sie diese Entscheidung wohlüberlegt und am besten mithilfe einer professionellen Beratungsstelle treffen.

Hören Sie Ihrer Auszubildenden zu, seien Sie für sie da und unterstützen Sie sie bei Ihrem Entschluss, soweit dies möglich ist und sobald dieser gefallen ist. Wenn sich Ihre Auszubildende für das Kind entscheidet, gelten für sie natürlich alle entsprechenden Regelungen (Mutterschutzgesetz). Achten Sie darauf, dass diese eingehalten werden. In der nächsten Zeit wird die junge Frau sicher immer wieder Unterstützung benötigen, bei den vielen Entscheidungen, die sie treffen muss und den vielen Dingen, die zu organisieren sind.

Überlegen Sie auch gemeinsam, wie die Ausbildung für sie weitergehen kann. Wenn sie im letzten Lehrjahr ist, kann sie vielleicht trotz allem an der Abschlussprüfung teilnehmen, entweder während der Schwangerschaft oder in der ersten Zeit mit Kind. Ihre Auszubildende darf auch während des Mutterschutzes die Berufsschule weiter besuchen, wenn sie dies möchte. Vielleicht möchte sie auch einige Monate mit der Ausbildung aussetzen und diese danach fortsetzen? Evtl. hilft ihr dabei auch ein Wechsel in eine Teilzeitausbildung? Dies ist normalerweise sehr einfach möglich, sprechen Sie dafür mit Ihrer zuständigen Kammer. Bei einer Teilzeitausbildung wird die Berufsschule normal besucht, aber die Zeit im Betrieb wird reduziert auf mindestens 25 Wochenstunden (unter Anrechnung der Berufsschulzeit). Alternativ gibt es sogar die Möglichkeit, auf ein Minimum von 20 Wochenstunden zu reduzieren. In diesem Fall wird allerdings die Ausbildungsdauer verlängert. Mehr Infos hierzu finden Sie auf der Homepage.

Teilzeitausbildung

⇨ **Praxisbeispiel:**
Melanie, 19, im zweiten Lehrjahr der Ausbildung zur Industriekauffrau ist schwanger. Nach einiger Überlegung und dem Besuch einer Beratungsstelle entscheidet sie sich für das Kind. Der Kindesvater möchte nichts damit zu tun haben, aber ihre Eltern unterstützen sie. Sie setzt ihre Ausbildung bis zum Beginn des Mutterschutzes fort, danach besucht sie bis zur Geburt nur noch die Berufsschule. Nach der Geburt setzt sie für zwölf Monate komplett aus und steigt danach, ab Oktober, im dritten Lehrjahr wieder ein. Das Baby kam im Oktober zur Welt, sie hat also das zweiten Lehrjahr noch komplett zu Ende gebracht und auch den Beginn des dritten Lehrjahres noch an Berufsschulstoff mitbekommen. Nun absolviert sie die

letzten neun Monate ihrer Ausbildung in Teilzeit. Dabei besucht sie die Berufsschule ganz normal an zwei Tagen die Woche, einen Tag davon kommt sie danach noch in den Betrieb. Im Betrieb arbeitet sie aber statt 40 Wochenstunden nur noch 30 Stunden (unter Anrechnung der Berufsschulzeit). Das heißt, sie hört statt um 17 Uhr jeden Tag um 15 Uhr auf und holt ihre Tochter dann aus der Tagesstätte ab.

Und wenn sich Ihre Auszubildende gegen das Kind entscheidet? Auch dann kann sie die erste Zeit danach Ihre Unterstützung gebrauchen, allerdings reagieren die jungen Frauen sehr unterschiedlich darauf. Manche sind froh, „die Sache erledigt zu haben", und verspüren nur Erleichterung. Andere hadern noch lange danach mit ihrer Entscheidung und haben mit Schuldgefühlen zu kämpfen. Von Ihrer Seite ist hier ein offenes Ohr und Verständnis gefragt. Falls Sie aber größere Probleme bei der jungen Frau feststellen, kann ein Arztbesuch sinnvoll sein, worüber dann psychologische Unterstützung organisiert werden kann.

Übrigens kann es auch einen männlichen Auszubildenden ziemlich aus der Bahn werfen, wenn er erfährt, dass er Vater wird. Auch er freut sich über ein offenes Ohr und Verständnis seines Ausbilders.

Interkulturelle Konflikte (Inklusion)

Interkulturelle Konflikte (Inklusion)

Die meisten Menschen denken bei Inklusion zuerst an die Integration von Menschen mit Behinderung. Inklusion ist aber nicht gleich Integration (dazu später mehr), der Begriff umfasst noch einiges mehr: Inklusion bedeutet, dass jeder Mensch dazugehört. Egal, wie er aussieht, wo er herkommt, welche Sprache er spricht, zu welcher Religion er gehört, ob er eine Behinderung hat oder welches Geschlecht er hat. Auf unserer Homepage finden Sie einen Link zu einem kurzen Video, dass diese Begrifflichkeiten wunderbar griffig und einprägsam erklärt. Außerdem gibt es dort weitere ausführliche Zusatzinformationen, was Inklusion alles bedeutet.

Von dieser Vielfalt, die unter den Begriff Inklusion fällt, wird der interkulturelle Konflikt oft bei den Top Ten der Ausbildungsprobleme mit aufgeführt. Wobei es hier nicht nur um die andere Kultur geht, sondern unter Umständen auch um eine andere Religion, die andere Rituale und Brauchtümer mit sich bringt, andere Werte, eine andere Sprache und vieles mehr.

Tipp: Eine offene, wertschätzende Haltung gegenüber allen Menschen ist hier das A & O. Sorgen Sie dafür, dass in Ihrem Betrieb aus Integration nach und nach Inklusion wird! (Integration: Eine Gruppe von Menschen muss sich in eine andere Gruppe integrieren und sich dafür anpassen. Inklusion: Die Rahmenbedingungen im Unternehmen müssen so sein, dass jeder teilhaben kann, ohne dass sich einzelne Gruppen anpassen müssen. Details zur Begriffserklärung finden Sie ebenfalls auf der Webseite.)

Wertschätzende Haltung

Integration von Flüchtlingen

⇨ Hier ein Beispiel, wo die Integration von Flüchtlingen mit einem anderen kulturellen Hintergrund gut geklappt hat: Ein metallverarbeitendes Unternehmen aus Norddeutschland suchte schon lange Jahre Schweißer und Konstruktionsmechaniker, ohne die Stellen besetzen zu können. Nachdem sie die jahrelange, erfolglose Suche nachweisen konnten, startete ein Projekt mit Flüchtlingen, die im Unternehmen eingesetzt und aus-/weitergebildet wurden. Mittlerweile erfüllen sie ihre Aufgaben vorbildlich und haben sich gut in das Team integriert. Einige sprechen schon sehr gut Deutsch, andere müssen hier noch aufholen. Leider muss dies aktuell noch über privat organisierten Einzelunterricht erfolgen, da es keinen berufsbegleitenden Deutschkurs gibt. Wichtig war dem Geschäftsführer von vorneherein ein gutes Miteinander im Betrieb und dass die neuen Kräfte von Anfang an dazugehören. Dabei hat er nicht nur auf die Arbeit geachtet, sondern auch das Verhalten in den Pausenzeiten beobachtet: Hier freute ihn sehr, dass es keine Grüppchenbildung gab, sondern die neuen Mitarbeiter bei den anderen etablierten Mitarbeitern bunt gemischt mit an den Tischen sitzen. Aktuell sind es mehrere Syrer und Afghanen, die bei ihm arbeiten. Die andere Kultur war nie ein Problem, die neuen Mitarbeiter wollten sich integrieren. Von den anderen Mitarbeitern sind sie akzeptiert und in die Gemeinschaft aufgenommen worden. Eines der neuen Teammitglieder hat sich mit seinen guten Fertigkeiten auf der Arbeit den besonderen Respekt der anderen Mitarbeiter erworben. Der Geschäftsführer hat durchweg positive Erfahrungen gemacht und ist gerne bereit, weitere Flüchtlinge aufzunehmen.

Im Beispiel oben geht es um Flüchtlinge aus Syrien und Afghanistan, andere Ausbilder hatten aber auch Probleme, mit der Mentalität von anderen Kulturen und Ländern. Das können nahe gelegene europäische Länder wie Spanien sein, wo sich die Mentalität zum Teil von der in Deutschland vorherrschenden unterscheidet, oder weiter entfernte Länder wie z. B. China. Oft ist in dieser Kultur zum Beispiel schwierig zu verstehen, warum bei Deutschen so ein kühles (für uns professionelles, auf das fachliche konzentrierte) Verhältnis auf der Arbeit vorherrscht.

So individuell wie die Menschen sind auch die Situationen, daher ist es schwierig konkrete Hilfestellung zu geben. Insgesamt ist es wichtig, dass Sie sich mit den verschiedenen Kulturen, die in Ihrem Betrieb „aufeinanderprallen", beschäftigen, Hintergründe kennen und wissen, was für diese Menschen wichtig ist. Bringen Sie den neuen Mitarbeitern Wertschätzung entgegen und seien Sie offen für deren Kultur. Auch hierzu finden Sie auf unserer Homepage zum Buch weitere Anregungen und ein paar Beispiele, dazu Tipps und Adressen, die weiterhelfen können.

Gewalt/Drohungen

Gewalt/Drohungen

Mobbing

Häusliche Gewalt

Hier gibt es mehrere Unterpunkte: Ist Ihr Auszubildender selbst aggressiv und bedroht andere? Oder geht es darum, dass er Opfer von Drohungen, Mobbing, Gewalt (auch häuslicher Gewalt) ist? Setzen Sie sich am besten näher mit dem Thema Aggressionen, Täter- Opferrolle etc. auseinander. Auf unserer Homepage finden Sie viele weiterführende Informationen. Hier ein kurzer Überblick:

Bei diesem Thema gibt es viele verschiedene Abstufungen. Geht es „nur" um einen Widerspruch, der nicht im korrekten Tonfall vorgetragen wurde? Oder um eine verbale Auseinandersetzung zwischen zwei Auszubildenden/Mitarbeitern? Zeigen Sie auch hier direkt auf, dass Sie einen höflichen Tonfall erwarten bzw. eine verbale Attacke nicht akzeptieren können. Führen Sie zeitnah ein Gespräch. Eventuell hilft es auch, Ihrem Auszubildenden die Möglichkeit zu geben, sich kurz aus dem Gespräch herauszuziehen und „Dampf abzulassen": Draußen oder in einem entsprechenden Raum laut schreien, auf den Boden stampfen, auf einen Sack/ein Kissen oder Ähnliches hauen, eine Runde um den Block laufen etc. Stellen Sie aber auch klare Verhaltensregeln auf und achten Sie auf deren Einhaltung. Lassen Sie es gar nicht erst bei Kleinigkeiten einreißen bzw. kehren Sie diese nicht unter den Teppich, sondern agieren Sie bereits dann, damit Sie nicht später bei größeren Vorkommnissen reagieren und Konsequenzen ergreifen müssen.

Sind es schon größere Verstöße, ist ein sofortiges Handeln gefragt: Schreit der Azubi Sie oder jemand anderen im Gespräch an, beschimpft er Sie vielleicht sogar? Schubst er einen Mitauszubildenden im Streit? Teilen Sie dem Auszubildenden mit, dass dieses Verhalten nicht akzeptiert wird, ziehen Sie ihn für eine gewisse Zeit aus dem Verkehr (ruhiger Raum, evtl. bei Extrem-Situationen auch für den Rest des Tages nach Hause schicken), damit er sich beruhigen kann. Nachdem sich der Azubi wieder beruhigt hat, sprechen Sie mit ihm über den Vorfall. Hilfreich ist dabei ein weiterer Mitarbeiter als Zeuge (und um nochmals einen anderen Eindruck mitzubekommen, vier Ohren hören mehr als zwei). Eventuell macht es Sinn, zu hinterfragen, wie es zu der Situation kommen konnte (falls Sie nicht dabei waren – dann hören Sie sich die Sicht des Azubis an). Zeigen Sie dem Auszubildenden Alternativen für ein anderes mögliches und angebrachteres Verhalten auf. Und teilen Sie ihm nochmals mit, dass dieses Verhalten keinesfalls akzeptiert wird. Erteilen Sie Ihrem Auszubildenden auch je nach Situation eine schriftliche Ermahnung oder Abmahnung und zeigen Sie ihm auf, dass im Wiederholungsfall sein Ausbildungsverhältnis gefährdet ist. Dokumentieren Sie den Vorfall und Ihr Gespräch mit dem Auszubildenden.

Streit

Hat der Auszubildende Sie (oder einen anderen Mitarbeiter) bedroht? Hat er Sie oder einen anderen Auszubildenden/Mitarbeiter geschlagen/getreten oder ist in ähnlicher Form gewalttätig geworden? Dieses Verhalten erfordert mindestens eine Abmahnung, bei schlimmen Gewaltattacken oder Todesdrohungen auch die sofortige fristlose Kündigung. Lassen Sie sich hier im Zweifelsfall von einem Anwalt beraten. Machen Sie in einem solch extremen Fall auch von Ihrem Hausrecht Gebrauch: Der Auszubildende hat das Gebäude/Gelände sofort zu verlassen. Falls er sich weigert, kann dies auch durch die Polizei erfolgen. Der Schutz Ihrer eigenen Person, der anderen Auszubildenden und der Mitarbeiter haben hier eindeutig Vorrecht!

Hausrecht

Polizei

Wie sieht es aber aus, wenn Ihr Auszubildender das Opfer von Gewaltattacken, Mobbing oder Ähnlichem ist? Wenn der Täter im betrieblichen Umfeld zu finden ist, können Sie natürlich vorgehen wie oben beschrieben. Aber was können Sie tun, wenn der Azubi in der Berufsschule gemobbt wird? Oder ein Opfer von häuslicher Gewalt ist? Wenn Sie sich selbst in dieser Thematik auskennen, geben Sie ihm Hilfestellung. Bei den meisten Ausbildern herrscht aber bei solchen Themen selbst auch Ratlosigkeit vor. Ein paar Ideen: Suchen Sie das Gespräch mit Ihrem Azubi, versuchen Sie

Opfer

herauszufinden, was vorgefallen ist. Geben Sie Ihrem Auszubildenden die Kontaktdaten von Beratungsstellen mit, die weiterhelfen können. Bei Mobbingfällen in der Schule sollten Sie zusätzlich das Gespräch mit dem zuständigen Lehrer und der Schulleitung suchen. Auf der Homepage zum Buch habe ich Ihnen mögliche Vorgehensweisen zu einigen Szenarien zusammengestellt. Außerdem finden Sie dort auch Kontaktdaten von Beratungsstellen (z. B. bei häuslicher Gewalt). Unterstützen Sie Ihren Azubi, hören Sie ihm zu und helfen Sie ihm, das Beratungsangebot und die Hilfeleistung zu erhalten, die er benötigt.

Beratungsstellen

Zusammenfassung

In diesem Kapitel haben wir zu Beginn einige Punkte aufgeführt, die zum Vorbeugen von Problemen sehr wertvoll sein können – allen voran das regelmäßige Gespräch, eine wertschätzende und offene Haltung gegenüber dem Auszubildenden und die Vorbild-Funktion des Ausbilders und der Kollegen. Wenn aber doch Probleme auftreten, heißt es, zügig zu handeln und diese nicht auf die lange Bank zu schieben oder wegzuschauen. Agieren Sie so früh wie möglich. Viele Hinweise zu möglichen Vorgehensweisen habe ich Ihnen bei den Top Ten der Ausbildungsprobleme gegeben. Da dies aber nicht allumfassend sein kann, möchte ich Ihnen nochmals ans Herz legen, auf der Homepage nachzuschauen: Dort erhalten Sie Hilfestellung für viele weitere Themen. Und wenn Ihr Problem nicht dabei ist, Sie sich aber so keinen Rat wissen? Erste Ansprechpartner können die zuständigen Kammern sein, die oft Vorschläge, Tipps und Lösungsmöglichkeiten parat haben. Falls dies nicht hilft, wenden Sie sich gerne an unser Unternehmen (azubiscout.com): Wir helfen gerne weiter – und ein einfaches telefonisches „Hilfegespräch“ stellen wir auch nicht in Rechnung – uns liegt Ausbildung am Herzen!

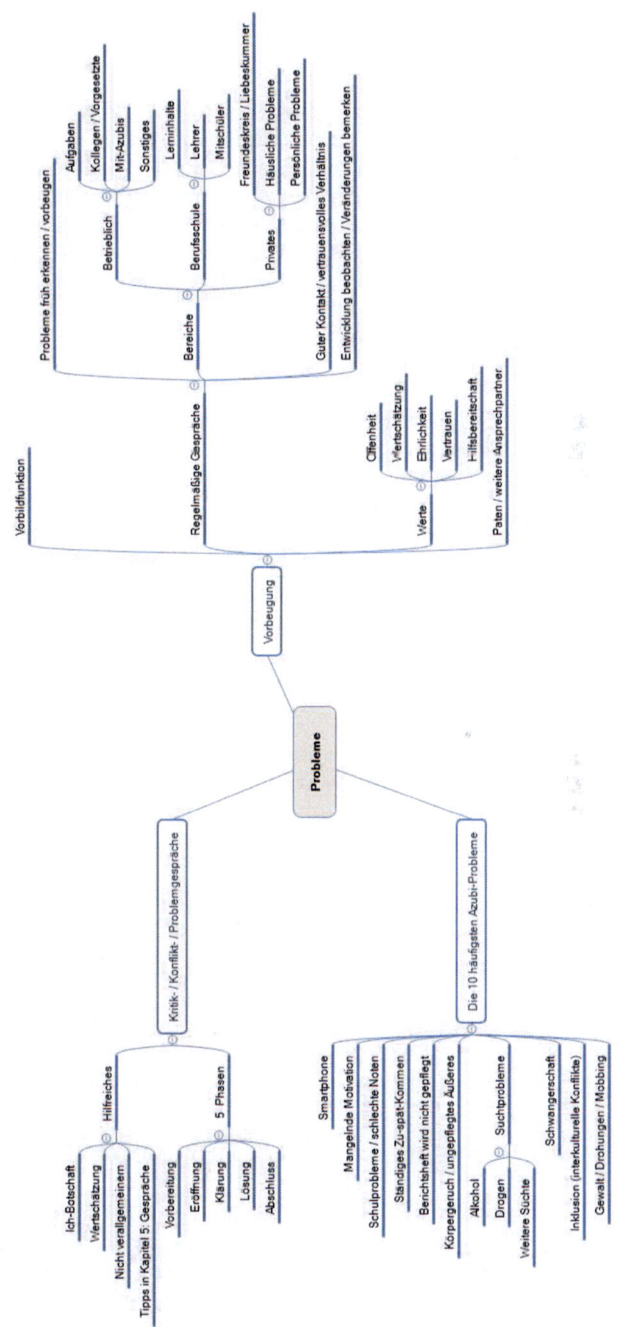
Probleme
Vorbeugung
Vorbildfunktion
Regelmäßige Gespräche
Probleme früh erkennen / vorbeugen
Bereiche
Betrieblich
Aufgaben
Kollegen / Vorgesetzte
Mit-Azubis
Sonstiges
Berufsschule
Lerninhalte
Lehrer
Mitschüler
Privates
Freundeskreis / Liebeskummer
Häusliche Probleme
Persönliche Probleme
Guter Kontakt / vertrauensvolles Verhältnis
Entwicklung beobachten / Veränderungen bemerken
Werte
Offenheit
Wertschätzung
Ehrlichkeit
Vertrauen
Hilfsbereitschaft
Paten / weitere Ansprechpartner
Kritik- / Konflikt- / Problemgespräche
Hilfreiches
Ich-Botschaft
Wertschätzung
Nicht verallgemeinern
Tipps in Kapitel 5: Gespräche
5 Phasen
Vorbereitung
Eröffnung
Klärung
Lösung
Abschluss
Die 10 häufigsten Azubi-Probleme
Smartphone
Mangelnde Motivation
Schulprobleme / schlechte Noten
Ständiges Zu-spät-Kommen
Berichtsheft wird nicht gepflegt
Körpergeruch / ungepflegtes Äußeres
Suchtprobleme
Alkohol
Drogen
Weitere Süchte
Schwangerschaft
Inklusion (interkulturelle Konflikte)
Gewalt / Drohungen / Mobbing

10. Das Ausbildungsende planen: Die Übernahme

Endlich ist es geschafft: Nach weit über 100 regelmäßigen Gesprächen, einigen Beurteilungen, vielen Lehreinheiten und sicherlich auch dem ein oder anderen umschifften Problem ist das Ausbildungsende in Sicht. In diesem Kapitel geht es darum, was alles vorzubereiten, zu planen und zu bedenken ist. Wir beschäftigen uns mit rechtlichen Gegebenheiten, dem Ausbildungszeugnis, der Übernahme und auch mit dem Thema: Was passiert, wenn die Prüfung nicht bestanden wurde?

10.1 Vorabüberlegungen und Vorbereitungen

Beginnen Sie früh genug mit der Überlegung, ob der Auszubildende übernommen werden soll. Dafür sollten Sie folgende Fragen klären: Wie ist die aktuelle Situation in Ihrem Unternehmen, benötigen Sie weitere Fachkräfte? Wie wird es in den nächsten Jahren aussehen, werden dann zusätzliche Fachkräfte benötigt? Wenn Sie eine dieser beiden Fragen mit „Ja" beantworten können, sollten Sie prüfen, ob Ihr Azubi zur Übernahme in Frage kommt und wenn ja, für welchen Bereich? In welchen Abteilungen besteht aktuell oder in der nächsten Zeit Bedarf? Wie waren die Beurteilungen des Azubis in dieser Abteilung? Könnte sich der Abteilungsleiter den Auszubildenden für diese Tätigkeit vorstellen?

Personalplanung

⇨ **Beispiel:**
In einem kleinen Unternehmen mit 95 Mitarbeitern wird die Personalplanung sehr genau vorgenommen, da Fachkräfte schwierig zu bekommen sind und die Einarbeitungszeit sehr lange ist (je nach Stelle zwischen zwei Monaten und zwei Jahren). Daher hat man schon genau im Blick, dass Herr M. in zwei Jahren in Altersteilzeit und Frau S. in drei Jahren in Rente geht. Eingeplant wird hierfür ein Azubi aus dem zweiten und einer aus dem ersten Lehrjahr, mit denen dann rechtzeitig, bevor die Rente/bzw. Altersteilzeit beginnt, gesprochen wird, sodass auch noch genügend Zeit für die Einarbeitung bleibt.

Doch was macht man bei qualifizierteren Stellen, die nicht durch Auszubildende abzudecken sind oder wenn der Bedarf erst in zwei Jahren besteht, der Azubi aber jetzt mit der Ausbildung fertig ist? Lösungsansätze dazu finden Sie in diesem Kapitel.

Und was sagt der Azubi selbst, möchte er übernommen werden und wenn ja, welchen Bereich könnte er sich vorstellen? Wo möchte er am liebsten hin, was wären Alternativ-Lösungen?

Tipp: Hinterfragen Sie dabei auch das „Warum", evtl. ergeben sich daraus auch noch alternative Einsatzmöglichkeiten. Außerdem ist ein starkes „Warum", also ein guter Grund, warum er dort arbeiten möchte auch wichtig, damit er später motiviert dort arbeitet und Spaß an seinen Aufgaben hat. Fragen Sie auch: Möchte er wegen dem netten Team in diesen Bereich? Oder weil ihm die Aufgaben dort Spaß machen? Liegt es an den guten Aufstiegschancen, den angenehmen Arbeitszeiten oder hat er noch ganz andere Gründe? Hinterfragen Sie dies, damit Sie sich ein umfassendes Bild machen können.

Selbstbild und Fremdbild

Wichtig ist vor allen Dingen, dass Sie den Auszubildenden entsprechend seiner Stärken einsetzen. Ich empfehle daher auch, mit dem Azubi in diesem Zeitraum einmal ausführlicher zu sprechen, um herauszufinden, welche Aufgaben und Tätigkeiten ihm liegen. Was kann er gut und woran hat er Spaß? Spiegeln Sie ihm dazu auch gerne Ihren eigenen Eindruck wider. Stimmen Selbstbild und Fremdbild überein? Bei Unsicherheiten kann hier eine ausführliche Beratung oder ein Test helfen. Viele Unternehmen bieten all Ihren Azubis hierzu einen Workshop an, damit diese sich über ihre Stärken und Schwächen klar werden können und lernen, sich selbst richtig einzuschätzen. Dies kann entweder jedes Jahr für alle Azubis im dritten Lehrjahr stattfinden oder bei kleineren Unternehmen alle drei Jahre für alle Auszubildenden vom ersten bis zum dritten Lehrjahr gemeinsam. Für noch kleinere Unternehmen mit nur ein oder zwei Auszubildenden gibt es offene Schulungsangebote zu diesem Thema.

Stärken-/ Schwächen-Analyse

Sie sollten diese Stärken-/Schwächen-Analyse nicht außer Acht lassen, da ein Mensch, der seinen Stärken gemäß eingesetzt wird und eine Arbeit hat, die ihm Spaß macht (also einfach insgesamt auf dem richtigen Arbeitsplatz angekommen ist), um einiges effektiver ist als jemand, der eine Arbeit macht, die nicht seinen Stärken und Fähigkeiten entspricht oder jemand, der keinen Spaß daran hat. Hier sind wir auch wieder bei dem wichtigen Thema Motivation: Mit dem richtigen Arbeitsplatz, der zu dem

Mitarbeiter passt, ist ein wichtiger Schritt in Richtung motivierter Mitarbeiter getan.

Daher prüfen Sie genau: Handelt es sich um einen extrovertierten Auszubildenden, der gute Manieren und Spaß am Umgang mit Menschen hat? Vielleicht wäre ein Job mit Kundenkontakt optimal? Ein eher introvertierter Azubi ist zahlen- und ordnungsliebend? Da denken wir für gewöhnlich direkt an die Buchhaltung oder ans Controlling. Falls dies nicht die Wunschbereiche des Azubis sind, gilt es wieder zu hinterfragen warum? Und was möchte er stattdessen machen? Kann er auch dort seine Stärken gut einsetzen?

In manchen Unternehmen stellt sich die Frage nach der Abteilung gar nicht, weil der Betrieb so klein ist, dass eine solche Aufteilung einfach nicht existiert. Trotzdem gibt es auch dort oftmals eine Aufgabenverteilung, die sich über Jahre eingespielt hat. Schauen Sie, wo der Azubi nach der Übernahme seinen Platz in diesem Gefüge finden kann, damit er nicht einfach nur „Mädchen für alles" ist. Es gibt aber auch Bereiche, in denen sich die Frage nach dem „wo" nicht stellt: Bei kleinen Bauunternehmen ist klar, für welche Tätigkeit der Maurer-Azubi hinterher übernommen wird. Ähnlich sieht es in einem kleinen Dachdeckerbetrieb oder der dreiköpfigen IT-Firma aus. Trotzdem gilt auch hier: Wenn es Gestaltungsspielraum gibt, um die Stärken Ihres Azubis optimal einzusetzen – nutzen Sie ihn!

Springer

Tipp: Sie haben einen sehr guten Auszubildenden, den Sie gerne übernehmen möchten, aber aktuell keine Stelle frei? Vielleicht gibt es die Möglichkeit, ihn trotzdem zu halten: Mit einer Springerstelle. Ein Springer „springt" überall dort ein, wo gerade Not am Mann ist. Sei es, dass gerade das Arbeitsvolumen besonders groß ist in der Hauptsaison, dass eine Messe ansteht oder einfach viele Sonderaufgaben zu bewältigen sind – der Springer kann unterstützen. Außerdem hilft er weiter, wenn in der Urlaubszeit die Besetzung sehr dünn ist oder wenn im Krankheitsfall jemand unerwartet ausfällt. Auch wenn bei einem Mitarbeiter das Überstundenkonto über die Maßen gefüllt ist, kann ein Springer (bei passender Qualifikation) für ein paar Wochen diesen Job übernehmen, damit der Mitarbeiter Überstunden abbauen kann. Sie merken schon: Es gibt viele Einsatzmöglichkeiten!

Schauen Sie sich hierzu auch gerne nochmals das Praxisbeispiel im Exkurs „Warum ausbilden?" an.

Aus meinen Beratungen weiß ich: Normalerweise kommt an dieser Stelle der Einwand: „Aber ein Extra-Gehalt über mehrere Monate für Dinge zahlen, die auch sonst irgendwie laufen, das muss doch nicht sein." Sehen Sie es einmal andersherum: Wie viel kostet es Sie, einen guten Mitarbeiter zu finden und einzuarbeiten? Für einfache Stellen rechnet man normalerweise etwa sechs Monatsgehälter für die Suche und die Einarbeitung. Bei besser qualifizierten Stellen sind Sie aber auch schnell bei 12 bis 24 Monatsgehältern. Rechnen Sie selbst: Lohnt es sich eher, einen qualifizierten Azubi, der das Unternehmen kennt und direkt mitarbeiten kann, für ein paar Monate (oder vielleicht sogar ein bis zwei Jahre) zu halten, wodurch Sie als positiven Nebeneffekt auch noch weitere Mitarbeiter entlasten? Oder lohnt es sich eher, den Azubi gehen zu lassen und in ein paar Monaten einen neuen Mitarbeiter zu suchen, mit allem damit verbundenen zeitlichen Aufwand und Kosten, und diesen über mehrere Wochen oder sogar Monate einzuarbeiten? Noch dazu wissen Sie dann noch nicht, ob der neue Mitarbeiter zu Ihrem Unternehmen passt. Dies können Sie erst nach ein paar Monaten der Mitarbeit wirklich beurteilen.

Bei manchen Stellen mag es vorteilhaft sein, den frischen Wind, den ein von außen dazukommender Mitarbeiter mitbringt, zu nutzen. Und manchmal ist auch einfach kein interner Mitarbeiter da, der entsprechend qualifiziert ist, um die Stelle übernehmen zu können (oder der dies nach entsprechender Weiterqualifizierung könnte). In diesen Fällen sind externe Einstellungen durchaus sinnvoll. Trotzdem bietet es viele Vorteile, den Personalbedarf zum größten Teil durch eigene Ausbildung und interne Weiterqualifizierung zu bestreiten. Besonders in der heutigen Zeit, wenn die Suche nach geeigneten Fachkräften immer schwieriger wird, bietet die eigene Ausbildung und eine entsprechende Bindung an das Unternehmen große Vorteile.

Wie Sie die Bindung an Ihr Unternehmen erreichen? Wenn die Ausbildung positiv verläuft und Ihr Auszubildender sich hier gut aufgehoben gefühlt hat, ist ein wichtiger Schritt getan. Natürlich sollten Sie Ihrem Azubi auch (zumindest auf Dauer) eine seinen Wünschen und Fähigkeiten entsprechende Stelle anbieten können. Auch das Gehalt und die dazugehörenden Randfaktoren wie Arbeitszeit, Urlaubsanspruch, Überstundenregelung etc. müssen passen. Und die weichen Faktoren sind ebenfalls wichtig: Fühlt sich der Azubi im Team wohl? Hat er einen Chef, mit dem er gut auskommt, auf den er sich verlassen kann und der ihm wertschätzend gegenüber tritt? Wie ist die Fahrtzeit zum Arbeitsplatz, gibt es Homeoffice oder sonstige flexible Möglichkeiten? Einer der wichtigsten Faktoren ist aber: Identifiziert sich der Auszubildende mit den Werten Ihres Unternehmens, mit Ihrer Unternehmensphilosophie, Ihrer Corporate Identity? Lesen Sie hierzu auch gerne im ersten Kapitel Ausbildungsmarketing nach, wie Sie eine solche herausarbeiten können. Ein Übereinstimmen der Werte ist oft nichts, was die Bewerber/Mitarbeiter bewusst wahrnehmen. Kaum einer wird sagen: „Ich arbeite bei dem Unternehmen, weil mich die Werte/die Corporate Identity überzeugt." Dies äußert sich eher unterbewusst, eben durch das Wohlfühlen im Unternehmen, das Gefühl, dort hinzugehören; also etwas sehr Subjektives, was aber einen sehr nachhaltigen Effekt zeigt.

Wenn der Punkt Übernahme frühzeitig geklärt ist, kann der Auszubildende optimalerweise die letzten Monate seiner Ausbildung schon in diesem Bereich eingesetzt werden. Besonders bei den Ausbildungsberufen, in denen eine Projektarbeit, eine abteilungsbezogene Fachaufgabe oder Ähnliches zur Abschlussprüfung dazugehört, ist es schön, wenn diese schon in der Abteilung erstellt/absolviert werden kann, in der der Azubi auch später arbeitet. Planen Sie daher früh genug. Beginnen Sie optimalerweise bereits zu Beginn des letzten Ausbildungsjahres mit den ersten Gesprächen und Überlegungen hierzu (in mittelständischen Unternehmen oder ebenfalls in Unternehmen, bei denen solche Entscheidungen länger dauern oder über mehrere Hierarchieebenen diskutiert werden müssen). Bei kleineren Unternehmen, die oftmals deutlich schneller entscheiden, reicht auch teilweise ein kürzerer Zeitraum, z. B. ein halbes Jahr vor Ausbildungsende, oder sogar nur drei bis vier Monate vorher.

Aufgabe/Anregung

Überlegen Sie sich im Vorfeld, wo Sie in den nächsten Monaten/Jahren Stellen neu besetzen müssen. Wo wird es/könnte es eine freie Stelle geben? Und setzen Sie sich am besten eine Erinnerung, um früh genug mit Ihrem Azubi zu sprechen, im hektischen Alltag geht dies leicht unter.

10.2 Prüfungsvorbereitung und Prüfungsfreistellung

Prüfungsvorbereitungskurs

Besprechen Sie auch mit Ihrem Auszubildenden, ob er einen Prüfungsvorbereitungskurs besuchen möchte. Wie ist dazu die interne Regelung: Übernimmt der Betrieb die Kosten? (Dies ist bei den meisten Unternehmen üblich.) Besprechen Sie die Anmeldung und überprüfen Sie, ob zur Teilnahme evtl. die Arbeitszeiten des Azubis angepasst werden müssen bzw. ob eine Freistellung nötig ist und treffen Sie eine entsprechende Absprache hierzu.

Genauso sollten Sie früh genug planen, wann der Azubi Urlaub nehmen möchte: Nur ein paar Tage vor der Prüfung oder längere Zeit vorher, um in Ruhe lernen zu können? Manche Azubis nehmen auch vor der Prüfung für ca. zwei bis vier Wochen jeweils halbe Tage Urlaub, mit der Begründung, dass sie ja ohnehin nicht den ganzen Tag lernen können, und sie die Wiederholung des Lernstoffs so über eine längere Zeit strecken können.

Freistellung

Denken Sie auch daran, dass Sie Ihren Auszubildenden zur Abschlussprüfung freistellen müssen (die Zeit gilt als Arbeitszeit, auch die Pausenzeiten müssen berücksichtigt werden).

> **Beispiel:**
> Die Arbeitszeit ist von 08:00 bis 16:30 Uhr, die Prüfung findet um 08:30 Uhr statt. Der Azubi muss 20 Minuten zum Prüfungsort fahren, eine Beschäftigung vorher ist nicht mehr zuzumuten (dafür muss mindestens eine Arbeitszeit von 30 Minuten am Stück möglich sein). Das heißt, der Azubi kann von zu Hause aus direkt zur Prüfung fahren. Die Prüfung geht bis 14:00 Uhr, inklusive einer halbstündigen Pause. Nun kann der Azubi in den Betrieb kommen und dort noch die Zeit bis 16:30 Uhr arbeiten. Umgedreht, wenn die Prüfung erst um 13:00 Uhr stattfindet, kann der Azubi davor noch in den Betrieb kommen und arbeiten. Überlegen Sie aber, wie sinnvoll diese Varianten sind. Der Azubi wird sich kaum konzentrieren können und wäre sicher vorab zu Hause mit entsprechender Ruhe vor der Prüfung besser aufgehoben. Ähnliches gilt für danach. Die IHK empfiehlt, Azubis für den kompletten Prüfungstag freizustellen. Dieser Empfehlung schließe ich mich an.

Außerdem sind die Auszubildenden am Tag vor der schriftlichen Abschlussprüfung zusätzlich freizustellen. Dies gilt nicht bei mündlichen und praktischen Prüfungen. Wenn die Prüfung sich auf mehrere Tage erstreckt, z. B. Dienstag und Donnerstag, dann ist der Azubi nur am Montag zusätzlich freizustellen. Für Dienstag und Donnerstag gelten die normalen Freistellungsregeln und am Mittwoch darf gearbeitet werden. Auch hier gilt aber wieder: Sprechen Sie mit Ihrem Auszubildenden, wie sinnvoll das ist. Wenn sich der junge Mensch vor lauter Prüfungsstress und Nervosität ohnehin nicht konzentrieren kann, gewähren Sie lieber großzügig Urlaub.

Achtung: Diese Regelungen gelten seit 2020 nicht nur für Minderjährige, sondern auch für volljährige Azubis!

Ausbildungsrahmenplan

Berichtsheft

Tipp: Überprüfen Sie einige Monate vor der Abschlussprüfung nochmals, wie es um den Ausbildungsrahmenplan bestellt ist: Wurden alle notwendigen Punkte vermittelt? Falls es noch Lücken gibt, bemühen Sie sich, diese in den verbleibenden Monaten noch zu schließen. Auch beim Berichtsheft lohnt sich eine kurze Überprüfung, falls Sie dieses nicht ohnehin wöchentlich gemeinsam durchgucken (beim regelmäßigen Gespräch, so wie vorab im Kapitel Gespräche empfohlen).

Machen Sie sich auch frühzeitig Gedanken über ein kleines Geschenk für Ihren Azubi: Entweder ein Abschiedsgeschenk, falls er nicht übernommen wird oder einfach eine schöne Erinnerung an die Ausbildungszeit. Auch eine Glückwunschkarte zur bestandenen Prüfung ist hierbei eine nette und wertschätzende Geste.

Wie wäre es außerdem mit einem kleinen Bericht über die bestandene Abschlussprüfung Ihres Azubis? Unternehmensintern, für das eigene Intranet bzw. das schwarze Brett oder auch extern für den Unternehmensblog, die Lokalzeitung, einen Bericht auf der Webseite, die Kundenzeitschrift, Ihre Social-Media-Accounts... Gerne mit Fotos des stolzen Azubis, vielleicht an seinem zukünftigen Arbeitsplatz? Natürlich nur, wenn der Auszubildende sein Einverständnis hierzu gibt.

10.3 Klare Regelung zur Übernahme: Am besten schriftlich!

Wenn Sie Ihren Auszubildenden nicht übernehmen wollen oder können, sollten Sie ihm dies frühzeitig mitteilen, sodass er Gelegenheit hat, sich für eine andere Tätigkeit im Anschluss an seine Ausbildung zu bewerben. Außerdem muss er sich in diesem Falle frühzeitig bei der Agentur für Arbeit melden. Meine Empfehlung wäre, dies dem Auszubildenden auch schriftlich mitzuteilen und sich den Empfang des Schreibens kurz quittieren zu lassen. Dies hat noch einen einfachen Grund: Sollte der Auszubildende nach der bestandenen Abschlussprüfung wieder zu Ihnen in den Betrieb kommen und seine Arbeit wieder aufnehmen, ohne dass Sie ihn daran hindern, entsteht automatisch ein unbefristetes Arbeitsverhältnis! Daher regeln Sie dies vorab schriftlich bzw. hindern Sie Ihren Auszubildenden nach bestandener Abschlussprüfung an der Wiederaufnahme der Arbeit (er darf sich noch verabschieden kommen, aber nicht mehr arbeiten!).

Unbefristetes Arbeitsverhältnis

Falls Sie den Auszubildenden hingegen übernehmen wollen, ist dies natürlich eine gute Nachricht. Eröffnen Sie ihm diese in einem Gespräch und besprechen Sie die Details für den anschließenden Vertrag. Ein Arbeitsvertrag ist durchaus sinnvoll, auch wenn sich durch das einfache „Weiterarbeiten" nach bestandener Prüfung automatisch ein Arbeitsvertrag ergibt. Gewisse Punkte sollten doch schriftlich geregelt werden, um spätere Unstimmigkeiten zu vermeiden. Dazu gehören (unter anderem)

- Die Höhe des Gehalts/Lohns
- Welche Sonderzahlungen gibt es wann? In welcher Höhe?
- Sonstige Zusatzleistungen wie Bonus, VL, Zuschüsse etc.
- Anzahl der Arbeitsstunden pro Woche und der Urlaubstage
- Kündigungsfristen

Natürlich gehören noch viele weitere Punkte in einen solchen Vertrag (auf der Homepage zum Buch finden Sie ein Muster), dies sind aber einige der Punkte, über die es sehr häufig später Unstimmigkeiten gibt und die daher auf jeden Fall schriftlich geregelt werden sollten.

10.4 Das Ausbildungszeugnis

Der Auszubildende hat auch Anspruch auf ein Ausbildungszeugnis. Dies müssen Sie als Ausbildender ohne Aufforderung ausstellen, unabhängig davon, ob Sie den Azubi übernehmen. Der Auszubildende kann dabei wählen, ob er ein einfaches oder ein qualifiziertes Ausbildungszeugnis möchte (üblich ist aber das qualifizierte Zeugnis). Das einfache Ausbildungszeugnis ist mehr eine

Einfaches/qualifiziertes Ausbildungszeugnis

„Ausbildungsbestätigung“, es beinhaltet nämlich nur den Ausbildungszeitraum, die Angaben über den Betrieb und den Azubi sowie den Ausbildungsberuf. Sämtliche wertenden Bemerkungen zu Leistung und Verhalten fehlen hier. Beim qualifizierten Zeugnis hingegen sind auch diese Angaben enthalten, natürlich wohlwollend formuliert. Im Zeugnis darf nichts Negatives stehen – daher hat sich über die Jahre ein entsprechender „Notencode“ entwickelt, der mit vermeintlich positiven Formulierungen auch durchaus schlechte Noten ausdrücken kann. Falls Sie eine Übersicht über übliche Zeugnisformulierungen und den Notencode dahinter haben möchten, finden Sie dies ebenfalls auf unserer Homepage in aller Ausführlichkeit. Hier vorab ein kleiner Überblick zu den zwei wichtigen Punkten Leistung und Verhalten:

sehr gut:

- XY hat die ihm übertragenen Aufgaben stets zu unserer vollsten Zufriedenheit erledigt.
- Sein Verhalten gegenüber Vorgesetzten und Kollegen war stets/jederzeit vorbildlich.

gut:

- XY hat die ihm übertragenen Aufgaben stets zu unserer vollen Zufriedenheit erledigt.
- XY hat die ihm übertragenen Aufgaben zu unserer vollsten Zufriedenheit erledigt.
- Sein Verhalten gegenüber Vorgesetzten und Kollegen war jederzeit einwandfrei.

befriedigend:

- XY hat die ihm übertragenen Aufgaben zu unserer vollen Zufriedenheit erledigt.
- Sein Verhalten gegenüber Vorgesetzten und Kollegen war einwandfrei.

ausreichend:

- XY hat die ihm übertragenen Aufgaben zu unserer Zufriedenheit erledigt.
- Sein Verhalten gegenüber Kollegen und Vorgesetzten war korrekt und ohne Beanstandung.

mangelhaft:

- XY hat die ihm übertragenen Aufgaben im Großen und Ganzen / im Allgemeinen zu unserer Zufriedenheit erledigt.

- Es erübrigt sich zu betonen, dass sein Betragen gegenüber den Vorgesetzten und Kollegen unbelastet war.

ungenügend:

- XY hat sich bemüht, seine Aufgaben zu unserer Zufriedenheit zu erledigen.
- Einfach weglassen (hier gilt: Das Fehlen sagt sehr viel aus!)

Es gibt viele weitere Formulierungen, teilweise mit Nuancen darin, Hinweise auf Betriebsrats-/JAV-Tätigkeit, über die politische Gesinnung und vieles mehr. Ich würde Ihnen aber ganz klar raten, sich bei dem Ausbildungszeugnis auf die üblichen Formulierungen zu beschränken. Diese sind mittlerweile bei Personalern allgemein bekannt und werden verstanden, wohingegen die Verklausulierungen für Diebstahl, Alkoholismus etc. bei Weitem nicht so verbreitet sind und daher oft falsch interpretiert werden können. Ein fertiges Musterzeugnis für einen Auszubildenden finden Sie ebenfalls im Downloadbereich zum Buch.

Übrigens: Falls es Streitigkeiten wegen des Zeugnisses gibt, gilt folgende Nachweispflicht: Ein durchschnittliches Zeugnis wird als ein Zeugnis mit der Note 3 (befriedigend) angesehen; falls der Azubi meint, seine Leistung war besser, muss er dies nachweisen. Falls der Ausbildende meint, die Leistung war schlechter, muss er dies ebenfalls belegen können. Das heißt, falls Sie ein Zeugnis mit Note 4 oder schlechter ausstellen möchten, sollten Sie entsprechende Nachweisbelege wie Bewertungsbögen des Azubis, Gesprächsnotizen zu mangelnder Leistung etc. aufbewahren. Eine Anmerkung dazu: Haben Sie eine Idee, was die am meisten vergebene Note auch für schwache Azubis ist? Richtig, trotz allem oft noch das Befriedigend, um später unnötigen Ärger vor Gericht zu vermeiden …

10.5 Prüfung nicht bestanden – was jetzt?

Was passiert, wenn der Auszubildende die Abschlussprüfung nicht bestanden hat? Keine Panik – das kann vorkommen. Und der Azubi kann seine Prüfung wiederholen: Entweder indem er die Ausbildung bei Ihnen verlängert oder auch auf eigene Faust. Sprechen Sie mit Ihrem Auszubildenden, was er möchte. Klären Sie dabei auch, woran es gelegen hat: Wurden die Themen nicht ausreichend verstanden? (Wenn ja, warum ist dies vorher nicht aufgefallen? – Was könnte man jetzt tun, um ihm die

Themen verständlich näher zu bringen?) Hatte er einfach einen Blackout während der Prüfung? Vielleicht hilft ihm ein Workshop oder ein Coaching zum Umgang mit Prüfungsangst? Besprechen Sie mit Ihrem Auszubildenden, was Sie tun können, um ihn zu unterstützen, und erarbeiten Sie gemeinsam einen Plan, in dem auch der Azubi festhält, was er selbst unternehmen wird, damit die nächste Prüfung besser verläuft.

Wiederholungsprüfung

Wenn der Azubi sich dazu entscheidet, die Ausbildung zu verlängern (was meistens der Fall ist), stellen Sie einen entsprechenden Antrag bei Ihrer Kammer. Der Auszubildende bleibt dann bis zur nächstmöglichen Wiederholungsprüfung bei Ihnen, längstens für ein Jahr. In diesem Zeitraum kann er die Prüfung zweimal wiederholen. Wurde die Prüfung auch beim dritten Mal nicht bestanden, gibt es keine Möglichkeit mehr, die Abschlussprüfung in diesem Ausbildungsberuf abzulegen. Übrigens geht der Auszubildende bei dieser Variante auch ganz normal weiter zur Berufsschule und das Ausbildungsverhältnis wird zu den vorher üblichen Bedingungen fortgesetzt. Das schließt auch Urlaubsanspruch, Zahlung der Ausbildungsvergütung, Übernahme der Prüfungsgebühr etc. mit ein.

Alternativ kann der Auszubildende sich dazu entschließen, die Ausbildung nicht zu verlängern. In diesem Fall endet die Ausbildung mit Ablauf der vertraglich geregelten Ausbildungszeit. Der Auszubildende kann sich, wenn er möchte, als externer Teilnehmer zur Wiederholungsprüfung anmelden. In diesem Fall besucht er die Berufsschule nicht mehr, er ist kein Auszubildender mehr und muss auch für die Prüfungsgebühren selbst aufkommen.

Tipp: Es müssen bei beiden Varianten nur die Prüfungen wiederholt werden, bei denen weniger als 50 Punkte erreicht wurden (wenn die Prüfung noch nicht länger als zwei Jahre zurückliegt). Die Prüfungsteile, bei denen 50 Punkte und mehr erreicht wurden, dürfen wiederholt werden, müssen es aber nicht (es zählt dann das Ergebnis des zuletzt abgelegten Prüfungsteils).

⇨ **Praxisbeispiel:**
Herr W. ist Auszubildender zum Hotelfachmann in einem Landhotel im Bergischen Land. Seine Abschlussprüfung ging leider daneben, die praktische Prüfung ist zwar gut gelaufen, in der schriftlichen Prüfung reichte es aber nicht für den Abschluss. Er bleibt weiter beim Hotel, um nach einem halben Jahr die Prüfung zu wiederholen. Da er sich im Hotelalltag

sehr bewährt hat, das Haus und die Stammkunden gut kennt und auch hervorragend mit Kunden umgehen kann sowie seine sonstigen Aufgaben sehr kompetent bewältigt, hat ihm das Hotel bereits die Stelle des stellvertretenden Restaurantleiters angeboten. Sie sehen also: Eine einmal nicht bestandene Prüfung ist kein Beinbruch. Außerdem stellt sich hier die Frage, was bei der Übernahmeentscheidung wichtiger ist: Die Berufsschul- und Prüfungsnoten oder die Bewährung in der Praxis? Im Optimalfall passt natürlich beides …

10.6 Nach der Übernahme

Bestenfalls haben Sie schon vor der Abschlussprüfung festgelegt, für welchen Bereich der Auszubildende übernommen wird, und der Azubi hat bereits vorher dort seine Tätigkeit begonnen. Jetzt kann er mit seinen Kollegen gemeinsam – die bestimmt mitgefiebert haben – die bestandene Abschlussprüfung feiern. Auch dies ist ein deutliches Signal: Jetzt bin ich kein Azubi mehr, jetzt bin ich „einer von euch". Der Übergang gestalltet sich für viele Auszubildenden leider schwierig und ist bei einigen sogar ein Grund dafür, warum sie letztendlich das Unternehmen verlassen: Um nicht der ewige Azubi zu bleiben.

Neue Rolle

Achten Sie daher besonders in den ersten Tagen und Wochen darauf, dass die Kollegen die neue Rolle wahrnehmen und achten. Der ehemalige Azubi sollte jetzt nicht mehr das „Mädchen für alles" sein (bestenfalls natürlich auch vorher nicht). Wenn jemand gesucht wird, der in der Imbissbude das Mittagessen abholen fährt, die Spülmaschine ausräumt, die Ablage erledigt oder die Halle fegt, ist es wichtig, dass nicht mehr automatisch alle an den ehemaligen Azubi denken, sondern dass diese Aufgaben gerecht zwischen allen Kollegen verteilt werden. Hier ist die Unterstützung durch Sie bzw. den Abteilungsleiter enorm wichtig. Findet die neue Rollenklärung nicht direkt am Anfang statt, ist dies später nur sehr schwer nachzuholen.

Begleiten Sie Ihren Azubi auch in der ersten Zeit noch durch Gespräche, zum Beispiel ein Mal noch ein bis zwei Wochen nach der Abschlussprüfung und ein weiteres Mal ca. ein bis zwei Monate danach. Wichtige Themen dabei sind: Hat die Rollenklärung stattgefunden, wird er in der neuen Abteilung als Kollege anerkannt? Fühlt er sich in der neuen Abteilung wohl? Sind die Aufgaben so, wie er sich diese vorgestellt hat? Kommt er mit den neuen Kollegen gut zurecht? Fragen Sie aber auch einmal nach, was ihm an seiner Ausbildung gut gefallen hat und ob es Dinge gibt, die man verbessern sollte. Nehmen Sie die Antworten ernst, sie können Ihnen wichtige Impulse für die zukünftige Ausrichtung und Weiterentwicklung Ihrer Ausbildung liefern. Viele Unternehmen setzen hierfür auch einen Fragebogen ein, um Ihre Ausbildung kontinuierlich zu verbessern.

Danach kann der Abteilungsleiter den ehemaligen Auszubildenden in die üblichen Gespräche mit seinen Mitarbeitern übernehmen. Gibt es in Ihrem Unternehmen auch eine Abteilung/einen Mitarbeiter, der sich um die Weiterbildung der Mitarbeiter kümmert? Wenn ja, sollte dieser den ehemaligen Azubi auch mit im Blick behalten, um ihn gezielt zu fördern und weiterzuentwickeln, damit der neue Mitarbeiter seine Ziele erreichen und im Unternehmen optimal eingesetzt werden kann.

Gibt es bei Ihnen keine solche Stelle, unterstützen Sie Ihren ehemaligen Schützling hierbei wenn möglich noch eine Weile. Besprechen Sie mit ihm, welche Ziele er sich selbst gesteckt hat und wo er gerne hinmöchte. Ist er mit seiner momentanen Tätigkeit rundum glücklich und bestens dafür qualifiziert? Perfekt! Vielleicht kann er aber eine Fortbildung brauchen, um seine aktuelle Tätigkeit zukünftig noch besser ausüben zu können? Oder sogar eine Weiterbildung, um sich selbst weiterzuentwickeln und in Zukunft höher qualifizierte Aufgaben im Unternehmen zu übernehmen, vielleicht sogar im Laufe der Zeit eine Führungsaufgabe (sachlich oder personell)? Erklären Sie Ihrem ehemaligen Azubi, wie er solche Fort- und Weiterbildungen bei Ihnen im Unternehmen beantragen muss und an wen er sich wenden kann (bzw. falls Weiterbildungen nicht von Ihrem Unternehmen übernommen werden, wie der ehemalige Azubi sich selbst darum kümmern kann und evtl. auch, welche öffentlichen Fördermöglichkeiten es dafür gibt).

Geben Sie ihm an Anfang noch Hilfestellung, seine eigene Zukunftsvision zu entwickeln und diese nach und nach zu verwirklichen. Hierbei ist jedoch Hilfe zur Selbsthilfe notwendig: Irgendwann ist Ihre Tätigkeit und Hilfestellung als Ausbilder vorbei. Erledigen Sie diese Dinge nicht für Ihren ehemaligen Auszubildenden, sondern erklären Sie ihm, wie er sich selbst darum kümmern kann. Optimalerweise gibt es in Ihrem Unternehmen Mentoren für Mitarbeiter, die sich weiterentwickeln wollen – versuchen Sie einen solchen für Ihren früheren Azubi zu finden. Falls dies nicht möglich ist: Vielleicht wäre das ja etwas, was Sie bei der Geschäftsführung einmal anregen könnten? Und vielleicht möchten/können Sie sogar selber Mentor für ein oder zwei ehemalige Azubis sein, die sich gerne weiterentwickeln möchten?

⇨ **Praxisbeispiel:**
Ellen hat eine Ausbildung zur Industriekauffrau gemacht und wurde danach in der Abteilung Auftragsabwicklung übernommen. Da sie weiterlernen und weiterkommen wollte, entschloss sie sich, direkt wenige Monate nach der Ausbildungsabschlussprüfung mit einer Weiterbildung zur Staatlich geprüften Betriebswirtin zu beginnen (nebenberuflich). Vier Jahre später war es dann soweit: Ellen hatte ihren Studienabschluss geschafft. In dieser Zeit hatte sie außerdem „nebenbei" noch die Ausbildereignungsprüfung abgelegt und sich in ihrem Unternehmen um den Ausbildungsbereich gekümmert. Sie verfügte somit über eine abgeschlossene kaufmännische Ausbildung, während der sie auch drei Jahre praktische Berufserfahrung sammeln konnte. Zusammen mit den vier Jahren Berufspraxis während des nebenberuflichen Studiums hatte sie also sieben Jahre Berufserfahrung und einen Abschluss auf Bachelorniveau sowie Zusatzqualifikationen wie die Ausbildereignungsprüfung – und das alles mit 23 Jahren! In ihrem Unternehmen wurde sie daraufhin zur Personalreferentin befördert und einige Zeit später sogar zur Personalleitung.

Zusammenfassung

Überlegen Sie rechtzeitig, ob der Azubi übernommen werden soll und wenn ja, in welchem Bereich. Bleiben Sie dabei mit Ihrem Auszubildenden im Gespräch und beziehen Sie ihn mit ein. Bei der Abschlussprüfung und der Übernahme gibt es auch einige rechtliche Dinge zu beachten, wie die Freistellung zur Prüfung, das Recht auf ein Ausbildungszeugnis und einiges mehr. Unterstützen Sie Ihren Azubi bei der Prüfung, soweit dies Ihren Möglichkeiten entspricht und begleiten Sie ihn auch danach in der ersten Zeit als ausgelernter Mitarbeiter noch. Eventuell ist auch eine gezielte Weiterentwicklung für höher qualifizierte Aufgaben und Stellen möglich, auch hier ist Ihre Hilfe sicher noch willkommen. Mit diesem Konzept sichern Sie sich durch eigene Ausbildung nicht nur Ihre Fachkräfte, sondern sogar Ihren Führungsnachwuchs!

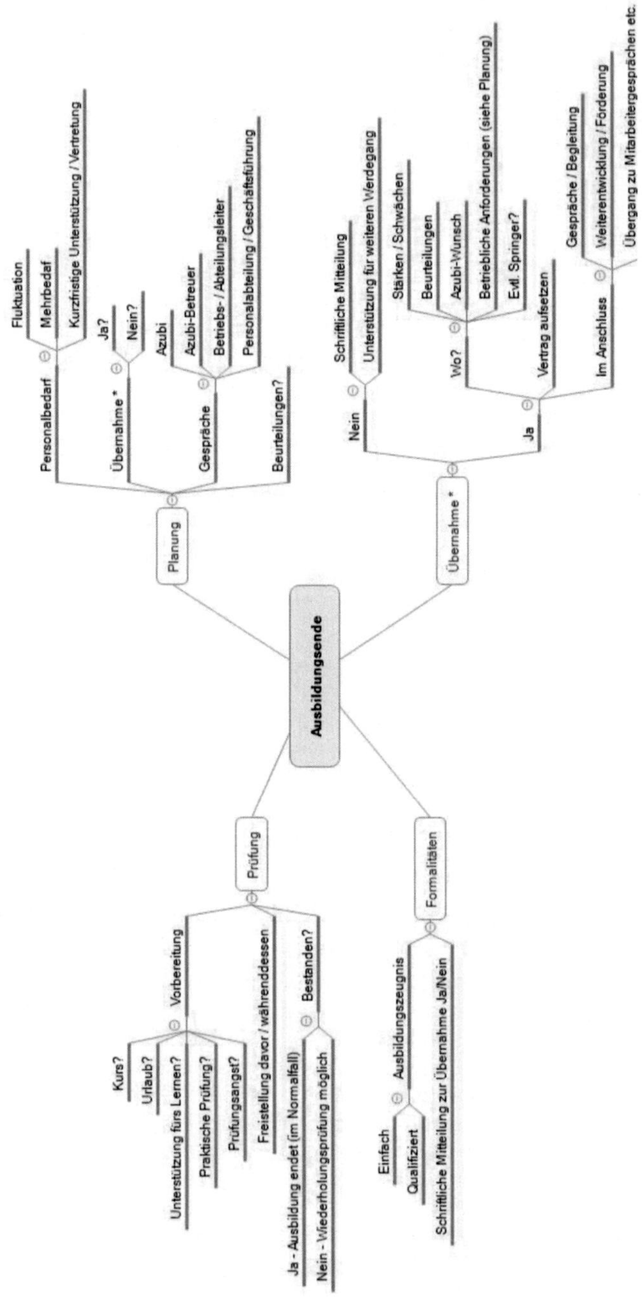
Ausbildungsende
Planung
Personalbedarf
Fluktuation
Mehrbedarf
Kurzfristige Unterstützung / Vertretung
Übernahme *
Ja?
Nein?
Gespräche
Azubi
Azubi-Betreuer
Betriebs- / Abteilungsleiter
Personalabteilung / Geschäftsführung
Beurteilungen?
Übernahme *
Nein
Schriftliche Mitteilung
Unterstützung für weiteren Werdegang
Ja
Wo?
Stärken / Schwächen
Beurteilungen
Azubi-Wunsch
Betriebliche Anforderungen (siehe Planung)
Evtl. Springer?
Vertrag aufsetzen
Im Anschluss
Gespräche / Begleitung
Weiterentwicklung / Förderung
Übergang zu Mitarbeitergesprächen etc.
Prüfung
Vorbereitung
Kurs?
Urlaub?
Unterstützung fürs Lernen?
Praktische Prüfung?
Prüfungsangst?
Freistellung davor / währenddessen
Bestanden?
Ja - Ausbildung endet (im Normalfall)
Nein - Wiederholungsprüfung möglich
Formalitäten
Ausbildungszeugnis
Einfach
Qualifiziert
Schriftliche Mitteilung zur Übernahme Ja/Nein

Bonus-Kapitel: Tipps und Tricks

Nach meinen Seminaren und Beratungen bekomme ich im Feedback zu einigen Tools besonders oft positive Rückmeldungen und einige Tipps haben sich als sehr hilfreich erwiesen. Diese möchte ich Ihnen hier noch als kleinen Bonus mitgeben, sozusagen noch ein Best-of der Tipps, die sich thematisch in kein Kapitel eingliedern lassen oder zu mehreren Bereichen passen. Geben Sie mir gerne nach dem Ausprobieren eine Rückmeldung, ob diese für Sie ebenfalls hilfreich waren.

Superbuch für Azubis

Das sogenannte „Superbuch“ ist ein Aufgaben- und Notizbuch, in dem Ihre Azubis alle Notizen, To-dos und Ideen sammeln, die im Laufe eines Arbeitstages anfallen. In dieses Buch gehören alle Dinge, die sie erledigen oder an die sie denken wollen oder müssen. Dies können Telefonnummern oder Gesprächsnotizen sein, Anfragen, Zwischenrufe ihres Ausbilders oder eines Kollegen, aber auch alle Ideen, die sie z. B. für das bevorstehende Sommerfest haben, sowie private Termine, wenn sie z. B. einen Zahnarzttermin ausmachen oder das Auto zum TÜV anmelden müssen. Auch sämtliche Planungen und Erinnerungen zur Berufsschule können hier Platz finden. Später, wenn die Azubis auch eigene Projekte und Termine haben, kann auch die komplette Planung dazu im Superbuch erfolgen, die Mitschriften zu Terminen können hier notiert werden und vor allem die Tagesplanung findet hier seinen Platz.

Welche Notizbücher sich grundlegend eignen, wie Sie das Superbuch anlegen und wie Sie im Alltag damit arbeiten, finden Sie in einem Dokument ausführlich mit Beispielen beschrieben. Sie können dies auf unserer Webseite herunterladen. Natürlich ist das Superbuch auch für Sie als Ausbilder geeignet, viele schätzen im digitalen Zeitalter die Rückkehr zum Papier, da mit dem Schreiben von Hand erwiesenermaßen eine bessere Konzentration und Fokussierung einhergeht. Dies ist besonders hilfreich, wenn Sie das Superbuch auch nutzen, um damit Ihren Tag zu planen und sich eine Fokus-Aufgabe festzulegen. Viele Techniken aus dem mittlerweile so beliebten Bullet Journal lassen sich mit dem Superbuch ganz einfach und schnörkellos umsetzen.

Wenn Sie nur einen der aufgeführten Tipps ausprobieren wollen: Nehmen Sie diesen! Zum Superbuch bekommen wir mit Abstand die meisten positiven Rückmeldungen, sowohl von Azubis als auch von Ausbildern (z. B.: mein Azubi vergisst keine Aufgaben mehr, er denkt daran, mir die Anrufe auszurichten, er ist so viel besser organisiert,...). Ganz besonders zu Beginn der Ausbildung ist dies eine große Hilfe. Aber auch Ausbildern hilft es, im stressigen Alltag wieder Fokus zu finden, was vielen mit digitalen Tools bis dato nicht gelungen war. Probieren Sie es aus, die nötigen Grundlageninfos finden Sie kostenlos auf unserer Homepage. Und wenn Sie Feuer gefangen haben: Es gibt noch viele weitere Umsetzungshilfen und Tipps zur Arbeitsweise und persönlichen Organisation hiermit, sprechen Sie uns gerne an.

Notizprogramm OneNote: Das Ausbildungsmanagement- und Infotool

Natürlich gibt es viele weitere Notizprogramme. Evernote zum Beispiel ist ebenfalls ein sehr gutes Tool. Nach meiner Ansicht haben beide Programme ihre Stärken in unterschiedlichen Bereichen. Und für die im Buch erwähnten Ideen, wie Ihnen ein Notizprogramm helfen kann, eignet sich durch die bessere Möglichkeit, Strukturen vorzugeben, und durch die gute Verknüpfung mit den Office-Produkten meistens OneNote eher. Falls Sie persönlich ein anderes Notizprogramm bevorzugen, nutzen Sie natürlich gerne dieses.

Möglichkeiten, wie Sie OneNote nutzen können und wie es Ihnen die Arbeit als Ausbilder erleichtern kann:

- Sie können Ihr komplettes Ausbildungsmanagement über OneNote steuern (wenn Sie kein größeres Unternehmen sind – ab einer Anzahl von ca. 20–30 Auszubildenden würde ich eher zu einem professionellen Ausbildungsmanagementtool raten). Legen Sie ein Extra-Notizbuch für Ihre Auszubildenden an, jeder Azubi bekommt darin seinen Bereich (Sie können hier auch nach Ausbildungsberufen, Lehrjahren oder Ähnlichem bündeln). Innerhalb des Bereichs/Registers für jeden Azubi können Sie jetzt Seiten anlegen: allgemeine Infos wie Adresse, Kontaktdaten, Geburtstag, Stundenplan etc., eine Seite als Notenübersicht für die Berufsschule, eine Seite, wo Sie die Bewertungen festhalten (evtl. auch mit Unterseiten, von denen Sie beliebig viele erstellen können). Genauso können Sie eine Seite für Besprechungsprotokolle, Ihr Beobachtungstagebuch und alles Sonstige anlegen. Kurz gesagt: Alles, was Sie sonst in einer Papierakte aufbewahren, können Sie hiermit digital verwalten.

- Sie können Ihre Lehreinheiten für die Azubis in OneNote vorbereiten und planen. Dafür ist es besonders praktisch, dass Sie Word-Dokumente, Excel-Tabellen, PowerPoint-Präsentationen, Videos, Audio-Dateien und Links/Dateiverweise hinterlegen können. Auch PDFs, E-Mails und alle anderen Outlook-Elemente lassen sich verknüpfen. Und für die verschiedenen Ausbildungsberufe, Bereiche, Lehrjahre etc. sind wieder schöne Unterteilungen nach Registern, Seiten und Unterseiten möglich.
- Weiter vorne im Buch haben Sie schon von unserer Azubi-Start-Mappe gelesen, diese lässt sich wunderbar mit OneNote erstellen und strukturieren. Auch hier ist die Verknüpfungsfunktion wieder sehr viel wert: Die Arbeitsanweisung aus Word, das Organigramm aus PowerPoint oder als PDF, die Telefonliste aus Excel und ein Link zur Produktübersicht im Internet … Eine Checkliste zur Azubi-Start-Mappe finden Sie auf unserer Webseite und weitere Infos dazu weiter vorne im Buch.

- Im Buch verteilt finden Sie weitere Tipps und Einsatzmöglichkeiten zu OneNote, z. B. beim Projektmanagement oder für das Abteilungshandbuch.

Neben den erwähnten Notizprogrammen eignen sich für einige dieser Punkte auch andere Programme, z. B. Kanban-Systeme wie Meistertask oder Trello. Diese laufen bequem übers Internet und werden oft als grafisch sehr ansprechend empfunden. Die oben genannten Punkte lassen sich auch damit umsetzen, allerdings aus meiner Sicht nicht so komfortabel wie mit OneNote. An dieser Stelle sei noch erwähnt: Ich bekomme für diese Empfehlung keine Provision oder Ähnliches. Ich nutze das Programm nur einfach selbst gerne und bin davon überzeugt. Auf der Webseite zum Buch verlinken wir hierzu auch noch weiterführende Literatur und Webtipps zu den genannten Programmen.

Zeit- und Selbstmanagement

Besonders für Ausbilder, die diese Tätigkeit nur nebenbei zu ihrer normalen Arbeit übernommen haben, ist zu wenig

Zeit oft das größte Problem. Daher sind hier unsere zehn besten Zeit- und Selbstmanagementtipps, angelehnt an meinen Vortrag und unser Seminar zu diesem Thema (bei allem gilt wieder: Weitere Details, Beispiele und ausführlichere Informationen dazu finden Sie auf der Homepage).

- **Tipp 1: Auf sich selbst achten**

Wissen Sie, mit welchem Tipp Sie Ihre Produktivität am besten steigern können? Achten Sie auf sich selbst: Schlafen Sie genug, trinken Sie ausreichend, sorgen Sie für Pausen (kurze 2-bis-5-Minuten-Pausen während des Tages plus eine längere Pause mittags sowie regelmäßig Urlaub ohne Störungen), sorgen Sie für genügend Bewegung und beugen Sie Stress vor (z. B. mit regelmäßiger Entspannung). Dies hat noch weitere positive Effekte: Sie steigern nicht nur Ihre Produktivität, Sie beugen auch aktiv einem Burnout vor und sind ein gutes Vorbild für Ihren Azubi!

- **Tipp 2: Störungsfreie Zeiten**

Planen Sie Zeiten ein, zu denen Sie ohne Störung von außen arbeiten können. Jedes Telefonat, der Kollege, der kurz eine Frage hat, das Piepen des Smartphones: Das alles stört unsere Konzentration. Heutzutage werden wir meist mehrfach pro Stunde unterbrochen und brauchen danach jeweils einige Minuten, um wieder die gleiche Konzentration wie vor der Unterbrechung zu erreichen. Probieren Sie es einmal aus: In einer Stunde ungestörter Arbeitszeit (am besten in Ihrer Prime-Time, also der Zeit in der Sie sich am besten konzentrieren können und am fittesten fühlen) schaffen viele so viel, wie sonst an einem ganzen Arbeitstag nicht. Vielleicht kann ein Kollege in der Zeit für Sie das Telefon übernehmen, später machen Sie dasselbe für ihn.

- **Tipp 3: Aufgaben delegieren = Aufgaben richtig übergeben**

Wenn Sie Aufgaben delegieren, übergeben Sie diese komplett, inkl. der Verantwortung dafür. Bei Mitarbeitern sollten Sie dies konsequent so umsetzen. Bei Azubis bleibt die Verantwortung am Anfang noch bei Ihnen, sollte aber nach und nach ebenfalls mit delegiert werden. Erklären Sie hierfür auch unbedingt das „Warum" hinter jeder Aufgabe. Nehmen Sie sich Zeit, die Aufgabe zu erklären und dann dürfen Sie auch loslassen. Geben Sie Ihren Mitarbeitern und Azubis das Gefühl, dass Sie ihnen vertrauen – und zutrauen, die Aufgabe richtig erledigen zu können.

- **Tipp 4: Das Direkt-Prinzip**

Das Direkt-Prinzip besagt, dass Sie alle Aufgaben, die Sie in wenigen Minuten erledigen können, auch direkt erledigen sollten (Richtwert: drei Minuten). Hier würde ein Aufschreiben und Einplanen der Aufgabe länger dauern als die Erledigung. Also: Direkt weg damit und schnell abgearbeitet.

- **Tipp 5: Prioritäten setzen**

Wahrscheinlich ist Ihre Aufgabenliste auch jeden Tag so voll, dass Sie kaum alles schaffen können. Setzen Sie daher Prioritäten: Legen Sie jeden Tag eine Aufgabe fest, der sie sich morgens früh direkt als Erstes widmen. Fangen Sie wenn möglich keine andere Aufgabe an, bevor Ihre Top-Prio-Aufgabe erledigt ist. Optimalerweise können Sie diese Aufgabe z. B. in Ihrer stillen Stunde erledigen. Als Top-Prio-Aufgabe sollten Sie eine wirklich wichtige Aufgabe wählen, die Sie Ihren Zielen näherbringt. Für die weitere Planung schauen Sie sich auch gerne mal die Eisenhower-Matrix oder die One-Minute-To-Do-Liste an. Auch diese helfen bei der Prioritätensetzung. Aber allein mit diesem einfachen Tipp, jeden Tag eine Top-Prio-Aufgabe festzulegen und diese auf jeden Fall abzuarbeiten, ist schon viel gewonnen.

- **Tipp 6: Zero Inbox – der leere Posteingang**

Sorgen Sie für einen leeren Posteingang, sowohl im E-Mail-Ordner als auch auf dem Schreibtisch. Es ist sehr förderlich für die Konzentration und hilft dabei, den Überblick zu wahren, wenn Sie stets wissen: Der Posteingang ist abgearbeitet und ich habe nichts vergessen. Gehen Sie dafür wie folgt vor: Bearbeiten Sie Ihren Posteingang nur zu festgelegten Zeiten am Tag, vermeiden Sie das „Eben-mal-schnell-Reingucken“. Deaktivieren Sie dafür alle E-Mail-Benachrichtigungen. Wenn dann die Bearbeitungszeit gekommen ist, nehmen Sie sich jede E-Mail einzeln vor und entscheiden Sie direkt, was damit passiert:

- Löschen (Spam, wird nicht benötig, irrelevant für Sie etc.)
- Ablegen (war nur zu Informationszwecken, gehört zu einem Vorgang)
- Weiterleiten (alles was Sie nicht betrifft, aber für einen Kollegen wichtig ist, bzw. auch Dinge, die Sie delegieren möchten)
- Erledigen (Direkt-Prinzip: Alles, was nur drei Minuten dauert, sofort erledigen, der Rest kommt auf die Aufgabenliste für später.)

Ergebnis: Der Posteingang ist leer und Sie haben den Überblick.

Falls in Ihrem Posteingang noch gefühlte 3.465 E-Mails schlummern, erstellen Sie für den Start einen Ordner mit dem Namen „Posteingang bis (Datum)“, verschieben Sie den aktuellen Posteingang hinein, und starten Sie mit Inbox Zero.

- **Tipp 7: Ordnung am Arbeitsplatz – und im Kopf**

Auch Ihr Arbeitsplatz sollte aufgeräumt sein, da Forschungen nahelegen, dass es einen Zusammenhang zwischen einem aufgeräumten, gut strukturierten Arbeitsplatz und einem klaren Kopf gibt. Außerdem hilft ein aufgeräumter Arbeitsplatz, Suchzeiten zu vermeiden, und diese sind mittlerweile große Zeitfresser geworden: 13 % unserer Arbeitszeit verbringen wir mit Suchen, dass heißt ca. eine Stunde pro Arbeitstag! Überlegen Sie mal wofür Sie diese Stunde alles nutzen könnten …

- **Tipp 8: Optimierungen direkt umsetzen**

Fällt Ihnen etwas ein, was Sie für Ihre Organisation optimieren könnten? Ihnen fehlt nur aktuell die Zeit für die Umsetzung? Nehmen Sie sich die Zeit dafür. Planen Sie sich z. B. jeden Tag eine halbe Stunde dafür ein oder einmal pro Woche einen halben Tag. Eine Optimierung, die Ihnen nach Umsetzung dauerhaft zu mehr Zeit verhilft, sollte Ihnen das wert sein. Von allein werden Sie die freie Zeit dafür vermutlich nicht bekommen. Also müssen Sie diese aktiv einplanen, um etwas zum Besseren verändern zu können. Beispiel: Ein Seminar, das Ihnen die Arbeit vereinfachen würde und dadurch eine Einsparung von ca. fünf Stunden pro Woche bringt. Aber Sie finden einfach keine Zeit für das Seminar. Dabei hätte es sich nach gerade einmal zwei Wochen amortisiert.

- **Tipp 9: Den Tag positiv beginnen und beenden**

Beginnen Sie den Tag positiv! Versuchen Sie, nicht schon gehetzt bei der Arbeit anzukommen. Wie wäre es zum Beispiel mit einem Frühstück in aller Ruhe? Oder für die ganz Hartgesottenen: ein Workout oder eine Runde Joggen am Morgen? Sie tun damit etwas für Ihre Fitness und der Tag startet gleich viel besser. Suchen Sie sich jeden Tag etwas, worauf Sie sich freuen können: Die Yoga-Einheit am Morgen, der Spaziergang in der Mittagspause, der Kaffeeplausch mit der netten Kollegin, das abendliche Treffen mit Freunden. Und: Versuchen Sie, direkt morgens schon eine wichtige Aufgabe zu erledigen (am besten Ihre Top-Prio). Nachdem diese wichtige Aufgabe geschafft ist, kann der Tag nur noch gut werden! Beenden Sie den Tag, indem Sie Ihren Schreibtisch aufräumen und Ihren nächsten Arbeitstag planen. So können Sie mit einem guten Gefühl nach Hause gehen.

- **Tipp 10: Tages- und Wochenplanung**

Planen Sie nicht nur den einzelnen Tag im Voraus, sondern auch die Woche. Das Tagesgeschäft wird viel zu oft von Dringlichem bestimmt. So finden Sie keine Zeit mehr für die großen, wichtigen Aufgaben (z. B. für die Überarbeitung Ihres aktuellen Beurteilungsbogens). In der Wochenplanung können Sie sich aber gut einen Termin dafür reservieren. Machen Sie die Planung am besten freitags vor Ihrem Feierabend und planen Sie Zeiten ein für diese großen und wichtigen Aufgaben. Diese Zeiten behandeln Sie wie Termine mit Ihrem Vorgesetzten – die würden Sie ja auch nicht einfach verschieben, nur weil gerade viele To-dos anstehen, oder? Probieren Sie es für den Anfang z. B. mit 2 × 2 Stunden in der nächsten Woche für Ihre wichtigen Projekte – wie gesagt: als feste Termine! Alternativ planen Sie jeden Tag die vorweg beschriebene Stille Stunde ein und widmen sich dann Ihren wichtigen Aufgaben. Außerdem sollten Sie bei der Wochenplanung auch Ihre privaten Termine berücksichtigen: Zeit für die Familie, Zeit für Freunde, Zeit für Sie selbst. Mit der Wochenplanung können Sie die Work-Life-Balance viel besser im Blick behalten.

Viel Erfolg bei der Umsetzung – auf dass Sie mehr Zeit für Ihre Azubis haben!

Der größte Bonus

Ich hoffe, dass Ihnen die Tipps in diesem Bonus weiterhelfen. Viele weitere Tipps finden Sie auf der Homepage. (Die dort hinterlegten Informationen sind noch viel umfangreicher als das Buch. Ein Blick hierhin lohnt sich also auf jeden Fall.) Besonders hervorzuheben sind dabei:

- Das aktuelle Berufsbildungsrecht sowie Verlinkungen zu weiteren, ausbildungsrelevanten Gesetzestexten
- Ein umfangreiches PDF-Dokument, indem die wichtigsten Ausbildungsprobleme und deren Lösungen bzw. der Umgang mit diesen Problemen behandelt werden.
- Checklisten, Vorlagen und Hintergrundinfos, wie jeweils in den Kapiteln aufgeführt

- Literaturempfehlungen und weiterführende Webseiten zum Thema Ausbildung
- Ständige Aktualisierungen zum Buch und ausbildungsrelevanten Themen

Die Homepage zum Buch mit den dort hinterlegten Checklisten und Vorlagen, Tipps, Links, Videos und Zusatzinfos stellt sicherlich den größten Bonus dar. Diese Unterlagen möchte ich Ihnen kostenlos zur Verfügung stellen, damit Sie Hilfestellung in Ihrem Ausbilderalltag haben und Ihre Ausbildung nachhaltig verbessern können.

Sie finden die Homepage zum Buch unter www.AzubiScout.com/Praxisbuch. Bitte geben Sie als Code SgAh (So geht Ausbildung heute) ein.

Bonus-Kapitel: Ausbilden im Homeoffice

Vor einiger Zeit wäre es noch undenkbar gewesen – jetzt ist es für viele Alltag: Ausbilden im Homeoffice. Wie schaffen Sie es, mit Ihrem Azubi Kontakt zu halten? Wie sorgen Sie dafür, dass er motiviert bleibt? Und wie können Sie ihm neue Ausbildungsinhalte vermitteln? Das Homeoffice wirft viele Fragen auf. Doch vieles ist gar nicht so viel anders als bei der Ausbildung im Betrieb. Man braucht nur hier und da andere Hilfsmittel.

Homeoffice

Auf der begleitenden Homepage finden Sie wieder Zusatzmaterial und weiterführende Links, vor allem aber auch eine 3-teilige Videoserie, in der einige Themen dieses Kapitels (Kommunikation, Motivation, Lehrmethoden) in Kurzform und mit weiteren Praxistipps behandelt werden.

Arbeiten im Homeoffice

Die Kombinationen sind vielfältig: Der Auszubildende ist im Büro, der Ausbilder im Homeoffice – oder umgekehrt. Und als dritte Alternative befinden sich sogar beide im Homeoffice, hoffentlich mit der passenden Ausstattung. Aber woraus besteht diese? Es gibt ein absolutes Minimum an Ausstattung, ein paar Dinge, die sinnvollerweise angeschafft werden sollten, und einige weitere Nice-to-have-Ausstattungsvarianten, die den Arbeitstag erleichtern können.

Ausstattung

Absolut notwendig:

- Laptop (oder PC) mit Kamera, Lautsprecher und Mikrofon (oder Headset)
- Eine stabile und schnelle Internetverbindung

Sehr sinnvoll/ebenfalls notwendig:

- Externer Monitor in vernünftiger Größe, Tastatur, Maus, Headset
- Ruhiger Raum
- Ergonomischer Arbeitsstuhl
- Evtl. ein vernünftiger Arbeitstisch/Schreibtisch
- Falls Telefonie über den PC mit Headset nicht möglich ist: Telefon/Handy

Nice-to-have:

- Multifunktionsgerät mit Drucker-/Scannerfunktion

(Falls viel gescannt und gedruckt werden muss, ist dies nicht nur ein Nice-to-have, sondern ein Muss.) Bei sehr wenigen zu „scannenden“ Dokumenten reicht evtl. auch die Kamera des Handys als Notlösung. Zum Drucker: Bedenken Sie, dass Ihr Azubi im Homeschooling auch viele Arbeitsblätter für die Schule ausdrucken muss – viele Jugendliche haben aber keinen Drucker. Falls das bei Ihrem Azubi auch der Fall ist, wird er sicher froh sein, wenn Sie ihn hier unterstützen können.

- Noise-Cancelling-Kopfhörer (besonders wenn mehrere Leute zu Hause arbeiten/lernen (oder lärmen, spielen, etc.))

Für die Anschaffung der Ausstattung ist der Arbeitgeber verantwortlich. Leider sieht es aktuell in den meisten Homeoffices so aus, dass nur die absolut notwendige Mindestausstattung vorhanden ist (und teilweise sogar diese nicht). Da verwundert es nicht, wenn Azubis auf dem Bett sitzend an Videokonferenzen teilnehmen. Manche Auszubildende haben die komfortable Situation, ein eigenes Zimmer mit Schreibtisch und Stuhl zu besitzen. Perfekt! Leider gibt es aber auch die Situation, wo im eigenen Zimmer weder Tisch noch Stuhl vorhanden sind. In diesem Fall kann der Arbeitgeber diese Möbel anschaffen (der Arbeitgeber ist prinzipiell zur Stellung von geeignetem Mobiliar verpflichtet – in Absprache mit dem Arbeitnehmer/Azubi, je nach dessen Wohnsituation). Manche Azubis teilen sich ein Zimmer/den Küchentisch mit ihren Geschwistern, die im Homeschooling in einer ähnlichen Lage sind. Hier sind individuelle Absprachen notwendig: Wie kann der Ausbildungsbetrieb helfen, um ein vernünftiges Arbeiten und Ausbilden im Homeoffice möglich zu machen? Manchmal sind schon Kleinigkeiten wie Noise-Cancelling-Kopfhörer hilfreich – sprechen Sie mit Ihrem Auszubildenden. Vielleicht finden Sie auch kreative Lösungen, zum Beispiel die Arbeitszeit zu verschieben, sodass das Homeschooling der kleineren Geschwister nicht die komplette Zeit abdeckt? Oder ein mobiles Mobiliar, mit dem der Azubi seinen Arbeitsplatz flexibel in das Zimmer umlegen kann, das gerade frei ist?

Meist gibt es vom Betrieb gewisse Vorschriften zu Arbeits- und Pausenzeiten, teilweise auch mit Ergänzungen zu Gleitzeit und flexibleren Modellen. Aber wie sieht es aus mit Regelungen zur Erreichbarkeit? Ein wichtiger Punkt im Homeoffice. Falls dies für Ihr Unternehmen noch nicht geklärt wurde, setzen Sie sich mit Ihren Azubis doch zu einem Azubi-Meeting virtuell zusammen und klären Sie diese

Punkte: Verändern sich die Arbeits- und Pausenzeiten im Homeoffice (evtl. flexibler gestalten)? Welche Erwartungen haben Sie als Ausbilder an die Erreichbarkeit? Welche Wünsche und Vorstellungen haben die Auszubildenden? Seien Sie in der besonderen Situation Ihrer Azubis, wo es möglich ist, entgegenkommend, wenn Änderungswünsche zu Arbeitszeiten oder Ähnlichem anstehen. Manches lässt sich zu Hause nicht genauso umsetzen wie im Büro. Wichtig ist hier eine offene Kommunikation – unter allen Beteiligten.

Kommunikation

Eine schlechtere und seltener gewordene Kommunikation ist das, was am häufigsten von den Auszubildenden im Homeoffice bemängelt wird. Manche Azubis kommen ganz gut damit zurecht, seltener vom Ausbilder zu hören, anderen fällt das Arbeiten dadurch sehr schwer. Sie brauchen die regelmäßige Kommunikation, um sich motivieren zu können – teilweise sogar, um überhaupt morgens pünktlich am Rechner zu sitzen. Für manche Jugendliche ist die Homeoffice-Zeit wie ein großes Loch, in das sie fallen, eine Art zeitleerer Raum. Alles findet am gleichen Ort statt: Berufsschule, Arbeiten, Schlafen, Essen, Lernen, Freizeit, … Es gibt kaum noch Tagesstruktur von außen, womit manche Jugendliche arg Probleme haben – und andere genießen diese Freiheit. Auch hier gilt wieder: Sprechen Sie mit Ihrem Auszubildenden, wie es bei ihm aussieht.

Video-Konferenz

Wöchentliches Azubi-Meeting

Meine Empfehlung in Kapitel 5 zu den regelmäßigen Gesprächen lautete mindestens einmal pro Woche mit jedem Azubi einzeln zu sprechen. Das gilt auch in Homeoffice-Zeiten (am besten per Video-Konferenz), allerdings werden Sie bei den meisten Azubis das Pensum eher etwas erhöhen dürfen. Wie wäre es z. B. zusätzlich mit einem wöchentlichen Azubi-Meeting, nur die Azubis unter sich oder auch mit Ausbilder? Denken Sie bei Ihren Gesprächen auch an den Punkt „mentale Gesundheit“ und sprechen Sie mit Ihrem Auszubildenden auch über ein paar Themen außerhalb der Arbeit: Wie geht es ihm? Wie kommt er mit der aktuellen Situation zurecht? Wie sind die Voraussetzungen bei ihm zu Hause und wie ist dort die Grundstimmung? Starten Sie kein Verhör, sondern kommen Sie einfach ganz locker miteinander ins Gespräch.

Wake-up-Call

Neben dem wöchentlichen Gespräch mit jedem Azubi einzeln (wie auch sonst im Betrieb) ist ein Wake-up-Call eine weitere Möglichkeit, in Kontakt zu bleiben – also ein kurzes Treffen morgens zu Arbeitsbeginn, entweder mit einzelnen Azubis oder auch mit mehreren gemeinsam. Hier können die Aufgaben für den jeweiligen Tag besprochen und Fragen direkt gestellt werden. Man sieht sich regelmäßig und tauscht sich aus. Im Unternehmen läuft man sich schließlich sonst auch jeden Tag über den Weg oder sitzt sich sogar gegenüber. Ein weiterer Vorteil des „Wake-up-Calls“: Es ist für viele Azubis ein guter Grund, morgens aufzustehen und sich anzuziehen. So banal das klingen mag, manchmal können solche Kleinigkeiten einen Unterschied machen.

Daily Huddle

Eine weitere Möglichkeit, falls Ihnen der „Wake-up-Call“ nicht zusagt, ist der Daily Huddle, also eine tägliche Videokonferenz zu einer festen Uhrzeit mit allen Auszubildenden (bzw. einem festen Kreis an Azubis). Das kann z. B. am späten Vormittag sein und dient dann hauptsächlich dem Austausch und ist eine Möglichkeit, Fragen zu stellen. Die Aufgaben sollten in diesem Fall eher schon über andere Tools geklärt sein (dazu gibt es weiter hinten im Kapitel noch Vorschläge und Ideen). Alternativ kann solch ein Daily Huddle auch am Nachmittag stattfinden. Das hat den Vorteil, dass er nicht mit Berufsschulzeiten kollidiert. Allerdings ist es auch bei vielen eine eher „müde“ Zeit in der Leistungskurve. Das kann für einen kurzen Plausch oder Austausch genau die richtige Zeit sein; für wichtige Fragen zu Aufgaben oder zur Ausbildung oder auch für eine kurze Lehreinheit eignet sich der Vormittag besser.

Muss es denn unbedingt immer die Videokonferenz sein, reicht nicht auch mal das Telefon? Auch das ist eine oft gehörte Frage. Und natürlich ist auch ein Telefonat hilfreich, z. B. um eine kurze Frage zu klären. Der Video-Call hat aber einen großen Vorteil gegenüber dem einfachen Telefonat: Hierbei nehmen Sie auch die Gestik und Mimik Ihres Azubis wahr. Sie bekommen also einen viel besseren Eindruck darüber, wie es ihm gerade geht oder was er mit seinen Worten ausdrücken möchte (manchmal gibt die Mimik erst den richtigen Kontext, um das Gesagte einordnen zu können). Setzen Sie also mindestens bei den wöchentlichen Azubi-Gesprächen und beim Wake-up-Call auf die Videomöglichkeit und für zwischendurch entscheiden Sie, was gerade angebracht ist.

Ein weiterer Vorteil von Video-Calls ist, dass Sie die technischen Möglichkeiten wunderbar nutzen können. Der Azubi will Ihnen gerade erklären, wo genau er beim Formularausfüllen nicht weiterkommt? Einfach das Dokument vor die Kamera halten und der Ausbilder hat die Stelle ebenfalls direkt vor Augen. Noch einfacher ist es bei einem Online-Dokument: Über einen geteilten Bildschirm kann der Ausbilder dem Azubi direkt Hilfestellung oder Anleitung geben.

Sollte eine Videokonferenz bei Ihnen aus technischen Gründen nicht möglich sein, muss manchmal auch das Telefonat reichen. Auch hier können Sie mit mehreren Teilnehmern zusammen eine Telefonkonferenz führen. Falls Ihre Telefonanlage dies standardmäßig nicht ermöglicht, greifen Sie auf externe Anbieter zurück. Hier gibt es kostenpflichtige (meist pro Telefonminute) und auch kostenlose Anbieter, bei denen man sich einen Werbespot anhören muss. Die Nutzung ist sehr einfach: Telefonnummer anwählen, Konferenzraumnummer und PIN eingeben (erhält man über die Webseite per E-Mail) und los geht's.

Büroraum online

Manche Unternehmen nutzen die Videokonferenzen auch, um weiterhin miteinander zu arbeiten, also sozusagen ihren Büroraum online abzubilden. Das kann z. B. so aussehen, dass die vier Mitarbeiter, die normalerweise zusammen in einem Büro sitzen, sich nun jeden Tag in einer Online-Konferenz treffen, sich morgens kurz begrüßen (wie im Wake-up-Call) und dann geht jeder seiner Arbeit nach – natürlich mit ausgeschalteten Mikrofonen, um die anderen nicht ständig zu stören. So hat man aber das Gefühl, nicht allein zu sein und trotzdem gemeinsam zu arbeiten. Und bei Fragen kann man einfach das Mikrofon einschalten. Auch ein gemeinsames Kaffeetrinken mit der Möglichkeit zu ein bisschen Small Talk oder privatem Austausch ist so sehr einfach möglich.

⇨ Praxisbeispiel: Eine Ausbilderin nutzt die Plattform wonder.me, um mit ihren Azubis in Kontakt zu bleiben. Hier wurden die Unternehmensräumlichkeiten „nachgebaut“: Es gibt die verschiedenen Büroräume, einen Besprechungsraum und eine Kaffeeküche für den informellen Austausch (und keine Sorge: Das ist ganz simpel und spielerisch ohne Vorkenntnisse möglich). Jeder Mitarbeiter sitzt nun virtuell in seinem Büro und arbeitet ganz normal. Wenn man mit jemandem sprechen möchte, bewegt man seinen Avatar (sein eigenes Bild in der Online-App) in das jeweilige Büro. Damit startet automatisch ein Video-Call mit dieser Person. Danach kann man wieder in sein eigenes Büro gehen. Für eine Besprechung begibt man sich zur vereinbarten Zeit in den Besprechungsraum. Sobald dort zwei Personen (also deren Avatare) anwesend sind, startet ebenfalls eine Videokonferenz. Jede weitere Person, die den Raum betritt, wird automatisch zur Videokonferenz dazugeschaltet, so als ob man einen Zoom-Raum betritt. Es können auch gleichzeitig eine Konferenz im Besprechungsraum, Small Talk in der Küche und Rückfrage-Gespräche in den einzelnen Büros stattfinden. Dieses Tool bietet also letztendlich auch „nur“ Videokonferenzen an, aber mit einem vertrauten und intuitiven Ansatz, wie wir ihn aus dem Büro kennen. Noch dazu spricht es viele über den eher spielerischen Aspekt im Vergleich zu anderen Videokonferenz-Tools vermehrt an. Aber Achtung: Das Tool ist noch nicht so lange auf dem Markt und wächst stark, wodurch es teilweise überlastet ist und somit nicht so stabil läuft wie z. B. Zoom oder Teams. (Stand 04/2021)

Tipp: Treffen Sie sich doch ein Mal die Woche mit Ihren Azubis und/oder Kollegen zum gemeinsamen Mittagessen in einer Videokonferenz. So haben Sie auch nochmals die Möglichkeit zu einem gemeinsamen informellen Austausch. Auch eine feste Verabredung zum Morgenkaffee ist möglich (täglich oder auch nur ein bis zwei Mal pro Woche).

Videokonferenzen

Verhalten in Videokonferenzen und Tipps

Da dies in unseren Seminaren immer wieder als Frage aufkommt, habe ich Ihnen hier in Kürze die wichtigsten Punkte zusammengestellt:

- Auf den Hintergrund achten: Was ist alles zu sehen? Evtl. mit einem Bildschirmfoto einmal in Ruhe überprüfen und dann korrigieren. Alternativ: Virtuellen Hintergrund verwenden – aber nur wenn es professionell ist (angemessener Hintergrund, technisch gut umgesetzt, Sie sind klar zu erkennen)
- In größeren Besprechungsrunden das Mikrofon standardmäßig stummschalten und nur aktivieren, wenn man etwas sagen möchte; auf die Gepflogenheiten achten, teilweise wird vor einer Wortmeldung auch ein Handzeichen erwartet.
- In die Kamera schauen – evtl. einen kleinen Smiley oder ein nettes Miniatur-Foto dort anbringen? Und: Die Kamera

etwa auf Augenhöhe ausrichten, bitte kein Bild von unten in die Nasenlöcher oder von oben herab.

- Beleuchtung: Heller Raum mit guter Beleuchtung, bitte nicht vor einem Fenster oder Ähnlichem sitzen (man kann nur die Umrisse erkennen – kontrollieren Sie sich wieder selbst über ein Bildschirmfoto, holen Sie sich eventuell Feedback).
- Passende Kleidung: Wie würden Sie sich für denselben Termin in Präsenz kleiden? Das ist dann auch für das Online-Meeting genau die richtige Wahl. Tipp: Vermeiden Sie unruhige und kleinteilige Muster (wird von der Kamera nicht gut dargestellt).
- Störende Geräuschkulisse abstellen, evtl. Richtmikrofon/ Headset verwenden; deutlich und langsam sprechen, dabei auf gute Lautstärke achten
- Falls Sie den Bildschirm teilen müssen: Räumen Sie vorher Ihren Rechner auf! Achten Sie besonders auf vertrauliche Daten.
- Verwenden Sie eine gute technische Ausstattung und machen Sie sich vorab damit vertraut (auch mit der Videokonferenzsoftware und allen Tools, die Sie nutzen möchten)
- Bereiten Sie das Meeting gut vor – wie auch in Präsenz (richtige Planung, Einladung mit konkreten Inhalten und evtl. vorbereitenden Aufgaben). Oft ist auch ein Protokoll für die Nachbereitung und Aufgabenverteilung sinnvoll.

Lehrmethoden

Lehrmethoden

Natürlich soll auch im Homeoffice weiter ausgebildet und neue Themengebiete vermittelt werden. Doch welche Lehrmethoden eignen sich fürs Homeoffice? Auch hier ist die Antwort: Nahezu alles, was Sie im Betrieb anwenden, lässt sich auf das Homeoffice übertragen. Grob kann man sagen: Wenn das Arbeiten außerhalb des Betriebs (zu Hause) möglich ist, kann auch dort ausgebildet werden. Wenn hingegen für die Arbeit größere Maschinen oder spezielle Ausrüstung notwendig sind, ist dies natürlich nicht möglich. Ebenso wenig wenn die Arbeit ortsgebunden erfolgt (Maurer, Bäcker, Mechatroniker, Laboranten etc.).

Die Methodenauswahl erfolgt nach den gleichen Kriterien, die ich bereits unter 7.2 – Auswahl der passenden Lehrmethode beschrieben habe. Der einzige Punkt, der sich ändert, ist der zu den räumlichen Möglichkeiten: Prüfen Sie stattdessen die technischen Gegebenheiten und Ihre benötigten Materialien.

Bei den darbietenden Methoden Kurzvortrag, Präsentation und Demonstration ist den meisten die Übertragung ins Homeoffice sehr klar: Sie treffen sich mit Ihrem Azubi online in einer Videokonferenz und können ihm dort einen kurzen Vortrag halten, eventuell gestützt durch eine Präsentation (über einen geteilten Bildschirm z. B. mit PowerPoint). Auch der Einsatz eines Whiteboards ist möglich, dieses ist bei den meisten Videokonferenz-Tools enthalten. Und natürlich können Sie auch etwas vor laufender Kamera demonstrieren, erklären und zeigen.

Tipp: Sie arbeiten im Betrieb gerne mit einer Moderationswand oder mit dem Flipchart? Natürlich können Sie dies auch durch digitale Tools ersetzen. Falls Sie dies nicht möchten gibt es folgende einfache Möglichkeit: Besorgen Sie sich statische Flipchartfolien, die Sie einfach an der Wand oder am Schrank hinter sich anbringen können. So können Sie aktiv am Flipchart erklären, zeichnen und mit den Azubis etwas erarbeiten. Achtung: Achten Sie darauf, dass die Kamera den Zoom automatisch anpasst, sodass Sie und das Flipchart gut zu erkennen sind. Außerdem gibt es auch statische Moderationskärtchen, die Sie auf einem solchen Flipchart ebenfalls anwenden können. Hierfür kann es hilfreich sein, zwei oder drei Flipchartblätter nebeneinander anzubringen, um die Fläche zu erweitern. In unserer Videoserie zum Ausbilden im Homeoffice sehen Sie diese Flipchartfolien in der Anwendung (normal beschrieben und mit Moderationskärtchen). Den Link dazu finden Sie auf der Homepage zum Buch. Außerdem haben wir Ihnen auf der Homepage auch einige digitale Tools zusammengestellt, auf die Sie stattdessen oder ergänzend zurückgreifen können.

Die oben genannten darbietenden Methoden können auch gut für eine größere Gruppe Auszubildender eingesetzt werden. Außerdem reicht dabei seitens der Azubis eine einfache technische Ausstattung, mit der sie dem Ausbilder zusehen und zuhören können. Aber natürlich wäre es wünschenswert, wenn die Auszubildenden auch über die nötige Ausrüstung verfügen, um sich aktiv beteiligen zu können. Das macht die Methoden deutlich nachhaltiger. Und Sie können über die Mimik der Azubis besser nachverfolgen, wie die Lehreinheit ankommt, ob es Fragen gibt etc.

Tipp: Sie erreichen durch Berufsschulunterricht und andere Termine nie alle Auszubildenden gleichzeitig? Bei den oben genannten Methoden ist auch eine Video-Aufzeichnung der Lehreinheit ganz einfach möglich. Starten Sie in Ihrem Videokonferenz-Tool die Aufzeichnung und stellen Sie diese hinterher allen Azubis zur Verfügung. Vielleicht möchte auch von den anwesenden Auszubildenden später jemand etwas nachschauen. Achtung: Bitte holen Sie sich vorher die Einwilligung aller Teilnehmer zur Aufnahme.

Bei der 4-Stufen-Methode ist es wichtig, dass Ihr Auszubildender ebenfalls über eine Kamera und ein Mikrofon verfügt. Gehen Sie die vier Stufen dann vor beidseitig laufender Kamera mit Ihrem Azubi durch, wie auf den Seiten 118–121 beschrieben. Diese Ausrüstung benötigt der Auszubildende auch für alle anderen dialogischen Lehrmethoden: das Lehrgespräch/die fragend-entwickelnde Methode, das Rollenspiel und die Moderation. Alle diese Methoden (außer der Moderation) lassen sich ohne weitere Tools oder Materialien durchführen, einfach nur über eine gemeinsame Videokonferenz. Wobei natürlich auch hier gilt, dass eine Visualisierung der Inhalte den Lernprozess zusätzlich unterstützt.

Moderationsmethode

Für die Moderationsmethode können Sie wie zuvor beschrieben auf die statischen Moderationskärtchen zurückgreifen. Es gibt auch Klebekärtchen, die Sie einfach an einem Schrank oder an einer entsprechenden freien Fläche anbringen können. Alternativ empfehle ich Ihnen noch tolle digitale Tools, die sich für diese Methode bei Einsatz in einer Videokonferenz sehr gut eignen – meist sogar besser als die Kärtchen vor Ort (Vorteile der Kärtchen vor Ort: aktive Interaktion, Sie sitzen nicht nur, sondern bringen Bewegung ins Spiel, das ist auch für Ihre Azubis nochmals etwas anderes, als wenn Sie nur vor der Kamera sitzen. Nachteile: Durch schlechten Kamera-Zoom oder je nach Aufbau sind die Kärtchen evtl. schlecht zu lesen, außerdem können die Teilnehmer selbst keine schreiben).

Digitale Tools

Digitale Pinnwand

Die meisten digitalen Tools finden Sie auf der begleitenden Homepage, da sich hier das Angebot und die Möglichkeiten sehr schnell ändern (ich aktualisiere dies regelmäßig für Sie). Auf ein einfaches Tool möchte ich hier aber bereits eingehen. Wir nutzen dies auch in unseren Online-Seminaren sehr gerne: Das Padlet ist wie eine digitale Pinnwand mit vielen Möglichkeiten. Sie können ganz einfach kunterbunt Post-its darauf sammeln oder auch die verschiedenen Farben gezielt einsetzen (wie bei der

Moderationsmethode, siehe auch Seiten 126–129). Aber auch ein strukturiertes Kanban-Board (Visualisierung von Aufgaben oder Arbeitsabläufen) mit mehreren Spalten ist hierbei möglich – darauf gehe ich später unter Aufgaben und Projekte noch näher ein. Sie können bei den Kärtchen nicht nur Text hinterlegen, sondern auch Bilder, Videos, Links, Dateianhänge etc. sind möglich. Und Sie können Kärtchen kommentieren, um z. B. Fragen dazu mit Ihrem Azubi direkt bei der Aufgabe zu klären. Beschäftigen Sie sich gerne einmal näher mit diesem Tool. Es bietet vielfältige Möglichkeiten und ist sehr einfach und intuitiv zu bedienen.

Weitere Online-Tools (bitte beachten Sie hierzu auch den Punkt 7.11 – Digitale Tools ab Seite 134):

- Mentimeter, Survey Monkey, Google Formulare oder Microsoft Forms für Umfragen
- Miro, Mural, Padlet, Jamboard (Google) für digitale Zusammenarbeit (Pinnwand, Whiteboard, Themensammlung etc.)
- Mindmeister, FreeMind oder mind-map-online für Mindmaps
- Trello, Meistertask, Planner (Microsoft) als Kanban-Tool (siehe Aufgaben/Projekte), in einfacher Form ist dies auch mit dem Padlet möglich
- OneDrive (Microsoft), Dropbox, GoogleDrive als gemeinsamen Cloudspeicher für Dateien (Evtl. nutzen Sie in Ihrem Unternehmen alternativ Sharepoint oder einen gemeinsamen Server.)
- Evernote, OneNote (Microsoft), Google Notizen für eigene und gemeinsame Notizen
- Und natürlich die Videokonferenzsoftware: Zoom, Teams (Microsoft), Webex (Cisco), Alphaview etc. (evtl. auch Skype, wenn ein sehr einfaches Tool reicht)

⇨ Praxisbeispiel: Ein Unternehmen mit rund 90 Auszubildenden bietet den regelmäßigen Werksunterricht nun digital an: Einmal im Monat gibt es berufsspezifisches Wissen im Online-Unterricht, jeweils für die unterschiedlichen Lehrjahre. Dabei verwendet der Ausbilder ein Videokonferenz-Tool, gibt zur Einführung einen kurzen Vortrag, lässt die Azubis in Kleingruppen (Breakout-Rooms) Ausarbeitungen machen und diskutiert die Ergebnisse im Plenum. Auch Ausarbeitungen auf dem Padlet oder der Einsatz der Moderationsmethode wie beschrieben sind möglich. Für die etwa quartalsmäßigen Produkt- und Unternehmensinfos für alle Azubis geht der Ausbilder ähnlich vor, gerne werden hier auch noch Kreativitätstechniken oder die Moderationsmethode eingesetzt, um frische Ideen für Marketing, Verbesserungen und Ähnliches zu bekommen. Zusätzlich gibt es mit jedem Azubi einzeln oder in Kleingruppen die entsprechenden Lehreinheiten zu den „alltäglichen Aufgaben". Hier kommen dann das Lehrgespräch oder die modifizierte 4-Stufen-Methode zum Einsatz. Das Konzept dazu wurde gemeinsam mit uns erarbeitet und die Ausbilder und Ausbildungsbeauftragten ausführlich im Einsatz digitaler Lehrmethoden geschult.

Bei den erarbeitenden Methoden (Leittext, Fallmethode, Projektmethode, Planspiel) benötigen Sie meist auch nicht mehr als die oben aufgeführten Tools und ein paar Ideen zur Umsetzung. Die Leittextmethode (S. 121 – 123) können Sie über eine Videokonferenz-Software begleiten, die Azubis besorgen sich die benötigten Informationen aus dem Internet oder aus Ihrem gemeinsamen Cloudspeicher und können sich ebenfalls über Videokonferenzen/Telefonate austauschen. Zwischenergebnisse sowie alle Ausarbeitungen werden auch im Cloudspeicher festgehalten. Bei einer größeren Aufgabe mit der Leittextmethode kann auch hier ein begleitendes Organisationstool wie das Padlet sinnvoll sein (als Kanban-Board, mehr dazu später). Ähnlich vehält es sich bei der Fallmethode. Hier ist der Ablauf sogar noch einfacher und das Organisationstool auch nicht notwendig; Videokonferenz-Software für den Austausch und eine gemeinsame Datenablage reichen aus.

Auf die Projektmethode gehe ich gleich noch ausführlich ein. Beim Planspiel gibt es ohnehin bereits viele digitale Varianten, wie in Kapitel 7.8 beschrieben. In der Homeoffice-Phase würde ich Ihnen empfehlen, auf diese zurückzugreifen. Zwar sind auch die „Brettspiel-Varianten" mit etwas Aufwand und einer guten Kameratechnik online übertragbar, hier geht aber die Haptik und der besondere Charme dieser Variante verloren.

Sie sehen also: Nahezu alle klassischen Lehrmethoden lassen sich mit der entsprechenden Technik und etwas Kreativität auch im Homeoffice anwenden. Viel Erfolg dabei!

Aufgaben/Projekte

Natürlich möchten Sie Ihrem Auszubildenden auch in der Homeoffice-Zeit Aufgaben übertragen. Dies können Sie im Daily Huddle (siehe Abschnitt „Kommunikation“ in diesem Kapitel) morgens früh machen, indem Sie im Gespräch alle Aufgaben mit dem Azubi durchgehen, die er für den aktuellen Tag übernehmen soll. Außerdem kann er dabei direkt Rückfragen stellen und Ihnen den Stand zu seinen Aufgaben vom Vortag mitteilen. Falls Sie sich auch im Büro morgens früh mit Ihrem Azubi zusammensetzen und Aufgaben durchsprechen, ist das sicher eine gute Alternative, die dem gewohnten Ablauf sehr nahe kommt.

Vielleicht gibt es in Ihrem Unternehmen auch spezielle Software, die zur Übertragung von Aufgaben genutzt wird? Prüfen Sie, ob diese ebenfalls für einen Auszubildenden geeignet ist. Bedenken Sie, dass hier eher noch Rückfragen auftreten, Aufgaben zuerst erklärt werden müssen und manchmal auch eine Nachkontrolle erforderlich ist. Eventuell ist es auch möglich, erfahrenen Azubis (z. B. ab dem zweiten oder dritten Lehrjahr) ebenfalls einen Account in der bei Ihnen üblichen Software einzurichten und diese nach entsprechender Unterweisung zu nutzen – natürlich immer mit der Möglichkeit zur Rückfrage bei Ihnen.

Bei neuen Auszubildenden werden Sie aber oft den klassischen Weg gehen müssen: Dem Azubi die Aufgaben einzeln erklären (evtl. vormachen, wie es erledigt werden soll), ihn diese Aufgabe nachmachen lassen, gemeinsam das Ergebnis und eventuell auch den Weg dorthin reflektieren (ähnlich der 4-Stufen-Methode). Das heißt, es hilft auch im Homeoffice am meisten, wenn der Azubi am Anfang „neben Ihnen sitzt“ (natürlich virtuell über ein Videokonferenz-Tool) und Ihnen über die Schulter schauen kann. Nach einiger Zeit kann der Azubi natürlich Aufgaben selbstständig übernehmen. Trotzdem ist am Anfang eine enge Führung mit regelmäßigen Gesprächen sinnvoll – und somit einer Übergabe der Aufgabe in einer Videokonferenz mit Rückfragemöglichkeit. So bekommen Sie direkt mit, wie es aktuell beim Azubi aussieht, ob er mit der Aufgabe überfordert ist oder diese sogar schon fast gelangweilt aus dem Effeff beherrscht. Auch ob er genug zu tun hat oder vielleicht sogar überfordert ist, bekommen Sie so im persönlichen Gespräch besser mit. Überlegen Sie auch hier wieder: Wie wäre die Situation im Unternehmen? Und die gleiche Zeit, die der Azubi dort am Anfang bei Ihnen sitzt und intensiv betreut wird, sollten Sie ihm auch in Homeoffice-Zeiten widmen. Möglich ist es auch, dass Sie einfach eine Videokonferenz starten, sich darin morgens austauschen, wie oben beschrieben und danach Ihre Mikrofone stumm schalten und einfach weiterarbeiten (Ton und Kamera bleiben an). So können Sie sich bei der Arbeit sehen, wie im Büro auch. Und der andere kann etwas sagen oder Sie etwas fragen (Mikro wieder anmachen) und Sie hören es, wie im Büro auch. Beachten Sie jedoch, dass es manche Menschen irritiert, die ganze Zeit vor laufender Kamera zu arbeiten. Andere hingegen finden es beruhigend, nicht allein zu sein und jederzeit Fragen stellen zu können. Probieren Sie gerne aus, was für Sie und Ihren Azubi passt. Achtung: Mit größeren Gruppen empfiehlt sich dies nicht. Hier werden jedes Mal alle aus der Arbeit gerissen, wenn einer eine Frage hat. Nutzen Sie in diesem Fall besser die Lösung aus dem Tipp im Abschnitt Kommunikation.

In Ihrem Unternehmen gibt es noch keine Software für das Aufgaben- und/oder Projektmanagement? Wir wäre es dann mit einer der folgenden Lösungen:

- Ein Kanban-Board wie Trello, Meistertask oder Planner (Microsoft) – mit Einschränkungen auch Padlet
- Eine einfache Pinnwand wie das Padlet oder Jamboard
- Professionelle Aufgabenmanagementsoftware wie Todoist, Wunderlist, Any.do oder Microsoft To-Do
- Es gibt auch professionelle Projektmanagementsoftware, diese ist aber für Auszubildende für gewöhnlich noch nicht erforderlich (sehr bekannt ist MS Project)

Meine Empfehlung ist immer, es einfach zu halten. Wenn Sie also nur einen (oder vielleicht maximal zwei bis drei) Auszubildende betreuen und für Ihre Lehrmethoden ohnehin schon mit dem Padlet arbeiten, nutzen Sie dies auch für die Aufgabenübersicht und Projektarbeiten. Für die Aufgaben bietet es sich dabei an, ein Kanban-Board anzulegen (siehe unten). Für mehrere Auszubildende empfehle ich eher Meistertask, wenn Ihnen die Kanban-Technik gefällt, sonst versuchen Sie es einmal mit Todoist oder einer der anderen To-do-Apps.

Kanban-Boards

Kanban-Boards sind Übersichtstafeln mit Kärtchen in Spalten. Dies soll helfen, Aufgaben zu visualisieren. Es gibt dabei verschiedene Einsatzmöglichkeiten:

- Workflow visualisieren: In der ersten Spalte ist der erste Arbeitsschritt, alle Vorgänge, die dazu gehören, sind als Kärtchen dort „angepinnt". In der zweiten Spalte ist der zweite Arbeitsschritt, wenn der erste Arbeitsschritt abgeschlossen wurde, verschiebt man den entsprechenden Vorgang (das Kärtchen) in Spalte Nr. 2. Ein Beispiel aus der Auftragsabwicklung: In der ersten Spalte liegt für jeden eingegangen Auftrag ein Kärtchen. Sobald der Auftrag eingeplant und dem Kunden bestätigt wurde, wandert das Kärtchen weiter in die zweite Spalte. Wenn das Produkt produziert wurde, in die dritte Spalte. Nach Versand in die vierte Spalte etc. Hier kann der Azubi sich einen Vorgang nach dem anderen vornehmen, die dazugehörenden Aufgaben bearbeiten und den Vorgang dann in die nächste Spalte verschieben. Im Internet gibt es viele Ideen und Anregungen dazu, wie dies genutzt und umgesetzt werden kann.
- Aufgaben visualisieren: In der ersten Spalte stehen die zu erledigenden Aufgaben, in der zweiten Spalte die Aufgaben, an denen der Azubi gerade arbeitet – optimalerweise nur eine Sache, um Multi-Tasking zu vermeiden. Falls er aber bei einem Vorgang nicht weiterkommt, auf Unterlagen warten muss oder Ähnliches, können hier auch zwei oder mehr Vorgänge liegen. In der dritten Spalte liegen dann die erledigten Aufgaben. Hierdurch hat der Ausbilder immer eine gute Übersicht, ob sein Azubi genug (oder zu viel/zu wenig) zu tun hat und woran er gerade arbeitet. Auch sinnvoll kann eine vierte Spalte für Fragen sein. Diese können aber alternativ auch direkt unter das jeweilige Aufgabenkärtchen als Kommentar geschrieben werden.
- Aufgabensortierung nach Prioritäten: Sie können Ihrem Auszubildenden die Aufgaben auch nach Dringlichkeit/Wichtigkeit in Spalten sortieren. Z. B.:

  1. Muss heute noch bearbeitet werden
  2. In den nächsten zwei bis drei Tagen
  3. Hat mehr als drei Tage Zeit (am besten ein konkretes Datum bei der Aufgabe notieren, falls es ein Enddatum gibt)
  4. Irgendwann (Aufgaben, die der Azubi erledigen kann, wenn er Leerlauf hat; die sogenannten „Schubladenaufgaben")

- Azubi-bezogene Aufgabenübersicht: Jeder Auszubildende hat eine eigene Spalte im Kanban-Board und der Ausbilder kann die Aufgabenkärtchen jedem Azubi zuteilen. Zusätzlich ist noch ein „Eingangskorb" sinnvoll, also eine Spalte ganz vorne, wo eingehende Aufgaben vor der Zuteilung gesammelt werden können. Erledigte Aufgaben können einfach gelöscht werden oder in eine Spalte ganz rechts mit entsprechender Überschrift verschoben werden.

Sie sehen also: Die Möglichkeiten sind vielfältig. Und Sie können dies miteinander kombinieren, z. B. bei der Aufgabenvisualisierung (mit den Spalten To-do, in Arbeit, erledigt) in den Aufgabenkärtchen die Zuständigkeit vermerken und die Priorität mit angeben. Umgedreht kann bei der Sortierung nach Prioritäten der Azubi bei den Kommentaren vermerken, dass er mit der Aufgabe begonnen hat bzw. ob sie erledigt ist. Falls Sie sich für die Aufgabenvisualisierung entscheiden, ist ein eigenes Board für jeden Auszubildenden sinnvoll.

Wenn Sie noch unsicher sind, was davon für Sie sinnvoll ist, starten Sie mit der vorab beschriebenen einfachen Aufgabenvisualisierung im Padlet. Diese haben Sie in zwei Minuten eingerichtet und können direkt loslegen und das Board später beliebig erweitern oder umstellen auf eine der anderen oben genannten Sortierungen. Und wenn es doch nicht reicht und Sie ein Enddatum, Erinnerungen, Aufgabenzuweisungen, Automatisierungsfunktionen und mehr brauchen? Dann schauen Sie sich Meistertask oder eines der anderen Kanban-Tools an (oder die klassische Aufgabenliste).

Projekte

Wenn Ihre Auszubildenden auch Projekte übernehmen, eignet sich für ein einfaches Projektmanagement ebenfalls das Padlet (oder ein anderes Kanban-Board) sehr gut. Sie können für die verschiedenen Phasen eines Projekts Spalten erstellen, darin Infos sammeln, Aufgabenzettel anlegen und zuweisen etc. Auch der Projektfortschritt kann hierin gut überwacht werden. Für größere Projekte mit mehreren Azubis kann es sein, dass das Padlet nicht ausreicht und Sie besser auf ein umfangreicheres Tool wie Meistertask oder ähnliche Boards ausweichen, um die Zusatzfunktionen wie Terminierung und Zuweisung von Aufgaben, Automatisierung etc. zu nutzen.

In Kapitel 8 finden Sie alle Infos zum Ablauf von Azubi-Projekten. Alle dort empfohlenen Tipps können Sie mithilfe eines Kanban-Boards gut umsetzen. Bei umfangreichen Informationen kann eine gemeinsame Dateiablage (OneDrive, Dropbox, GoolgeDrive etc.) sinnvoll sein, bei einfachen Projekten reicht aber die Ablagemöglichkeit im Kanban-Board (und vereinfacht die Arbeit, weil alles an einem Ort ist). Die Abstimmung, die sonst regelmäßig in Besprechungen erfolgt, können die Auszubildenden dann über Telefon- oder Videokonferenzen durchführen.

Motivation

Motivation

Für gewöhnlich kommt von Ausbildern noch die Frage, was sie tun können, um ihre Auszubildenden im Homeoffice zu motivieren. Die ganzen Maßnahmen, die im vierten Kapitel genannt sind, gelten natürlich auch im Homeoffice. Wichtigster Leitsatz ist es, die vorhandene Motivation nicht zu zerstören. Aber gerade in Zeiten großer Unsicherheit und mit vielen Einschränkungen und Veränderungen im Alltag – zu denen auch das Homeoffice statt des gewohnten Arbeitsumfelds gehört – können Ihre Azubis sicher ein paar aufmunternde und motivierende Worte brauchen. Und das nicht nur ein Mal. Ganz besonders in solchen Zeiten sind die regelmäßigen, wöchentlichen Gespräche (siehe Kapitel 5) wichtiger denn je. Auch wenn diese im Homeoffice nur telefonisch oder per Videokonferenz stattfinden können – halten Sie daran fest, gerne auch häufiger als wöchentlich, wenn Sie merken, dass Ihrem Azubi das aktuell hilft. Besonders in solchen Situationen kommt der Fürsorgepflicht des Ausbilders auch eine große Bedeutung zu. Bauen Sie auf das Vertrauensverhältnis zwischen Ihrem Auszubildenden und Ihnen, seien Sie für ihn da.

Weitere Punkte, die helfen können:

- Entgegenkommen bei aktuellen Bedürfnissen, besonders in schwierigen Situationen, wie z. B. auf geänderte Arbeitszeiten, o. Ä.
- Sorgen ernst nehmen, Zeit nehmen, um zuzuhören
- Situation beim Azubi zu Hause (im Homeoffice) „im Blick behalten“: Wie ist seine Situation (Ausstattung, Geschwister/Eltern auch zu Hause, Lärmpegel, Zeit zur Erholung etc.)?
- Haben Sie ein besonders wachsames Auge auf Ihre Azubis im Hinblick auf die mentale Gesundheit.

Besonders wenn die Homeoffice-Situation länger anhält, kann ein gemeinsames Team-Event hilfreich sein. Auch das ist online möglich. Dies kann etwas extern Organisiertes von einer Agentur sein (auch wir bieten so etwas an mit zahlreichen Möglichkeiten). Oder auch etwas selbst organisiertes wie ein gemeinsames Koch-Event, ein Wein-Tasting (sofern Ihre Azubis Alkohol drinken dürfen; sonst evtl. eher eine Schokoladenverkostung o.Ä.), ein Adventure- oder Exit-Room-Game, ein Krimi-Dinner oder etwas, das zu Ihrem Unternehmen/Ihren Produkten passt. Seien Sie kreativ, beziehen Sie gerne Ihre Auszubildenden in die Überlegungen mit ein.

Zusammenfassung

Regelmäßige Gespräche, Vermitteln von Ausbildungsinhalten durch geeignete Lehrmethoden, Übertragen von Aufgaben, Durchführen von Projekten und das Thema Motivation: Sie merken schon, dass es im Homeoffice letztendlich um die gleichen Themen geht wie im normalen Büroalltag auch. Die Frage ist also nur, welche technischen Hilfsmittel Sie benötigen, um die Ausbildung auch im Homeoffice professionell umzusetzen. Ich hoffe, dieses kleine Bonuskapitel gibt Ihnen dazu einige Anregungen. Wenn Sie im Unternehmensalltag Ihrer Ausbildertätigkeit engagiert nachgegangen sind, wird dies mit etwas gutem Willen und Kreativität auch aus dem Homeoffice gelingen. Gerade am Anfang, bis beide Seiten mit der neuen Situation und den technischen Hilfsmitteln vertraut sind, wird dies aber sicher etwas Aufwand und Lernbereitschaft bedeuten.

⇨ Da wir bei AzubiScout.com unsere Mitarbeiter in ganz Deutschland verteilt sitzen haben (besonders unsere Dozenten, die deutschlandweit im Einsatz sind), haben wir 2015 beschlossen, allen Mitarbeitern das Homeoffice zu ermöglichen. Die Arbeitszeit erfolgt auf Vertrauensbasis. Natürlich waren Investitionen in moderne Technik notwendig und einige Prozesse mussten angepasst werden, aber innerhalb von wenigen Monaten war alles umgestellt. Seitdem arbeiten wir komplett digital, was viele Prozesse stark vereinfacht hat. Mit jedem Mitarbeiter wird regelmäßig, mindestens ein Mal pro Woche gesprochen – falls er vor Ort ist, gerne im persönlichen Gespräch, sonst per Telefon oder Videokonferenz. Auch Teamsitzungen, Schulungen und vieles mehr sind so möglich. Im Zuge der Digitalisierung haben unsere Trainer seit

2015 auch viele Weiterbildungen in diesem Bereich absolviert: Train-the-trainer für Online-Seminare, digitale Praxis in der Erwachsenenbildung, Blended Learning, digitales Arbeiten und vieles mehr. Dies alles hat uns in der Vergangenheit gezeigt, wie viel online möglich ist. Trotzdem darf man nicht vergessen, wie wichtig für uns Menschen auch der direkte soziale Kontakt ist. Daher hoffe ich, dass für die Zukunft eine gute Mischung möglich sein wird: die Vorteile des ortsunabhängigen, digitalen Arbeitens zu nutzen und trotzdem die Option zu persönlichen Gesprächen von Angesicht zu Angesicht zu haben.

Organisation der Ausbildung

Was ist alles vorzubereiten und zu organisieren für die Ausbildung?

Vor Beginn:

- Berufsschulanmeldung
- Vertrag vorbereiten und einreichen
- Azubi-Start-Mappe
- Begrüßungsschreiben
- (Kontakt halten) – nur organisatorisch?
- Ausbildungsrahmenplan besorgen und die Inhalte auf Abteilungspläne fürs Unternehmen übertragen
- Abteilungsplan (Durchlaufplan/Einsatzplan) erstellen
- Ausbildungsbeauftragte auswählen und qualifizieren
- Alle informieren (Azubi und intern)
- Arbeitsplatz vorbereiten

Während der Ausbildung:

- Beurteilungen
- Projekte
- Kontakt Berufsschule, Überprüfen der Leistungen des Azubis, Zusammenbringen von theoretischen und praktischen Inhalten
- Kontrolle, ob Inhalte in der Abteilung vermittelt wurden
- Ausbildungsrahmenplan kontrollieren (siehe oben)
- Fördern, Gespräche, für den Azubi da sein
- Übernahme vorbereiten/planen
- Ausbildungszeugnis
- Übernahmevertrag

Ihre Aufgaben als Ausbilder

(Inhalt des Buchs)

- Einstellung von Azubis (Ausbildungsstart)
  - Ausbildungsmarketing (Kapitel 1 – Ausbildungsmarketing)
  - Bewerberauswahl (Kapitel 2 – Bewerberauswahl)
  - Organisatorisches für den Ausbildungsbeginn (Kapitel 3 – Vom Vertrag bis zum Ausbildungsbeginn)
  - Begleitung in der ersten Zeit (Kapitel 4 – Motivierte Azubis)
- Begleitung von Azubis (Ausbildung gestalten)
  - Up to date bleiben, begleiten, verbessern, Feedback geben, Berichtsheft, Austausch etc. (Kapitel 5 – Gespräche)
  - Leistungen beurteilen (Kapitel 6 – Beurteilungen)
  - Ausbildungsinhalte vermitteln (Kapitel 7 – Lehrmethoden)
  - Selbstständig lernen lassen, Wissen in der Praxis anwenden lassen (Kapitel 8 – Projekte)
  - Mit Problemen fertig werden (Kapitel 9 – Probleme während der Ausbildung)
- Übernahme von Azubis (Ausbildungsende)
  - Personalplanung und Organisation: Übernahme ja oder nein – und wo?, Übergang vom Azubi zum Mitarbeiter (Kapitel 10 – Das Ausbildungsende planen)
- Hintergrundwissen (Exkurse)
  - Jugendliche heute
  - Berufsschule
  - Warum ausbilden?
  - Tipps und Tricks
  - Downloads uvm. (ergänzend zu den Inhalten viele Checklisten, Vorlagen etc.)

Womit soll ich zuerst beginnen?

- Ihnen fehlt die Zeit, um überhaupt etwas umzusetzen? → Schauen Sie in das Bonus-Kapitel über die Zeit- und Selbstmanagementtipps.
- Haben Sie aktuell Probleme, Auszubildende zu finden? Gehen zu wenig Bewerbungen bei Ihnen ein? → Beginnen Sie beim 1. Kapitel – Ausbildungsmarketing.
- Bekommen Sie zwar einige Bewerbungen, aber kein Bewerber ist geeignet? Oft werden schon die Mindesterwartungen nicht erfüllt? → Beginnen Sie mit Kapitel 1 – Ausbildungsmarketing.
- Sie müssen aus Stapeln von Bewerbungen die passenden Azubis aussuchen und wissen nicht, worauf Sie achten sollen oder ertrinken einfach in der Flut der Bewerbungen? → Beginnen Sie beim 2. Kapitel – Bewerberauswahl.
- Leider haben Sie schon häufiger Fehlentscheidungen getroffen, und der ausgewählte Azubi stellte sich im Nachgang doch als ungeeignet heraus → Hilfe finden Sie beim 2. Kapitel – Bewerberauswahl.
- Sie haben einen passenden Azubi gefunden und eingestellt. Dieser sagt aber noch vor Ausbildungsbeginn wieder ab und hat sich für einen anderen Betrieb entschieden → Beginnen Sie mit Kapitel 3 – Ausbildungsbeginn und schauen Sie auch nochmals in Kapitel 1 – Ausbildungsmarketing.
- Zum Ausbildungsbeginn erscheint der eingestellte Azubi nicht → Beginnen Sie mit Kapitel 3 – Ausbildungsbeginn.
- Der Azubi kündigt noch innerhalb der Probezeit → Beginnen Sie mit Kapitel 3 und 4 (Ausbildungsbeginn und Motivation), aber auch in den Kapiteln 2 und 5 können einige Hinweise für Sie stecken, je nach dem Grund der Kündigung.
- Sie haben das Gefühl, Ihren Azubi kaum zu kennen oder keine rechte Verbindung zu ihm aufgebaut zu haben → Beginnen Sie mit Kapitel 5 – Gespräche
- Sie möchten Ihre Auszubildenden gezielt weiterentwickeln und eine Übersicht über deren Entwicklung haben → Beginnen Sie beim 6. Kapitel – Beurteilungen.
- Ihr Azubi hat einen Fehler gemacht. Wie können Sie das richtig ansprechen? → Beginnen Sie mit Kapitel 5 – Gespräche, berücksichtigen Sie aber auch Kapitel 6 – Beurteilungen und eventuell auch Kapitel 7 – Lehrmethoden (um eventuell die Aufgabe nochmals neu zu erklären).
- Wie können Sie Ihrem Auszubildenden neue Aufgaben erklären? → Hier bietet Ihnen Kapitel 7 (Lehrmethoden) die passenden Lösungen.
- Sie wollen Ihren Azubis selbstständiges Arbeiten ermöglichen oder sie Wissen vertiefen und anwenden lassen → Wie wäre es mit einem Azubi-Projekt? Infos dazu finden Sie in Kapitel 8.
- Ihr Azubi hat Schwierigkeiten in der Berufsschule, die Noten sind nicht optimal → Tipps dazu finden Sie im Exkurs Berufsschule, in Kapitel 5 – Gespräche, 6 – Beurteilungen und (je nach Ursache der Schwierigkeiten) auch in Kapitel 9 – Probleme. Berücksichtigen Sie auch Kapitel 4 zur Motivation und die Lerntipps im Bonus.
- Es gibt Probleme in der Ausbildung: Streitereien, private Probleme des Azubis, Alkoholprobleme oder ein anstehendes Kritikgespräch → Hilfe dazu (und

zu vielen weiteren Problemen) finden Sie in Kapitel 9 – Probleme und auch in Kapitel 5 – Gespräche.

- Ihr Azubi vergisst ständig Dinge, ist oft unkonzentriert, vielleicht auch schlecht organisiert? → Im Bonus-Kapitel finden Sie wertvolle Tipps beim „Superbuch", aber auch die Hinweise für richtiges Lernen und Selbstorganisation können weiterhelfen.
- Es herrscht Unklarheit darüber, in welcher Abteilung der Azubi übernommen werden sollte → Beginnen Sie mit Kapitel 10 – Ausbildungsende und berücksichtigen Sie auch das 6. Kapitel – Beurteilungen.
- Sie wollen Ihren Auszubildenden nicht übernehmen, was müssen Sie dabei beachten? → Schauen Sie ins Kapitel 10 – Ausbildungsende.
- Sie möchten Ihren Azubi in der ersten Zeit nach der Übernahme begleiten, damit er sich zu einem wertvollen Mitarbeiter für das Unternehmen entwickelt → Kapitel 10 – Ausbildungsende hilft Ihnen weiter.
- Sie benötigen Checklisten oder Vorlagen, suchen einen Gesetzestext oder haben eine Frage, die hier nicht beantwortet wird? → Schauen Sie auf unsere Webseite zum Buch.

Jetzt wissen Sie, wie Ausbildung heute geht – was bleibt noch zu sagen?

Haben Sie Ihre regelmäßigen Azubi-Gespräche eingeplant? Wie Sie sicher gemerkt haben, kamen diese sehr oft im Buch vor – sie sind für mich ein wichtiger Schlüssel in der Ausbildung und neben der Motivation und Wertschätzung für Ihre Azubis eine der wichtigsten Zutaten für eine erfolgreiche Ausbildung.

Wie schon im Vorwort erwähnt, ist die Umsetzung das A & O: Suchen Sie sich die für Sie aktuell relevanten Punkte oder wichtigsten Tipps heraus und beginnen Sie direkt mit der Umsetzung. Wenn Sie nicht wissen, wo Sie beginnen sollen, leistet Ihnen unsere Checkliste auf der vorherigen Seite sicher gute Dienste. Viele weiterführende Infos finden Sie wie bereits erwähnt auf der Homepage zum Buch, den Zugangscode dazu finden Sie im Bonuskapitel. Laden Sie sich gerne die dort vorhandenen Checklisten und Vorlagen herunter. Auch diese können Ihnen bei der Umsetzung helfen.

Natürlich kann ein Buch keine Ausbildereignungsprüfung mit dazugehörendem Kurs oder keine Praxisseminare ersetzen. Aber zumindest hoffe ich, Ihnen hiermit eine gute Ergänzung dazu geliefert zu haben. Wenn Sie Ihr Wissen in einem unserer Seminare und Workshops oder in einem persönlichen Coaching vertiefen wollen, freue ich mich natürlich. Ebenso wenn wir Sie bei einem spezifischen Ausbildungsproblem beratend unterstützen dürfen.

Sind Sie mit dem Buch zufrieden? Konnten Sie den ein oder anderen Tipp für sich finden? Dann empfehlen Sie dieses Buch gerne weiter und bewerten Sie uns auf Amazon und anderen Buchportalen. Und falls beim Lesen Fragen offengeblieben sind oder Sie Anregungen für mich haben: Melden Sie sich gerne bei mir, meine Kontaktdaten finden Sie auf Seite 232. Ich freue mich auf Ihre Rückmeldungen und wünsche Ihnen viel Erfolg für die Arbeit mit Ihren Auszubildenden!

Quellen & weiterführende Literatur

Die komplette Auflistung hierzu finden Sie auf der Webseite zum Buch, da es sich größtenteils um Weblinks handelt, und diese so leichter aktuell zu halten sind. Hier im Buch liste ich Ihnen nur die wichtigsten Quellen auf, hauptsächlich zu den statistischen Werten und Forschungsergebnissen, falls Sie sich dazu ausführlicher informieren möchten (Stand der Informationen: Februar 2020). Ergänzend dazu nenne ich Ihnen auf der Homepage noch einige hervorragende Bücher für den Ausbildungsbereich als weiterführende Literatur sowie einige Blogs und Webseiten, die interessante Inhalte zum Thema Ausbildung enthalten. Außerdem gibt es dort unter den diversen Kapiteln nochmals Links zu weiterführender Literatur speziell zu den jeweiligen Unterthemen.

Allgemein:

- Das aktuelle Berufsbildungsgesetz (BBiG): www.bmbf.de/upload_filestore/pub/Das_neue_Berufsbildungsgesetz_BBiG.pdf
- Zur Problemlösung, aber auch viele weitere Infos: www.stark-fuer-ausbildung.de/wissensbausteine-von-a-z
- Leitfaden Beurteilung und Beurteilungsgespräche (IHK Düsseldorf)
- www.azubiscout.com (Ausbilder-Blog)
- Andreas Eiling, Hans Schlotthauer: „Handlungsfeld Ausbildung“, Feldhaus-Verlag
- Daniela Gieseler: Artikel-Serie „Lehrmethoden“, Wir Ausbilder, NWB-Verlag

Statistiken und Studien:

- www.sinus-institut.de/sinus-loesungen/sinus-jugendmilieus/
- www.shell.de/ueber-uns/shell-jugendstudie/ (Buch und PDF, Stand Oktober 2019)
- www.bitkom.org/Bitkom/Publikationen/Studie-Jugend-20.html
- www.buero-kaizen.de/effizienz/ (Suchzeiten im Büro)
- www.insightsforprofessionals.com/de-de/hr/recruitment-and-onboarding/the-cost-of-hiring-an-employee (Einstellungs- und Einarbeitungskosten und -dauer)
- spiegel.media/news-daten-und-fakten/das-generationenkonzept
- www.wuv.de/marketing/wer_ist_eigentlich_diese_generation_alpha
- www.destatis.de/DE/Themen/Gesellschaft-Umwelt/Bildung-Forschung-Kultur/Schulen/_inhalt.html (und Unterseiten)
- www.talenthero.de/pressemeldung/ausbildungssuche-2017-jugendliche-wuenschen-sich-emotionale-ansprache-und-mobile-bewerbung/
- personalmarketing2null.de/2015/05/27/studie-azubi-recruiting-trends-2015-bewerbung-am-liebsten-per-post/

Über die Autorin

Daniela Gieseler ist als Inhaberin und Leiterin von AzubiScout gemeinsam mit ihren Mitarbeitern rund um das Thema Ausbildung aktiv: Seminare und Workshops, sowohl inhouse als auch an der Akademie für Ausbildung von AzubiScout, gehören ebenso dazu wie Coachings und Beratungen. Außerdem unterstützt die Full-Service-Agentur bei der Suche nach Azubis, hilft weiter, wenn es Probleme im Ausbildungsalltag gibt und bietet über den wöchentlich erscheinenden Blog und Newsletter auch Hilfe und Informationsmöglichkeiten für Ausbilder an.

Anderen Menschen Dinge beizubringen, ihnen zu helfen, Vorhandenes besser zu machen – das war bereits als Jugendliche ein Wunsch von Daniela Gieseler. So verwundert es nicht, dass sie früh Weiterbildungen für Rhetorik besuchte und bereits mit 18 Jahren nebenberuflich als Dozentin tätig wurde.

Das Thema Ausbildung kennt sie seit über 20 Jahren in allen Facetten: Nach ihrer eigenen kaufmännischen Ausbildung und einem nebenberuflichen Studium war sie als Ausbildungsbeauftragte, später als Ausbilderin und zuletzt als Ausbildungsleitung tätig. Danach erfolgte 2012 die Gründung von AzubiScout, um ihr Wissen auch an andere Ausbilder weiterzugeben. Mittlerweile schulen sie und ihr Team jedes Jahr viele tausend Menschen mit dem Ziel, Ausbildung noch besser zu machen. Dabei gilt das Motto: Lernen soll Spaß machen. Dafür werden die Workshops und Seminare mit vielen aktiven Elementen durchgeführt, der Praxisbezug steht an erster Stelle und es wird auf eine gehirngerechte Vermittlung geachtet.

Daniela Gieseler ist seit Jahren gefragte Autorin für renommierte Fachzeitschriften und auch als Speakerin im Ausbildungsbereich tätig.

Der Leitsatz von Daniela Gieseler und AzubiScout lautet: Wir helfen Unternehmen, mit ihrer Ausbildung zu begeistern! Aus diesem Grund hat sie auch das vorliegende Buch geschrieben. Ihr Wunsch ist es, auch Ausbildern in kleinen Unternehmen eine Hilfe an die Hand zu geben für ihren täglichen Umgang mit Auszubildenden. Und wie oft schon kleine Tipps große Veränderungen bewirken können, erlebt sie in ihrem Arbeitsalltag immer wieder – genau das erhofft sie sich mit diesem Buch.

Sind bei Ihnen Fragen offen geblieben beim Lesen und Durcharbeiten des Buches? Oder gibt es ein Thema, das Sie gerne mit der Ausbildungsexpertin besprechen wollen? Hier sind die Kontaktdaten:

Daniela Gieseler
AzubiScout
Sonnenhang 12, 57258 Freudenberg
Telefon 02734/439933
Mail: dg@azubiscout.com
www.AzubiScout.com

Index

Symbole

A

B

U

V

W

Z